高等医学院校检验专业专科教材

# 仪器分析


**主编** 李吉学 （第二军医大学南京军医学院）

**编委** （以姓氏笔画为序）

王世渝 （北京医学高等专科学校）

王建华 （山西医科大学汾阳医学院）

王菊香 （邯郸医学高等专科学校）

张惠静 （重庆第三军医大学）

杨瑞芬 （湖北药检高等专科学校）

邱细敏 （湖南医学高等专科学校）

龚道元 （广东佛山职工医学院）


中国医药科技出版社

**内 容 提 要**

本书是医学检验专科教育协作组组织编写的供检验专科各专业使用的规划教材之一。全书内容有：绪论、紫外可见分光光度法、分子荧光光度法、原子吸收光度法、电位分析法、极谱分析法、电泳分析法、液相色谱法、气相色谱法、高效液相色谱法和自动分析技术，以及相关实验、思考和练习等。全书内容简明扼要，重点突出，特色性强，理论与实际联系密切，适合于大专层次培养实用人才的需要。

本书亦可作为大学专科其他专业及成人高校各相关专业的教材或参考用书。

**图书在版编目（CIP）数据**

仪器分析/李吉学主编．—北京：中国医药科技出版社，2000.1

高等医学院校检验专业专科教材

ISBN 978-7-5067-2147-9

Ⅰ．仪...　Ⅱ．李...　Ⅲ．仪器分析－医学院校－教材　Ⅳ．0657

中国版本图书馆 CIP 数据核字（1999）第 67435 号

出版　中国医药科技出版社

地址　北京市海淀区文慧园北路甲 22 号

邮编　100082

电话　发行:010-62227427　邮购:010-62236938

网址　www.cmstp.com

规格　787×1092mm 1/16

印张　13 1/4

字数　300 千字

版次　1999 年 12 月第 1 版

印次　2021 年 7 月第 21 次印刷

印刷　三河市航远印刷有限公司

经销　全国各地新华书店

书号　ISBN 978-7-5067-2147-9

**定价　35.00 元**

本社图书如存在印装质量问题请与本社联系调换

# 前　　言

本教材是受医学检验专科教育协作组的委托而编写的，供医学检验专科各专业使用。

仪器分析已成为近代科技重点发展的领域之一，同时也是生产和科研中不可缺少的分析手段，在医学检验、药物分析、环境检测、卫生分析、食品分析和化工冶金等各个领域都发挥着重要作用。

仪器分析具有灵敏、准确、快速、选择性好和用途广泛等优点，近几年来，我国许多临床化验室、药物实验室和环保实验室等陆续配备一批先进的分析技术和仪器，使医药卫生检验技术发生了深刻的变化，所以，仪器分析已经成为高等学校许多专业教学中一门必修基础课。

大专教育是以培养应用型人才为主，投资少，周期短，见效快，实用性强。目前，专科教育是我国教育体系中不可缺少的组成部分。本教材是在总结大专教学改革实践经验基础上编写的，旨在处理好基础与临床、理论与实践的关系，突出介绍技术方法，提高学生解决实际问题的能力。本教材注意深入浅出，便于自学。书中所讨论的各类仪器都以国产仪器为主，书末附相应实验教材。

考虑到国内仪器应用的普遍性，适当介绍发展中的新技术和新方法，并且加强了系统性。全书共编写十一章，对于光学分析法、电化学分析法和色谱分析法等仪器分析方法作了较详细介绍，并且对自动分析技术作了适当的论述。

本书中有关量、单位和符号全部采用我国法定计量单位和国家标准。

本书也可供药学专业、卫生专业、化学专业或成人高校相关专业作为教学参考书，或供化工冶金类专业师生以及有关厂矿技术人员参考。本书编写过程中，得到了各编者所在单位和领导的大力支持，在此表示衷心感谢。在联合编写初稿基础上，由编委和参加编写人员集体讨论修改，最后由主编对本教材进行统审和定稿。

限于编者学识水平和经验，而且编写仓促，书中缺点和错误在所难免，恳请有关专家和读者批评指正。

编者

2000 年 1 月

# 目　　录

# 第一章　绪　　论

## 第一节　仪器分析的任务和作用

仪器分析（instrumental analysis）是以物质的物理性质或物理化学性质为基础，采用较特殊仪器对物质进行分析测定。它是一门多种学科相互渗透、相互促进的边缘学科，也是化学科学的一个重要分支。它的主要任务是对样品组成进行定性分析、定量分析、结构分析，以及一般化学分析法难以胜任的特殊分析，如物相分析、微区分析、表面分析、价态分析及状态分析等。

仪器分析有很多优点：

（1）测定灵敏度高　适用于微量或痕量组分的分析，特别是对超纯物质分析和环境监测工作有特殊意义。

（2）分析速度快　适用于批量样品的分析。例如，利用自动分析技术，每小时可同时测定血清中钾、钠、钙及 pH 等 240 批样品。

（3）选择性高　适用于复杂组分样品的分析。生物试样是一种组分复杂的混合物，待测组分含量又低，适用于仪器分析方法。

（4）所需试样量少　有时只需数微升试样，甚至可以在不损坏试样情况下进行分析。

（5）易于自动化　被测组分的理化性质经检测器转换成电信号后，易于放大处理，可以与计算机相联结，或多机联用，可实现全程分析自动化，大大提高例行分析速度。

仪器分析虽然有许多优点，但也有不足之处，在使用上还有一定的局限性：第一，仪器比较昂贵，特别是某些大型化和自动化的精密仪器，目前还不易普及，推广使用受到一定限制；第二，仪器分析是一种相对分析法，一般需要化学纯品作标准对照，而这些化学标准品大多需要化学分析来确定。此外，某些试样前处理也是建立在化学分析基础上的。

因此，化学分析是基础，仪器分析是方向，两者相辅相承，互相配合，才能更好地解决分析中的问题。

由于采用了现代电子技术、真空技术、计算机技术、激光技术及精密仪器制造等当今所有先进技术，仪器分析发展极其迅速，应用广泛，在国民经济的各个领域发挥着重要作用，特别是在医学、药学、卫生检验等方面，仪器分析作为重要的检测手段，已成为医药、卫生、检验工作者必备的条件。仪器分析不仅是重要的分析测试工具，而且是强有力的科学研究手段。

## 第二节　仪器分析方法的分类

物质的所有物理或物理化学性质，如光学性质、电化学性质等，都可以作为分析该物质的方法依据，所以仪器分析方法种类繁多，各种方法又有其比较独立的方法原理而自成体系，故仪器分析通常根据用以测量的物质性质来分类（表 1－1）。

**表 1－1 仪器分析方法分类**

| 方法分类 | 主 要 方 法 | 被测物质性质 |
|---|---|---|
| 光学分析 | 原子发射光谱分析，火焰光度分析 | 辐射的发射 |
| | 分子发光分析，放射分析 | 辐射的发射 |
| | 紫外可见分光光度法，原子吸收分光光度法 | 辐射的吸收 |
| | 红外分光光度法，核磁共振波谱法 | 辐射的吸收 |
| | 比浊法，拉曼光谱法 | 辐射的散射 |
| | 折射法，干涉法 | 辐射的折射 |
| | X 射线衍射法，电子衍射法 | 辐射的衍射 |
| | 偏振法 | 辐射的偏转 |
| 电化学分析 | 电位分析法 | 电极电位 |
| | 电导分析法 | 电导 |
| | 极谱/伏安分析法 | 电流－电压 |
| | 库仑分析法 | 电量 |
| 色谱分析 | 气相色谱法，液相色谱法 | 两相间的分配 |

（1）光学分析　凡是基于物质发射辐射能或辐射能与物质相互作用而建立起来的分析方法，均称为光学分析法。

（2）电化学分析　根据物质溶液的各种电化学性质而建立的分析方法，称为电化学分析法。

（3）色谱分析　根据混合物各组分在互不相溶的两相（固定相和流动相）中吸附、分配或其他亲和作用的差异而建立的分析方法，称为色谱分析法。

除上述三大类分析方法外，仪器分析还有许多其他分析方法，如质谱分析法、热分析法、放射化学分析法等。本书根据检验专业的实际需要，主要介绍光学分析、电化学分析和色谱分析中最常用的分析方法，也简单介绍近年来临床检验方面大量引入的自动分析技术。

## 第三节　仪器分析的发展趋势

20 世纪前 25 年，分析化学已经确立为一门科学，那时建立起来的主要是经典的化学分析。从 30 年代后期开始的几十年间，由于原子能工业、半导体工业以及其他新兴工业的需要，仪器分析得到了迅速发展，并逐渐成为分析化学的主要组成部分。在这一时期，工业生产和新兴科学领域对分析化学提出了新要求、新课题，例如，对试样中痕量组分进行测定，超纯半导体材料中超痕量杂质的测定，环境保护领域对环境中痕量有害物质的监测，对食品中痕量农药残留量的测定，对蛋白质分子中 20 多种氨基酸的测定及其排列顺序的推断等。经典的化学分析已不能适应这些新要求，需要寻求新的分析方法。分析工作者广泛吸收各学科的新技术、新成就，发展并建立了一系列新的分析技术，仪器分析作为现代分析化学的内容迅速发展起来。

现代仪器分析的发展，为分析化学内容带来了革命性的变化。过去，分析化学长期以化学分析为主，而今则以仪器方法为主；过去以单纯的分析方法研究为主，而今天则进一步要求对各种新技术及其有关理论进行研究；过去以无机物分析为主，今天则更注重有机及生物物质的分析；过去以成分分析为主，今天则要求兼顾物质的结构分析、状态和价态分析、微区分析及表面分析等。

综观仪器分析的历史和现状，可以预计，它今后会得到更迅速的发展和应用，并在许多领域发挥更重要的作用，表现出更大的活力。仪器分析的发展趋势可能有以下几个方面：

（1）计算机技术在仪器分析中的应用将更加普遍和深入，智能化的仪器分析方法将逐渐成为常规分析的重要手段。分析仪器将逐步实现自动化、数字化和计算机化。

（2）引进当代科学成就，革新原有仪器方法，开发新的仪器分析方法。

（3）仪器分析中各种方法联用，将进一步发挥各种方法的效能，成为解决复杂问题的有力手段。

（4）各学科相互渗透，与各学科所提出的新要求、新任务相符合，促进仪器分析发展。

（5）随着仪器分析的发展，进一步研究新理论和新技术，深入进行基础理论研究。

（6）仪器分析将进一步与生物医学结合，用于生命过程研究，并作为有效的临床诊断方法。另一方面，生物医学中的酶催化反应与免疫反应等技术和成果也将用于仪器分析，开拓新的研究领域和方法，如酶电极、免疫传感器、免疫伏安法、免疫发光分析等。

此外，仪器分析向医学检验的渗透已经相当广泛而深入。现代医学检验大量引入各种仪器分析方法和手段，使仪器分析技术成为医学检验工作者的必备工具。

（李吉学）

# 第二章 紫外可见分光光度法

## 第一节 概 述

在仪器分析中，紫外可见分光光度法（ultraviolet visible spectrophotometry）是历史悠久、应用最为广泛的一种光学分析方法。它是利用被测物质对光的吸收特征和吸收强度，对物质进行定性和定量分析的一种分析方法。按所吸收光的波长区域不同，分为紫外分光光度法和可见分光光度法，合称为紫外可见分光光度法。

紫外可见分光光度法是在比色法（colorimetry）的基础上发展起来的，两者所依据的原理基本上相同。由于分光光度法采用了更为先进的单色系统和光检测系统，使得分光光度法在灵敏度、准确性、精密度及应用范围等方面都大大地优于比色法。

紫外可见分光光度法有如下特点：

（1）灵敏度较高 一般可以测到每毫升溶液中含有 $10^{-7}$g 的物质。

（2）精密度和准确度较高 相对误差通常为 1%～5%。

（3）选择性较好 一般可在多种组分共存的溶液中，对某一物质进行测定。

（4）仪器设备简单、费用少、分析速度快、易于掌握和推广。

（5）应用范围广 广泛应用于医药、化工、冶金、环境保护、地质等各个领域。

### 一、光的基本性质

光是一种电磁辐射，具有波粒二象性，它的最小单位是光子。光子有一定的能量，其能量大小与光波的频率或波长之间的关系可用普朗克（Planck）方程表示：

$$E = h\nu = h\frac{c}{\lambda} \qquad (2-1)$$

式中：$E$——能量，单位为 J 或 eV（$1\text{eV} = 1.602\times10^{-19}\text{J}$）；

$h$——Planck 常数，为 $6.626\times10^{-34}\text{J·s}$；

$\nu$——频率，单位为 Hz；

$c$——光速，为 $2.998\times10^{8}\text{m/s}$；

$\lambda$——波长，可根据电磁波的不同区域，分别用 m、厘米（cm）、微米（μm）、纳米（nm）等表示。

由于式中的 $h$ 和 $c$ 都是常数，故波长越短即频率越高的光子，能量越大，反之亦然。因此，不同波长的光具有不同的能量。

电磁波的波长范围非常广阔，长至 1000m，短至 $10^{-12}$m，按波长次序排列起来就构成了电磁波谱。电磁波谱又根据其能量划分为若干区域，各区域之光波可引起物质质点中不同能级的跃迁。电磁波谱各区域的名称、波长范围、能量大小及相应能级跃迁类型见表 2－1。

表 2-1　电磁波谱

| 波谱区名称 | 波长范围 | 光子能量，J | 跃迁能级类型 |
|---|---|---|---|
| γ 射线 | $5\times10^{-3}$～0.14nm | $4.0\times10^{-13}$～$1.3\times10^{-15}$ | 核能级 |
| X 射线 | $10^{-3}$～10nm | $1.9\times10^{-13}$～$2.0\times10^{-17}$ | 内层电子能级 |
| 远紫外区 | 10～200nm | $2.0\times10^{-17}$～$9.6\times10^{-19}$ | 内层电子能级 |
| 近紫外区 | 200～400nm | $9.6\times10^{-19}$～$5.0\times10^{-19}$ | 原子及分子价电子或成键电子 |
| 可见区 | 400～760nm | $5.0\times10^{-19}$～$2.7\times10^{-19}$ | 原子及分子价电子或成键电子 |
| 近红外区 | 0.76～2.5μm | $2.7\times10^{-19}$～$8.0\times10^{-20}$ | 分子振动能级 |
| 中红外区 | 2.5～50μm | $8.0\times10^{-20}$～$3.2\times10^{-21}$ | 分子振动能级 |
| 远红外区 | 50～1000μm | $3.2\times10^{-21}$～$6.8\times10^{-23}$ | 分子转动能级 |
| 微波区 | 0.1～100cm | $6.8\times10^{-23}$～$6.4\times10^{-26}$ | 电子自旋及核自旋 |
| 射频区 | 1～1000m | $6.4\times10^{-26}$～$6.4\times10^{-29}$ | 电子自旋及核自旋 |

## 二、光谱的产生

当物质与辐射能相互作用时，物质内部发生能级跃迁。记录由能级跃迁所产生的辐射能强度随波长（或相应单位）的变化，所得的图谱称为光谱（spectra 或 spectrum）。

物质是由原子或分子组成，原子和分子是产生光谱的基本粒子，由于原子和分子的结构不同，产生光谱的特征亦不相同。

### （一）原子光谱和分子光谱

1. *原子光谱*

由于原子核外电子在不同能级间跃迁而产生的光谱称为原子光谱（atomic spectrum）。它包括原子吸收光谱、原子发射光谱、原子荧光光谱等。

原子核外的电子在不同状态下所具有的能量，可用能级来表示。离核较远的称为高能级，离核较近的称为低能级。在一般情况下，原子处于最低能量状态，称为基态。当原子获得足够的能量后，就会使外层电子从低能级跃迁至高能级，这种状态称为激发态。由于原子蒸气吸收了一定波长的辐射能之后，原子就从能量较低的基态（$E_1$）跃迁至能量较高的激发态（$E_2$），从而产生原子吸收光谱。原子吸收辐射能的大小，决定于每个原子内特征能级的间隔。当激发光子的能量等于吸收物质（原子、分子或离子）的基态与激发态能量之差时，才被吸收，否则不能被吸收。这种吸收与物质的结构有关，所以叫选择性吸收。吸收谱线的频率或波长与跃迁前后两个能级差服从普朗克条件：

$$\Delta E = E_2 - E_1 = h\nu = h\frac{c}{\lambda} \qquad (2-2)$$

由于电子能级间振动能级较少，原子吸收光谱为不连续的线状光谱。

气态金属原子与高能量粒子（电子、其他原子或分子）碰撞受激发，使原子外层电子由能量较低的基态跃迁至能量较高的激发态，处于激发态的电子是十分不稳定的，在极短时间（约 $10^{-8}$s）便返回到基态或其他较低的能级上，在返回过程中发射出具有特定波长的谱线，从而产生原子发射光谱。

气态金属原子，受电磁辐射激发后（一次辐射），其电子由激发态以发射辐射的方式（二次辐射）释放能量，返回到基态，这种辐射就称为荧光。由此产生的光谱为原子荧光光谱。

2. 分子光谱

分子光谱（molecular spectrum）产生的机理与原子光谱相似，在辐射能作用下，分子内能级间的跃迁产生的光谱称为分子光谱。由于分子内部的运动所涉及的能级变化较复杂，因此分子光谱为复杂的带光谱。它包括分子吸收光谱、分子荧光光谱等。

分子中有原子和电子，分子、原子、电子都是运动着的物质，均具有能量。在一定的环境条件下，整个分子有一定的运动状态，具有一定的能量，一个分子的总能量（$E$）包括核能（$E_n$）、分子的平动能（$E_t$）、电子能（$E_e$）、振动能（$E_v$）和转动能（$E_r$），即

$$E \simeq E_n + E_t + E_e + E_v + E_r \qquad (2-3)$$

在一般的化学实验条件下，$E_n$ 不发生变化，分子的平动能很小，分子在辐射能的作用下能量的改变（$\Delta E$）为

$$\Delta E \simeq \Delta E_e + \Delta E_v + \Delta E_r \qquad (2-4)$$

因此，研究分子光谱时，要特别注意分子内电子能量、振动能量以及转动能量的变化。它们是产生分子吸收光谱的原因。上述各种能量均是量子化的，即每个分子只能存在一定数目的电子能级、振动能级和转动能级，也就是说，分子有它自己的特征能级图。图 2－1 表示分子中的三种能级：电子能级（基态与激发态），振动能级（$V=0$，1，2，3…），转动能级（$J=0$，1，2，3…）。

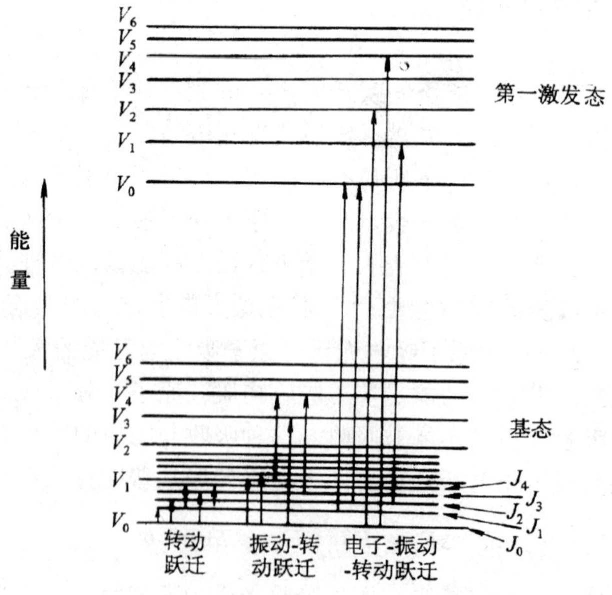


图 2－1　分子能级跃迁示意图

当吸收一个具有一定能量的光子时，分子就由较低的能级 $E_1$ 跃迁至较高的能级 $E_2$，

被吸收光子的能量必须与分子跃迁前后的能级差 $\Delta E$ 恰好相等，否则不能被吸收。

$$\Delta E = E_2 - E_1 = h\nu \tag{2-5}$$

对多数分子而言，电子能级间的能量差（$\Delta E_e$）约为 $1.6\times10^{-19}\sim3.2\times10^{-18}$J，主要在紫外和可见光区；振动能级间的能量差（$\Delta E_v$）约为 $8.0\times10^{-21}\sim1.6\times10^{-19}$J，主要在红外区；转动能级间的能量差（$\Delta E_r$）约为 $1.6\times10^{-23}\sim8.0\times10^{-21}$J，属于远红外区和微波区。

由分子中的电子能级、振动能级和转动能级跃迁产生的光谱分别称为电子光谱（electronic spectrum）、振动光谱（vibrational spectrum）和转动光谱（rotational spectrum），它们所对应的波谱区范围如下：

电子光谱属于紫外可见区（$E_e$、$E_v$、$E_r$ 均改变）；振动光谱属于近红外、中红外区（$E_v$、$E_r$ 改变）；转动光谱属于远红外、微波区（仅 $E_r$ 改变）。

通常，按激发所需光的波长或能量，可将转动光谱称为微波谱或远红外光谱；振动光谱称为红外光谱；电子光谱称为紫外可见光谱。由于 $\Delta E_e > \Delta E_v > \Delta E_r$，故当物质吸收能量发生电子能级跃迁时，不可避免地会伴随着产生振动能级和转动能级的跃迁，所以分子的电子光谱（紫外可见光谱）是由许多线光谱聚集的谱带组成的。

物质分子受辐射激发后其外层电子由基态跃迁至激发态，当它们返回基态时，以辐射的形式释放出能量，这种现象称为光致发光，最常见的两种现象是荧光和磷光。由此产生的光谱为分子荧光光谱和分子磷光光谱。

**（二）吸收光谱和发射光谱**

物质的原子光谱和分子光谱，按其获得的方式不同可分为吸收光谱和发射光谱。

1. 吸收光谱

当辐射能通过某些吸光物质时，物质的原子或分子吸收与其能级跃迁相应的能量由低能态或基态跃迁至较高的能态，这种由物质对辐射能的选择性吸收而得到的原子或分子光谱称为吸收光谱。

一般实验室使用的几种吸收光谱为：原子吸收光谱、分子吸收光谱、核磁共振光谱等。

对分子吸收光谱而言，由于分子内的电子能级、振动能级和转动能级的跃迁能量不同，因此在不同波谱区辐射能作用下可产生紫外可见吸收光谱和红外吸收光谱。分子的吸收光谱不仅与物质的分子结构有关，而且与物质所处的状态、溶剂和溶液的 pH 有关。

核磁共振光谱（NMR）属吸收光谱。在磁场中，原子核吸收具有适宜能量的无线电波（60cm～300m）发生核自旋能级跃迁，由此产生的光谱为核磁共振光谱。核磁共振光谱的特性不仅决定于原子核的性质，而且和原子核所在分子的结构有关，所以核磁共振光谱是研究分子结构的重要方法。

2. 发射光谱

物质的分子、原子或离子在辐射能的作用下，由低能态跃迁至高能态（激发态），再由高能态跃迁至低能态或基态而产生的光谱称为发射光谱，如原子发射光谱、原子荧光光谱、分子荧光光谱和分子磷光光谱等。

## 三、光谱法的分类

利用物质的光谱进行定性、定量和结构分析的方法称为光谱分析法（spectroscopic analysis），简称光谱法。

光谱法按不同的分类角度，可归属为不同类别。按物质与辐射能的转换方向（能级跃迁方向），可分为吸收光谱法与发射光谱法两大类；按被作用物是分子或原子，可分为分子光谱法与原子光谱法；按辐射源的波长，可分为γ射线光谱法、X射线光谱法、紫外光谱法、可见光谱法、红外光谱法、微波谱法、电子自旋共振波谱法与核磁共振波谱法等。表2－2列出若干常见光谱分析方法及其主要用途。

**表2－2 若干光谱分析法及主要用途**

| 方法名称 | 辐射能作用的物质 | 主要用途 |
|---|---|---|
| 紫外可见分光光度法 | 分子外层价电子 | 微量元素或分子定量 |
| 原子吸收分光光度法 | 气态原子外层电子 | 痕量元素定量 |
| 红外吸收分光光度法 | 分子 | 结构分析及有机物定性定量 |
| 原子发射光谱法 | 气态原子外层电子 | 微量元素连续或同时定性定量 |
| 原子荧光光谱法 | 气态原子外层电子 | 微量元素定量 |
| X射线荧光光谱法 | 原子内层电子 | 常量元素定性定量 |
| 分子荧光光度法 | 分子 | 微量元素或分子定量 |

## 四、紫外可见吸收光谱

紫外可见吸收光谱是由分子中的电子能级跃迁产生的吸收光谱，即电子光谱。在分子发生电子能级跃迁的同时，总是伴随着振动能级和转动能级的跃迁，所以，在分子的电子光谱中，包含有不同振动能级跃迁产生的若干吸收谱带和转动能级跃迁产生的若干吸收谱线。一般情况下，分辨不出电子光谱中振动能级和转动能级跃迁所产生的谱线结构，观察到的只是这些谱线密集在一起合并而成的较宽的吸收带。所以又将分子的电子光谱称为带状光谱。

### （一）有机化合物对光的吸收

有机化合物的紫外可见吸收光谱是分子的外层电子（$\sigma$、$\pi$、$n$ 电子）跃迁而产生的吸收光谱，常见的跃迁类型有 $\sigma\rightarrow\sigma^*$、$n\rightarrow\sigma^*$、$n\rightarrow\pi^*$ 和 $\pi\rightarrow\pi^*$ 四种，其相对能量大小次序为：$\sigma\rightarrow\sigma^* > n\rightarrow\sigma^* > \pi\rightarrow\pi^* > n\rightarrow\pi^*$。$\sigma\rightarrow\sigma^*$ 跃迁是分子中的成键 $\sigma$ 电子跃迁至反键 $\sigma^*$ 轨道上去，这是一切饱和有机化合物都可能产生的电子跃迁类型。它需要的辐射能量很大，处于真空紫外区，如甲烷的最大吸收波长（$\lambda_{max}$）为125nm，乙烷的 $\lambda_{max}$ 为135nm。$n\rightarrow\sigma^*$ 跃迁是将分子中未成键的 $n$ 电子激发到 $\sigma^*$ 轨道上去，所有含有杂原子（如N、S、O、P和卤素原子等）的饱和烃衍生物都可发生这种跃迁。它需要的能量较 $\sigma\rightarrow\sigma^*$ 小，但大多处于波长小于200nm的区域内。上述两种跃迁产生的吸收光谱一般需要真空紫外技术才能观察到，实际应用的价值不大。

有机物最有用的吸收光谱是基于 $n \to \pi^*$ 和 $\pi \to \pi^*$ 跃迁而产生的，这两类跃迁所需要的辐射能量大多处于波长大于 200nm 的区域，它们要求分子中含有不饱和键，这种含有不饱和键的基团称为生色团（chromophore）。

$n \to \pi^*$ 跃迁发生在含有杂原子的不饱和化合物中，其最大摩尔吸光系数 $\varepsilon_{max}$（表示物质对光吸收能力大小的参量）比较小，最大吸收波长 $\lambda_{max}$ 随溶剂极性增加而向短波方向移动，称为紫移（或蓝移、短移）。表 2－3 列出了一些常见生色团 $n \to \pi^*$ 跃迁的吸收特性。

**表 2－3 常见生色团 $n \to \pi^*$ 跃迁的吸收特性**

| 生色团 | 化合物 | 溶剂 | $\lambda_{max}$，nm | $\varepsilon_{max}$ |
|---|---|---|---|---|
| 羰基 | $CH_3-C(=O)-CH_3$ | 正己烷 | 280 | 16 |
| 羧基 | $CH_3-C(=O)-OH$ | 乙醇 | 204 | 41 |
| 硝基 | $CH_3NO_2$ | 异辛烷 | 280 | 22 |
| 亚硝基 | $C_4H_9NO$ | 乙醚 | 665 | 20 |

$\pi \to \pi^*$ 跃迁可以发生在任何具有不饱和键的有机化合物分子中，其最大摩尔吸光系数很大，最大吸收波长随溶剂极性增加向长波方向移动，称为红移（或长移）。表 2－4 列出了一些常见生色团 $\pi \to \pi^*$ 跃迁的吸收特性。

**表 2－4 常见生色团 $\pi \to \pi^*$ 跃迁的吸收特性**

| 生色团 | 化合物 | 溶剂 | $\lambda_{max}$，nm | $\varepsilon_{max}$ |
|---|---|---|---|---|
| 羰基 | $CH_3-C(=O)-CH_3$ | 正己烷 | 188 | 900 |
| 烯 | $C_6H_{13}CH=CH_2$ | 正庚烷 | 177 | 13000 |
| 炔 | $C_5H_{11}C\equiv CCH_3$ | 正庚烷 | 178 | 10000 |

当一个分子中含有两个或两个以上的生色团时，按相互间的位置关系可分为共轭和非共轭两种情况。非共轭时，各个生色团各自独立吸收，吸收带由各生色团的吸收带叠加而成。共轭时，由于共轭后 π 电子的运动范围增大，跃迁所需的能量变小，产生红移，同时摩尔吸光系数增大。共轭时不饱和键越多，红移现象就越显著。表 2－5 列出了一些有共轭结构化合物的吸收特性。

**表 2-5　具有共轭结构化合物的吸收特性**

| 化合物 | 共轭双键数 | $\lambda_{max}$，nm | $\varepsilon_{max}$ |
|---|---|---|---|
| $CH_2{=}CH_2$ | 1 | 195 | 5000 |
| $CH_2{=}CHCOOH$ | 2 | 200 | 10000 |
| $CH_2{=}CH{-}CH{=}CH_2$ | 2 | 217 | 21000 |
| $CH_3{-}(CH{=}CH)_2{-}COOH$ | 3 | 254 | 25000 |
| $H(CH{=}CH)_3H$ | 3 | 258 | 35000 |

一些含有非键电子的杂原子饱和基团，如 —OH 、 $—NH_2$ 、 —OR 、 —SH 、 —Cl 等，当它们与生色团相连时，能使生色团的 $\lambda_{max}$向长波方向移动，并且 $\varepsilon_{max}$增大，这些基团称为助色团（auxochrome）。如苯环的一个氢原子被一些基团取代后，苯环的 $\lambda_{max}$和 $\varepsilon_{max}$就会发生改变（表 2-6）。

**表 2-6　苯及其衍生物的吸收特性**

| 化合物 | 取代基 | $\lambda_{max}$，nm | $\varepsilon_{max}$ |
|---|---|---|---|
| 苯 | | 254 | 300 |
| 氯苯 | -Cl | 264 | 320 |
| 溴苯 | -Br | 262 | 325 |
| 苯酚 | -OH | 273 | 1780 |
| 苯甲醚 | $-OCH_3$ | 272 | 2240 |

表中所列化合物中，卤原子、甲氧基、羟基等都是助色团，都含有未成键的 $n$ 电子，使生色团的 $\pi \rightarrow \pi^*$ 跃迁能量降低，产生红移并使 $\varepsilon_{max}$增大。

### （二）无机化合物对光的吸收

1. $f$ 电子跃迁吸收光谱

镧系和锕系元素的离子对紫外和可见光的吸收是基于内层 $f$ 电子跃迁而产生的，其吸收光谱是由一些狭窄的特征吸收峰组成。这些吸收峰几乎不受金属离子所处的配位环境的影响。

2. $d$ 电子跃迁吸收光谱

过渡金属离子的 $d$ 电子可在能级不同的 $d$ 轨道间跃迁，吸收紫外和可见光，这种光谱的吸收带较宽，吸收峰强烈地受配位环境的影响。例如 $Cu^{2+}$ 的水合离子，$\lambda_{max}$为 794nm，为浅蓝色，而 $Cu^{2+}$的氨合离子，$\lambda_{max}$为 663nm，呈深蓝色。

3. 电荷迁移光谱

在金属配合物中，一个电子从配位体轨道跃迁到中心离子的轨道上去，产生的光吸收谱带在紫外可见区域。这种光谱带的 $\varepsilon_{max}$很大，用这类光谱进行定量分析可以得到很高的测定灵敏度。所以，在实际的分析工作中，常将待测的金属离子与某种配体（显色剂）作用，使之生成具有电荷迁移的配合物，然后进行测定。

### （三）影响紫外可见吸收光谱的因素

物质的吸收光谱与测定条件有密切关系。测定条件（温度、溶剂极性、pH 等）不同，吸收光谱的形状、$\lambda_{max}$、$\varepsilon_{max}$都有可能发生变化。

1. 温度

在室温范围内，温度对吸收光谱的影响不大。在低温时，由于分子的热运动降低，邻近分子间的能量交换减少，产生红移，吸收峰变得比较尖锐，吸收强度有所增大。温度较高时，分子的碰撞频率增加，谱带变宽，谱带精细结构消失。

2. 溶剂

对物质的紫外可见光谱的测定，大多是在溶液中进行的，由于使用的溶剂不同，同一种物质得到的紫外可见吸收光谱可能不一样。表 2－7 列出了溶剂对异丙叉丙酮紫外吸收光谱的影响。

**表 2－7 溶剂对异丙叉丙酮紫外吸收光谱的影响**

| | 异辛烷 | 氯仿 | 甲醇 | 水 |
|---|---|---|---|---|
| $\pi\rightarrow\pi^*$ $\lambda_{max}$，nm | 235 | 238 | 237 | 243 |
| $n\rightarrow\pi^*$ $\lambda_{max}$，nm | 321 | 315 | 309 | 305 |

由表 2－7 可以看出，当溶剂极性增大时，由 $n\rightarrow\pi^*$ 跃迁产生的吸收带发生紫移，而由 $\pi\rightarrow\pi^*$ 跃迁产生的吸收带发生红移。所以在测定物质的吸收光谱时，一定要注明所用的溶剂。通常在测定有机分子的紫外可见吸收光谱时，所用溶剂应该：极性较小、能很好地溶解被测物；形成的溶液具有良好的化学和光化学稳定性；在样品的吸收光谱区无明显吸收。如果要与标准品的吸收光谱相比较，必须采用相同的溶剂。表 2－8 列出了一些紫外可见吸收光谱中常用溶剂的波长极限（截止波长），低于这个波长时，溶剂的吸收将严重影响被测物紫外吸收光谱的测定。

**表 2－8 一些常用溶剂的紫外截止波长**

| 溶剂 | 截止波长，nm | 溶剂 | 截止波长，nm |
|---|---|---|---|
| 乙醚 | 220 | 氯仿 | 245 |
| 异丙醇 | 210 | 乙酸乙酯 | 260 |
| 水 | 210 | 正己烷 | 190 |
| 甲醇 | 210 | 四氢呋喃 | 212 |
| 四氯化碳 | 265 | 丙酮 | 330 |
| 乙醇 | 210 | 苯 | 280 |

3. pH

很多化合物都具有酸性或碱性可解离基团，在不同 pH 的溶液中，分子的解离形式可能发生改变，其吸收光谱的形状、$\lambda_{max}$和吸收强度可能不一样。所以，在测定这些化合物的吸收光谱时，必须注意溶液的 pH。

溶液浓度过高或过低时，由于分子的解离、缔合、互变异构等作用，也可使物质的存在形式发生变化，从而使吸收光谱改变。此外，仪器的狭缝宽度也可影响吸收光谱的形状。狭缝宽度越大，光的单色性越差，吸收光谱的细微结构就可消失。

# 第二节　基　本　原　理

## 一、朗伯－比尔（Lambert－Beer）定律

### （一）透光度和吸光度

当一束平行单色光通过均匀的液体介质时，光的一部分被吸收，一部分透过溶液，还有一部分被器皿表面散射。设入射光强度为 $I_0$，吸收光强度为 $I_a$，透射光强度为 $I_t$，反射光强度为 $I_r$，则

$$I_0 = I_a + I_t + I_r \qquad (2-6)$$

在吸光度分析中，通常将被测溶液和参比溶液分别置于同样材料和厚度的吸收池中，让强度为 $I_0$ 的单色光分别通过两个吸收池，再测量透射光的强度。因为，反射光强度基本相同，其影响可相互抵消，上式可简化为

$$I_0 = I_a + I_t \qquad (2-7)$$

透射光的强度（$I_t$）与入射光强度（$I_0$）之比称为透光度（transmittance），用 $T$ 表示，

$$T = \frac{I_t}{I_0} \qquad (2-8)$$

溶液的透光度越大，表示它对光的吸收越小；反之，透光度越小，表示它对光的吸收越大。为了表示物质对光的吸收程度，常采用“吸光度”（absorbance）这一概念，其定义为

$$A = \lg\frac{1}{T} = \lg\frac{I_0}{I_t} \qquad (2-9)$$

$A$ 值越大，表明物质对光的吸收越大。透光度和吸光度都是表示物质对光的吸收程度的一种量度，透光度以百分数表示，吸光度为一无因次的量。两者可由公式 2－9 相互换算。

### （二）朗伯－比尔定律

朗伯－比尔定律是光吸收的基本定律，它是说明溶液的吸光度与溶液液层厚度和溶液浓度之间关系的定律。朗伯定律说明吸光度与厚度间的关系；比尔定律说明吸光度与浓度的关系。

朗伯定律可表述为：当用一种适当波长的单色光照射一固定浓度的溶液时，其吸光度与光透过的液层厚度成正比，即

$$A = k'l \qquad (2-10)$$

式中：$l$——液层厚度；

$k'$——比例系数。

朗伯定律对所有的均匀吸收介质都适用。

比尔定律可表述为：当用一适当波长的单色光照射一溶液时，若液层厚度一定，则吸光度与溶液浓度成正比，即

$$A = k''c \quad (2-11)$$

式中：$c$——溶液浓度；

$k''$——比例系数。

与朗伯定律不同的是，比尔定律不是对所有的吸光溶液均适用，很多因素都可导致吸光度不能严格地与溶液的浓度成正比。

如果溶液的浓度（$c$）和透光液层厚度（$l$）是不固定的，就必须同时考虑 $c$ 和 $l$ 对吸光度的影响，将式 2-10 和式 2-11 合并，得到

$$A = kcl \quad (2-12)$$

式中：$k$——比例常数，与吸光物质的本性、入射光波长、溶剂及温度等因素有关。

式 2-12 是朗伯-比尔定律的数学表达式，表述为：当用一适当波长的单色光照射一溶液时，吸光度与溶液浓度及液层厚度的乘积成正比。朗伯-比尔定律适用于均匀、非散射介质，但不适用于非单色光和浓度大的溶液。

当溶液中有多种吸光物质时，总吸光度等于吸收介质内各吸光物质吸光度的总和，即吸光度具有加和性，这是进行多组分光度分析的理论基础。

## 二、吸光系数

吸光系数的物理意义是吸光物质在单位浓度及单位厚度时的吸光度。在给定单色光、溶剂和温度等条件下，吸光系数是物质的特性常数，表明物质对某一特定波长的吸收能力。不同的物质对同一波长的单色光，可有不同的吸光系数，吸光系数越大，表明该物质的吸光能力愈强，灵敏度愈高，所以吸光系数是定性和定量的依据。

式 2-12 中 $k$ 值及单位与 $c$ 和 $l$ 采用的单位有关。当 $l$ 以 cm，$c$ 以 mol/L 为单位时，$k$ 称为摩尔吸光系数，用 $\varepsilon$ 表示，$\varepsilon$ 的单位为 L/（mol·cm），它表示物质的浓度为 1mol/L、液层厚度为 1cm 时溶液的吸光度。此时式 2-12 变为

$$A = \varepsilon cl \quad (2-13)$$

在化合物组分不明的情况下，物质的分子量无从知道，因而摩尔浓度无法确定，无法使用摩尔吸光系数。此时，常采用百分吸光系数或比吸光系数。比吸光系数是指 $c$ 为 1g/100ml，$l$ 为 1cm 时的吸光度值，用 $E_{1cm}^{1\%}$ 表示。$E_{1cm}^{1\%}$ 与 $\varepsilon$ 间的关系为

$$\varepsilon = \frac{M}{10} \cdot E_{1cm}^{1\%} \quad (2-14)$$

式中，$M$——吸光物质的摩尔质量。

摩尔吸光系数 $\varepsilon$ 或 $E_{1cm}^{1\%}$ 不能直接测得，需用已知准确浓度的稀溶液测得吸光度换算而得到。

吸光系数的大小，取决于物质（溶质、溶剂）的本性、温度和光的波长。

（1）物质不同，则吸光系数不同，为物质的特征常数。

(2) 溶剂不同，同一物质吸光系数亦不同。所以在说明吸光系数时，应注明溶剂。

(3) 光的波长不同，其吸光系数亦不同。如将不同波长的单色光依次通过被分析物质，分别测得吸光度，然后绘制吸光度-波长曲线，称为吸收曲线，又称吸收光谱（图2-2）。由图可以看出物质的吸收特征。吸收曲线上有极大值的部分称为吸收峰，吸收峰所对应的波长叫最大吸收波长，用 $\lambda_{max}$ 表示；与曲线最低谷相对应的波长为最小吸收波长，用 $\lambda_{min}$ 表示；有时在最大吸收峰旁边有一个小的曲折称为肩峰；在吸收曲线的短波长端吸收相当大但不成峰形的部分，称为末端吸收。不同的物质有不同的吸收峰和 $\lambda_{max}$，这是物质定性的依据之一。物质的定量也常选择在 $\lambda_{max}$ 处测定，因为在此处测定的灵敏度最高。

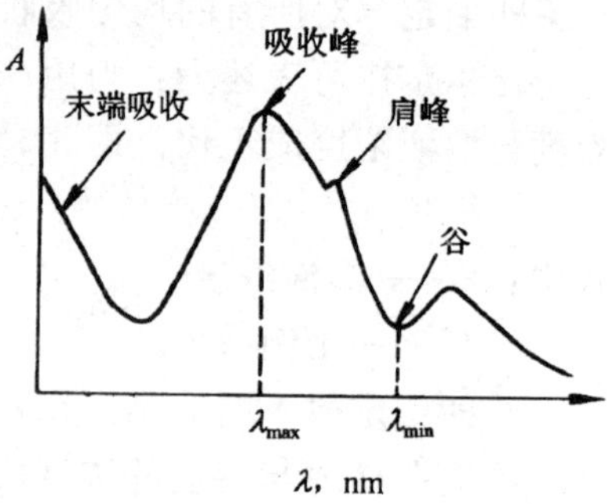

图2-2　吸收曲线示意图

(4) 单色光的纯度　严格来说，光吸收定律只有当入射光是单色光时才完全适用。单色光是经单色器单色化成为波长范围很窄的光。实际上，不管仪器中光学系统的质量怎样高，单色化以后的光还是具有一定的波长宽度。因此，所谓单色光实际上是以所要求波长为中心波长的具有一定波长范围的狭窄的谱带。如果所包含的波长范围较窄，则单色光较纯，如光带较宽，使吸收峰变得圆钝，峰值（$A$ 或 $\varepsilon$）就降低，甚至有的吸收峰消失。因此，在说明物质吸光系数时，除必须提到溶剂和波长外，还应考虑单色光的纯度，即要考虑所用仪器的精确程度。

## 三、偏离光吸收定律的因素

根据 Lambert-Beer 定律，当吸收池厚度不变，以吸光度对浓度作图时，应得到一条通过原点的直线。但在实际工作中，吸光度与浓度间的线性关系常常发生偏离，一般产生负偏差的情况居多（图2-3）。引起偏离光吸收定律的因素主要有：

(1) 吸光物质的浓度　朗伯-比尔定律通常只适用于稀溶液。在高浓度（通常 $>0.01mol/L$）时，吸光粒子间彼此靠近，影响每个粒子独立吸收光的能力，粒子的电荷分布也可能发生改变，导致对比尔定律的偏离。

(2) 非单色光　朗伯-比尔定律是以单色光作入射光为前提。但事实上真正的单色光是难以得到的，经过分光后用于测量的是一小段波长范围的复合光，由于吸光物质对不同波长光的吸收能力不同，导致对朗伯-比尔定律的偏离。在所使用的波长范围内，吸光物质的吸收能力变化越大，这种偏离就越显著。例如，图2-4所示的吸收光谱，谱带 $A$ 的吸光系数变化不大，用谱带 $A$ 进行分析，造成的偏离较小；而谱带 $B$ 的吸光系数变化较大，用谱带 $B$ 进行分析会造成较大的负偏离。所以，通常选择吸光物质的最大吸收波长 $\lambda_{max}$ 作为分析波长，这样，不仅能保证测定有较高的灵敏度，而且由于此处曲线较为平坦，吸光系数变化不大，对朗伯-比尔定律的偏离程度较小。

(3) 光的散射　当试样有胶体、乳浊液或悬浮物质存在时，入射光通过溶液后，有一部分光会因散射而损失，使吸光度增大，导致对光吸收定律的偏离。质点的散射强度是与入射光波长的四次方成反比的，所以散射对紫外区的测定影响更大。

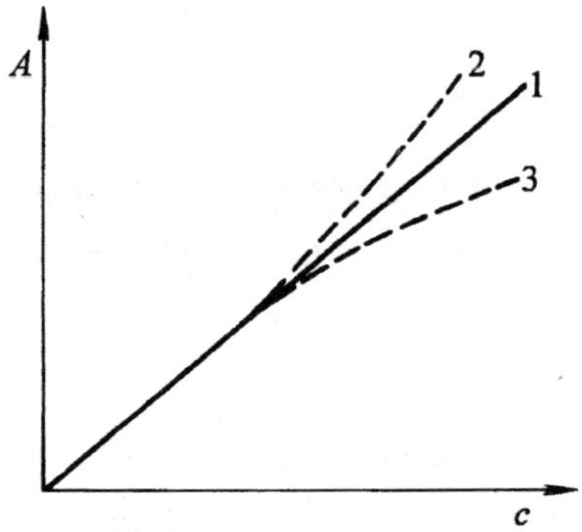


图 2－3　对光吸收定律偏离

1. 遵守朗伯－比尔定律；2. 正偏离；3. 负偏离

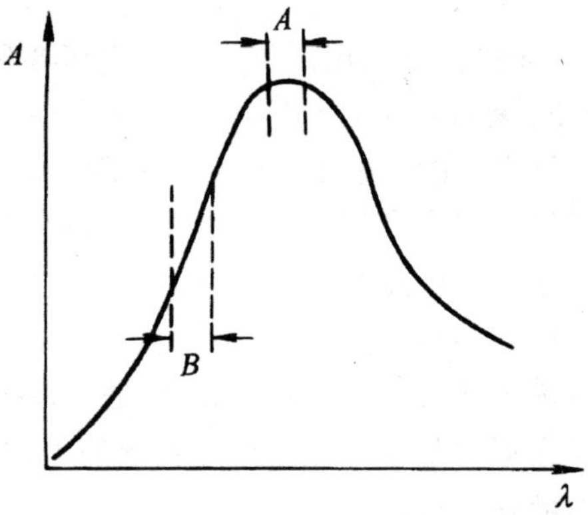


图 2－4　分析谱带的选择

（4）化学因素　如果被测组分在试液中发生离解、缔合、光化或互变异构等作用，可能使被测组分的浓度发生变化，导致对光吸收定律的偏离。

（5）仪器因素　仪器光源不稳定、实验条件的偶然变动、吸收池厚度不一致等仪器的问题，都会给测定带来一定的误差，导致对光吸收定律的偏离。

此外，光的折射、溶液中物质产生的荧光、非平行光等都可以造成对朗伯－比尔定律的偏离，但这些因素造成的偏离对测定的影响很小，一般可忽略不计。

# 第三节　紫外可见分光光度计

## 一、主要部件

紫外可见分光光度计是在紫外可见区用选定波长的光测定物质吸光度的仪器，仪器的类型很多，性能差别悬殊，但其基本原理相似。组成可用方框图示意（图 2－5）：

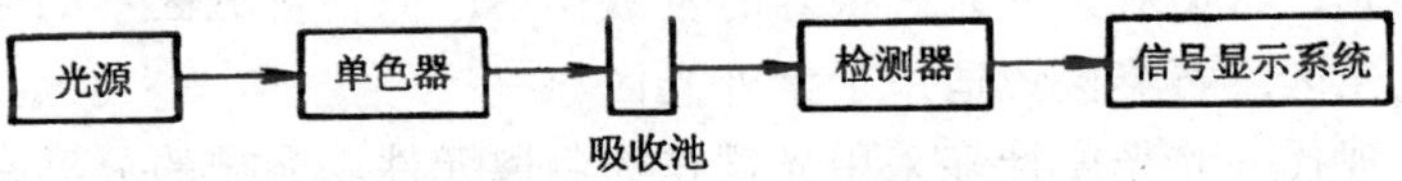


图 2－5　紫外可见分光光度计组成示意图

### （一）光源

光源是提供入射光的装置，其基本要求是在广泛的光谱区域内发射连续光谱，并有足够的辐射强度和良好的稳定性。在紫外可见分光光度计中，常用的光源有两类：热辐射光源和气体放电光源。热辐射光源用于可见光区，如钨灯和卤钨灯；气体放电光源用于紫外光区，如氢灯和氘灯。

#### 1. 钨灯和卤钨灯

该光源能发射 320～2500nm 的连续光谱，适用于可见和近红外区的测量。卤钨灯是在钨灯中加入适量的卤素或卤化物而制成，由于灯内卤元素的存在，大大减少了钨原子的蒸发，提高了灯的使用寿命，而且，发光效率比钨灯高。由于钨灯的发光强度与供电电压的 3～4 次方成正比，所以供电电压要稳定。

2. 氢灯和氘灯

该光源能发射 150～400nm 波长的连续光谱，适用于紫外光区的测量。氘灯的灯管内充有氢的同位素氘，发光强度和灯的使用寿命比氢灯增加了 3～5 倍，它是紫外光区应用最广泛的一种光源。

### （二）单色器

单色器（monochromator）是一种把来自光源的复合光分解为单色光，并分离出所需波段光束的装置，是分光光度计的关键部件。其主要组成为入射狭缝、出射狭缝、色散元件和准直镜等部分。

1. 入射狭缝

光源发出的光经反射镜投向入射狭缝后就成为一个细条光束，这条细光束投射到准直镜上变成平行光。入射狭缝的作用是限制杂散光进入。

2. 准直镜

准直镜是以狭缝为焦点的聚光镜。其作用是把来自入射狭缝的光束转化为平行光，然后投向色散元件，并把色散后的平行光束聚焦于出射狭缝上。

3. 出射狭缝

出射狭缝的作用是将额定波长的光波射出单色器。狭缝愈小，射出光波的谱带也愈窄，但同时光的强度也愈小。不能为了取得纯粹单色光而把狭缝调到极小，因为光强减小而影响测量的灵敏度，所以狭缝宽度要恰当。

4. 色散元件

在单色器的装置中，最重要的是色散元件。最常用的色散元件有棱镜和光栅。

（1）棱镜　棱镜的色散作用是由于棱镜材料对不同波长的光有不同的折射率，因此可把混合光中所包含的各个波长从长波到短波依次分散成一个连续光谱。折射率差别愈大则色散作用（色散率）愈大。棱镜常用玻璃或石英制成，玻璃对可见区的色散率比石英大，但玻璃吸收紫外光；石英对紫外光有很好的色散作用，但在可见区不如玻璃。因此，玻璃棱镜适用于可见光区，石英棱镜适用于紫外光区。

（2）光栅　现代分光光度计多采用光栅作为色散元件。光栅的分辨率比棱镜高，应用的波长范围广，色散率基本上不随波长而改变，是均匀色散。在分光光度计中采用的光栅绝大多数为平面反射光栅（或称闪耀光栅），它可用于紫外、可见及红外等光谱区域。

### （三）吸收池

吸收池又称比色皿或比色杯，是分光光度分析中盛放样品液的容器。吸收池的材料有玻璃和石英两种，玻璃吸收池适用于可见光区，石英吸收池适用于紫外光区和可见光区。吸收池的光径可在 0.1～10cm 之间，其中以 1cm 光径吸收池最为常用。在用于高浓度或低浓度测定时，可相应采用光径较小或较大的吸收池。一套吸收池必须相互匹配，因此对所用的一套吸收池应事先盛放同一种溶液，于所选波长下测定其透光度，彼此相差应在 0.5%以内。指纹、油腻及池壁上的沉积物，都会影响吸收池的透光性能，因此在使用前后必须清洗干净。

### （四）检测器

检测器的作用是检测光信号，即将光信号转变为电信号。现在使用的分光光度计大多采用光电管或光电倍增管作为检测器。光电管是在石英泡内放置一个金属丝圈阳极与一个半圆筒体阴极组成，其适用的波长范围取决于阴极上的光电发射材料。阴极表面涂有锑和铯的蓝敏光电管，适用的波长范围为200～625nm；阴极表面涂有银或氧化铯的红敏光电管，适用的波长范围是625～1000nm。光电管在接受光照射时，阴极发射出电子，入射光越强，产生的光电流越大。光电管的工作电压通常为90V，此时光电流正比于入射光强度，而与所施加的电压无关。光电管在未受光照射时，由于电极的热电子发射而产生暗电流，暗电流是光电管的重要技术指标之一，暗电流越小，光电管的质量越好。在仪器中，通常都设有一个补偿电路以清除暗电流。

光电倍增管是检测弱光最常用的光电元件，其灵敏度比光电管要高得多。光电倍增管由一个光阴极和多个二次发射极（打拿极）所组成（图2－6）。光照射阴极时引起电子发射，这些光电子在真空管中被电场加速到第一个打拿极。每个光电子引起多个二次电子发射，这些电子又被加速到下一个打拿极，如此重复多次（一般光电管有9个打拿极），然后被阳极收集，产生较强电流。实际测量的是最后一个打拿极与阳极之间的电流，它与入射光强度和光电倍增管的增益成正比。

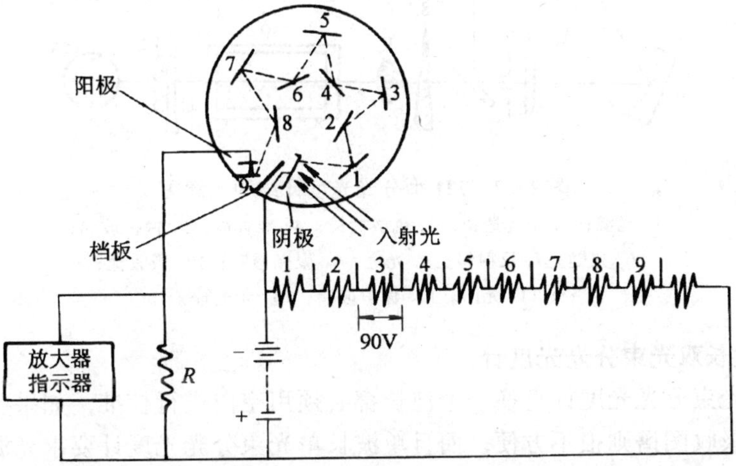


图2－6　光电倍增管结构示意图

光电倍增管的响应时间很短，可检测$10^{-8}$～$10^{-9}$s级脉冲光信号。光电倍增管的灵敏度与光电管一样，受到暗电流的限制。暗电流主要来自于光阴极和次极的热电子发射以及各极间的漏电流。电极电压较低时，暗电流主要来自于漏电流，电极电压较高时，则主要来自于热电子发射。光电倍增管不能用来测定强光，否则光阴极和二次发射极容易疲劳，使信号漂移，灵敏度降低，并且光电倍增管可因阳极电流过大而损坏。

### （五）信号显示系统

在紫外可见分光光度计中，常用的信号显示装置有直读检流计、电位调节指零装置、以及自动记录和数字显示装置等。很多型号的分光光度计装配有微处理机，一方面可对分光光度计进行操作控制，另一方面可进行数据处理。

## 二、紫外可见分光光度计的类型

紫外可见分光光度计的型号很多。按其光学系统可分为单波长分光光度计和双波长分光光度计，其中单波长分光光度计又有单光束和双光束分光光度计两种。

### （一）单波长单光束分光光度计

单波长单光束分光光度计，用钨灯或氢灯作光源。目前国内广泛采用的简易型单波长单光束分光光度计是721型分光光度计。这种分光光度计结构简单、价格低廉、操作简便，维修也较容易，适用于常规分析。其基本结构如图2－7所示。721型分光光度计采用自准式棱镜色散系统，属单光束非记录式，使用波长范围为360～800nm，用钨灯作光源，光电管作检测器，光电流从微安表上读出。属于单波长单光束分光光度计的还有国产751型、XG－125型、英国SP500型和伯克曼DU－8型等。

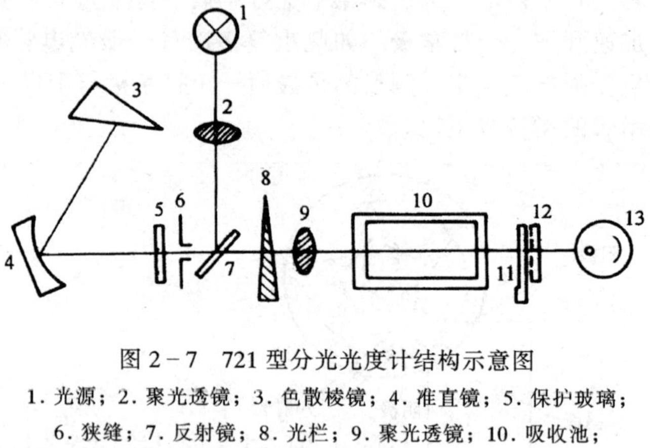


图2－7　721型分光光度计结构示意图

1. 光源；2. 聚光透镜；3. 色散棱镜；4. 准直镜；5. 保护玻璃；6. 狭缝；7. 反射镜；8. 光栏；9. 聚光透镜；10. 吸收池；11. 光门；12. 保护玻璃；13. 光电管

### （二）单波长双光束分光光度计

单波长单光束分光光度计每换一个波长都必须用空白进行校准，如果要对某一试样作某波长范围的吸收图谱则很不方便，而且单波长单光束分光光度计要求光源和检测系统必须有较高的稳定性。单波长双光束分光光度计能自动比较透过空白和试样的光束强度，此比值即为试样的透光度，并把它作为波长的函数记录下来。这样，通过自动扫描就能迅速地将试样的吸收光谱记录下来。图2－8为单波长双光束分光光度计的光路示意图。在双光束分光光度计中，来自光源的光束经单色器（$M_0$）后，分离出的单色光经反射镜（$M_1$）分解为强度相等的两束光，分别通过试样池（$S$）和参比池（$R$），然后在平面反射镜（$M_3$）和（$M_4$）的作用下重新汇合，投射到光电倍增管（$PM$）上。当调节器（$T$）带动$M_1$和$M_4$同步旋转时，两光束分时分别通过参比池$R$和试样池$S$，然后经$M_3$和$M_4$分时投射到光电倍增管$PM$上。这样，检测器就可以在不同的瞬间接收和处理参比信号和试样信号，其信号差再通过对数转换为吸光度。单波长双光束分光光度计大多设计为自动记录型。使用双光束的优点除了能自动扫描吸收光谱外，还可自动消除电源电压波动的影响，减小放大器增益的漂移。但其结构较单光束分光光度计复杂。国产 710 型、730 型、740 型、日立 UV－340 型等就属于这种类型。

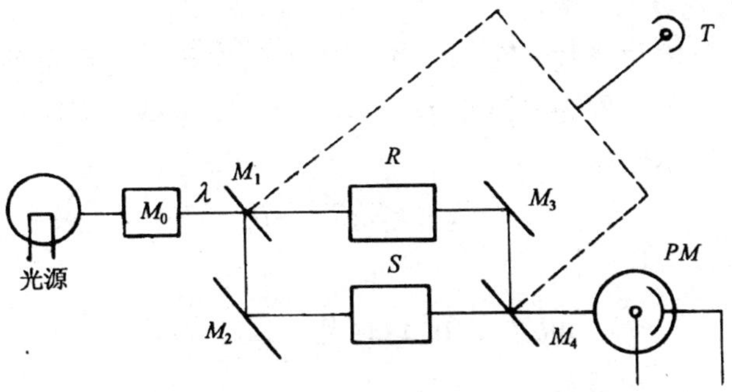


图 2－8　单波长双光束分光光度计原理图
$M_0$：单色器；$M_1$、$M_2$、$M_3$、$M_4$：反射镜；$R$：参比池；
$S$：样品池；$T$：旋转装置；$PM$：光电倍增管

**(三) 双波长分光光度计**

双波长分光光度计的基本光路如图 2－9 所示。从同一光源发出的光分为两束，分别经过两个单色器后，得到两束不同波长（$\lambda_1$ 和 $\lambda_2$）的光，利用切光器使两束光以一定的频率交替照射同一吸收池，最后由检测器显示出两个波长下的吸光度差值（$\Delta A$）。双波长分光光度计的优点是在有背景干扰或共存组分的吸收干扰的情况下，可以对某组分进行定量测定。除此以外，还可以利用双波长分光光度计获得微分光谱和进行系数倍率法测定。双波长分光光度计设有工作方式转换机构，使其能够很方便地转化为单波长工作方式。国产 WFZ800－5 型、岛津 UV－260 型、UV－265 型、UV－300 型、日立 356 型等都属于这类分光光度计。

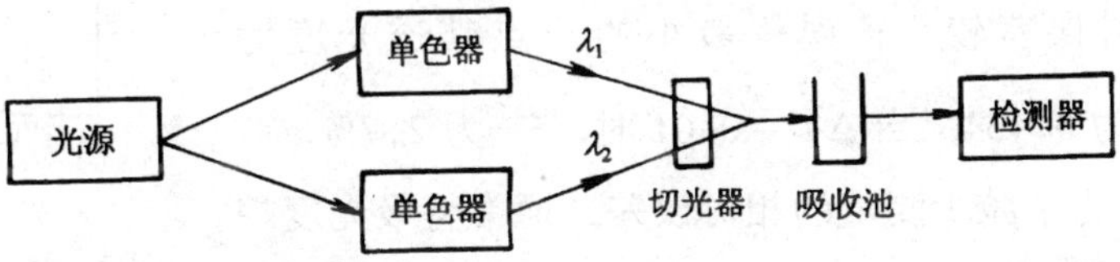


图 2－9　双波长分光光度计结构示意图

## 第四节　分析条件的选择

在分析工作中，要使分析方法有较高的灵敏度和准确度，就要选择最佳的测定条件，这些条件包括仪器条件、显色条件以及参比溶液的选择等。

### 一、仪器条件的选择

1. 入射光波长的选择

通常是根据被测组分的吸收光谱，选择最强吸收带的最大吸收波长（$\lambda_{max}$）为入射光波长，这样可以得到最大的测量灵敏度，称为最大吸收原则。当最强吸收峰的峰形比较尖锐时，往往选用吸收稍低、峰形稍平坦的次强峰或肩峰进行测定。

2. 吸光度范围的选择

在不同的吸光度范围内读数，可引入不同程度的误差，这种误差通常以百分透光度引起的浓度相对误差来表示，称为光度误差。为减少光度误差，应该控制适当的吸光度范围来读数。根据朗伯－比尔定律

$$A = -\lg T = \varepsilon l c$$

微分后得

$$\mathrm{d}\lg T = 0.4343\frac{\mathrm{d}T}{T} = -\varepsilon l\,\mathrm{d}c$$

或

$$0.4343\frac{\Delta T}{T} = -\varepsilon l \Delta c \qquad (2-15)$$

将式 2－15 代入朗伯－比尔定律

$$\frac{\Delta c}{c} = \frac{0.4343\Delta T}{T\lg T} \qquad (2-16)$$

式中，$\frac{\Delta c}{c}$——浓度的相对误差；

$\Delta T$——透光度的读数误差。

设 $\Delta T = 0.01$，根据上式可计算出不同透光度（或吸光度）值时的浓度相对误差，以 $T$ 为横坐标，$\frac{\Delta c}{c}$ 为纵坐标作图，可得到如图 2－10 所示的曲线。

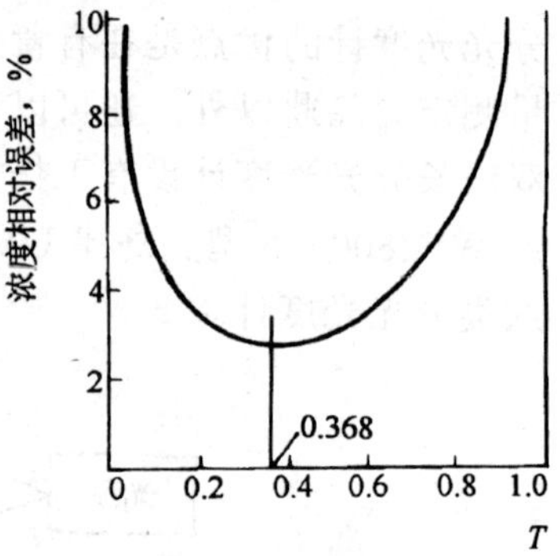


图 2－10　浓度相对误差与透光度的关系

由图 2－10 可知，透光度太大或太小，浓度的相对误差均较大；当透光度在 15% 至 65%，即吸光度在 0.2～0.8 时，浓度的相对误差较小；误差最小的一点其透光度为 0.368，吸光度为 0.434，当 $\Delta T = 0.01$ 时，$\frac{\Delta c}{c}$ 为 2.7%。

综上所述，为了减少测量的相对误差，通常将吸光度控制在 0.2～0.8 范围内。

3. 狭缝宽度的选择

较为精密的分光光度计的狭缝宽度都是可调节的。狭缝宽度直接影响测定的灵敏度和校正曲线的线性范围。狭缝宽度增大，入射光的单色性降低，在一定的程度上会使灵敏度下降，校正曲线偏离朗伯－比尔定律。当然，并不是狭缝宽度越小越好。为了选择合适的狭缝宽度，应以减小狭缝宽度时试样的吸光度不再增加为准。一般来说，狭缝宽度大约是试样吸收峰半宽度的 1/10。

4. 吸收池的选择

吸收池的厚度应一致，透光性能要好，对于吸光度 $A<0.2$ 的溶液，应选用厚的吸收池；相反，对于 $A>0.8$ 的溶液，应选用薄的吸收池，使吸光度 $A$ 控制在 0.2～0.8 范围内，从而减小光度误差。

## 二、显色条件的选择

对多种物质进行测定时，常常利用显色反应将被测组分转变为在一定波长范围内有吸收或吸收较大的物质。常见的显色反应有配位反应、氧化还原反应以及增加生色基团的衍生化反应等。这些反应一般应满足下述要求：①反应的生成物必须在紫外可见光区有较强的吸光能力，即摩尔吸光系数较大；②反应应有较高的选择性，被测组分经反应生成的化合物的吸收曲线与其他共存组分的吸收光谱有明显的差别；③反应生成物有足够的稳定性，以保证测量过程中溶液的吸光度不改变；④反应生成物的组成恒定。要使显色反应达到上述要求，就需要控制显色反应的条件，以保证被测组分最有效地转变为适宜于测定的化合物。

1．显色剂的用量

被测组分与显色剂作用生成有色化合物的反应通常是可逆的，因此为了使被测组分尽量转变成有色化合物，应当增加显色剂的用量。当有色化合物的稳定性较大时，显色剂只要稍许过量就足够了；如果有色化合物的离解度较大，则显色剂必须过量得多一些。但需注意，并不是显色剂用量越多越好，有时由于加入过多的显色剂，而生成另一种化合物，偏离光的吸收定律，从而影响测定。此外，显色剂过多（特别是有色的显色剂）常使空白值增高，灵敏度降低，而且还可能与样品中的干扰物作用而影响测定。因此，显色剂加入过多也是不适宜的，显色剂的加入量必须是过量、适量、定量。例如用 $SCN^-$ 测定钼时，$SCN^-$ 浓度过低或过高，都会生成颜色较淡的配合物，使吸光度降低，影响钼的测定。

$$\underset{\text{浅红}}{Mo(SCN)_3^{2+}} \rightleftharpoons \underset{\text{桔红}}{Mo(SCN)_5} \rightleftharpoons \underset{\text{浅红}}{Mo(SCN)_6^-}$$

适宜的显色剂加入量是通过实验确定的，建立一个新的方法必须做条件试验，即保持被测组分浓度和其他条件不变，加入不同量的显色剂，测定其吸光度 $A$ 并作图。如图 2－11 所示，显色剂用量对显色反应的影响是各种各样的，其中图 2－11（a）的曲线是比较常见的。开始随着显色剂用量的增加，吸光度不断增加，当增加到一定值时，吸光度不再增加，出现 $ab$ 平坦部分，这意味着显色剂用量已足够了，我们可以在 $ab$ 之间选择合适的显色剂用量。图 2－11（b）表明，曲线平坦部分很窄，当显色剂用量继续增加时，吸光度将降低。因此必须控制好显色剂的用量，才能进行被测组分的测定。图 2－11（c）与前两种情况完全不同，当显色剂的用量不断增大时，吸光度不断增大，对于这种情况，只有严格控制显色剂的用量才能进行测定。这种情况一般只用于定性，而不用于定量。

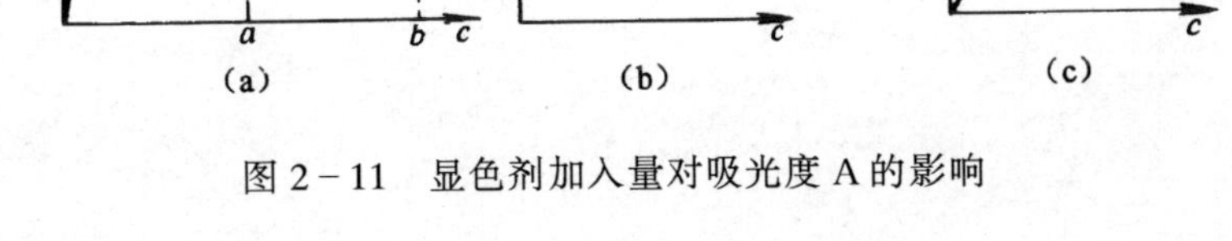


图 2－11　显色剂加入量对吸光度 A 的影响

2. 溶液 pH

溶液 pH 对显色反应的影响是多方面的，例如影响显色剂的颜色变化、有机弱酸的配位反应和被测组分的存在形式等。显色反应最适宜的 pH 范围可通过实验来确定：测定某一固定浓度的试液的吸光度随溶液 pH 的变化，以吸光度为纵坐标，溶液 pH 为横坐标作图，曲线的平直部分，即吸光度恒定部分所对应的 pH 范围就是最适宜的 pH 范围。

3. 显色温度

一般显色反应均在室温下完成，但有些显色反应在室温下反应很慢，需在较高温度下进行。相反，有些反应需在低温下进行。当温度改变时，某些有色化合物的吸光系数会发生改变，因此，待测溶液和标准溶液应尽可能在相同的温度下进行测定。显色反应最适宜的温度也是通过实验测定吸光度与温度的变化曲线来选择。

4. 显色时间

各种显色反应的反应速度不同，需要的反应时间也不一样。有些显色反应在实验条件下可瞬间完成，颜色很快达到稳定，并在较长的时间范围内变化不大。但也有的显色反应需一段时间颜色才能达到稳定。在实际工作中应通过试验测定溶液在某波长下的吸光度随时间变化的曲线，以确定显色反应所需的最佳时间。

## 三、参比溶液的选择

测量试样溶液的吸光度时，先要用参比溶液（又称空白溶液）调节透光度为 100%，以消除溶液中其他成分以及吸收池和溶剂对光的反射和吸收所带来的误差。参比溶液的组成视试样溶液的性质而定，合理地选择参比溶液是很重要的。

1. 溶剂参比溶液

当试样溶液的组成较为简单、共存的其他组分很少且对测定波长的光几乎无吸收时，可采用溶剂作为参比溶液，它可消除溶剂、吸收池等因素的影响。

2. 试样参比溶液

如果试样基体溶液在测定波长有吸收，而显色剂不与试样基体显色时，可按与显色反应相同的条件处理试样，只是不加入显色剂。这种参比溶液适用于试样中有较多的共存成分，加入的显色剂量不大，且显色剂在测定波长无吸收的情况。

3. 试剂参比溶液

如果显色剂或其他试剂在测定波长有吸收，按显色反应相同的条件，不加入试样，同样加入试剂和溶剂作为参比溶液。这种参比溶液可消除试剂产生吸收的影响。

4. 平行操作参比溶液

用不含被测组分的试样，在相同条件下与被测试样同时进行处理，由此得到平行操作参比溶液。如在进行某种药物浓度监测时，取正常人的血样与待测血药浓度的血样进行平行操作处理，前者得到的溶液即为平行操作参比溶液。

# 第五节　定量分析方法

## 一、微量单组分的定量方法

根据朗伯－比尔定律，物质在一定条件下的吸光度与浓度之间有线性关系。因此，只要选择一定的波长测定溶液的吸光度，即可求出浓度。

单组分定量方法是对溶液中某一种组分定量测定的方法，包括吸光系数法、标准曲线法和标准对比法，其中标准曲线法是实际工作中用得最多的方法。

### （一）吸光系数法

根据朗伯－比尔定律 $A=\varepsilon lc$，若 $l$ 和吸光系数 $\varepsilon$ 或 $E_{1cm}^{1\%}$ 已知，即可根据测得的 $A$ 求出被测物的浓度。

$$c=\frac{A}{\varepsilon l}$$

通常 $\varepsilon$ 和 $E_{1cm}^{1\%}$ 可以从手册或文献中查到，这种方法也称绝对法。

例如，维生素 $B_{12}$ 的水溶液在 361nm 处的 $E_{1cm}^{1\%}$ 值是 207，盛于 1cm 吸收池中，测得溶液的吸光度为 0.414，则溶液的浓度为

$$c=\frac{0.414}{207\times1}=0.002\text{g}/100\text{ml}$$

应注意计算结果单位是 g/100ml，这是比吸光系数的定义所决定的。若用摩尔吸光系数 $\varepsilon$，结果单位应是 mol/L。

### （二）标准曲线法

标准曲线法又称校正曲线法。其方法是：配制一系列不同含量的标准溶液，以不含被测组分的空白溶液作为参比，在相同条件下测定标准溶液的吸光度，绘制吸光度－浓度曲线（图 2－12）。这种曲线就是标准曲线。在相同条件下测定未知试样的吸光度，从标准曲线上就可以找到与之对应的未知试样的浓度。据朗伯－比尔定律，在吸收池厚度不变，其他条件相同的情况下，吸光度与浓度间具有线性关系。但因前面所述一些因素的影响，在某些浓度范围内吸光度与浓度间不再具有线性关系，即对朗伯－比尔定律发生了偏离。所以，在建立一个方法时，首先要确定符合朗伯－比尔定律的浓度范围（线性范围），具体的定量测定一般都要在线性范围内进行。

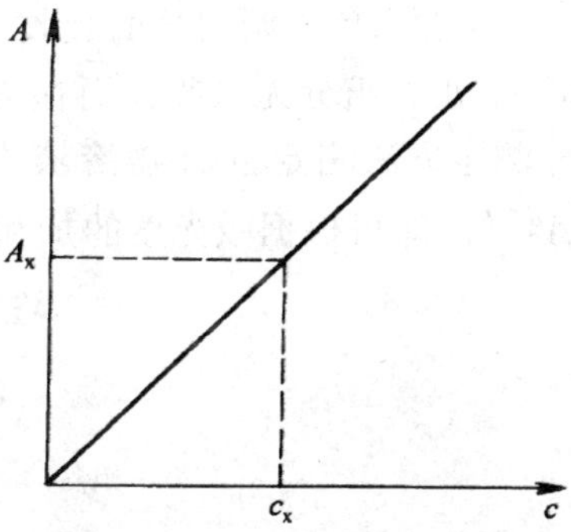

图 2－12　标准曲线法确定未知试样浓度

绘制标准曲线应注意以下几点：

（1）按选定浓度，配制一系列不同浓度的标准溶液，浓度范围应包括未知试样浓度的可能变化范围。一般至少应作四个点。

（2）测定时每一浓度至少应同时作两管（平行管），同一浓度平行管测定得到的吸光

度值相差不大时，取其平均值。

(3) 用坐标纸绘制标准曲线。也可用最小二乘法处理，由一系列的吸光度－浓度数据求出直线回归方程。

(4) 绘制完后应注明测试内容和条件，如测定波长、吸收池厚度、操作时间等。

标准曲线应经常重复检查。工作条件有变动时，例如更换标准溶液、仪器修理、更换光源时，都应重新作标准曲线。

**(三) 标准对比法**

在相同条件下测定试样溶液吸光度（$A_x$）和某一浓度的标准溶液的吸光度（$A_s$），由标准溶液的浓度（$c_s$）可计算出试样中的被测物浓度（$c_x$）

$$A_s = \varepsilon c_s l \qquad A_x = \varepsilon c_x l$$

因是同种物质、同台仪器、同一波长测定，故 $\varepsilon$、$l$ 相同，所以

$$\frac{A_s}{A_x} = \frac{c_s}{c_x} \qquad c_x = \frac{A_x}{A_s} \cdot c_s \tag{2-17}$$

这种方法就是标准对比法。该法比较简便，但误差较大，只有在测定的浓度区间内溶液完全遵守朗伯－比尔定律，并且 $c_s$ 和 $c_x$ 很接近时，才能得到较为准确的结果。

## 二、微量多组分的定量方法

有两种或多种组分共存时，可根据各组分吸收光谱相互重叠的程度分别考虑测定方法。最简单的情况是各组分的吸收峰所在波长处，其他组分没有吸收，如图 2－13（a）所示，则可按单组分的测定方法，在各自最大波长处进行测定，即在 $\lambda_1$ 处测定 $a$ 组分，$\lambda_2$ 处测定 $b$ 组分的浓度。

如果 $a$、$b$ 两组分的吸收光谱有部分重叠，如图 2－13（b）所示，在 $a$ 组分的吸收峰 $\lambda_1$ 处 $b$ 组分无吸收，而在 $b$ 组分的吸收峰 $\lambda_2$ 处 $a$ 组分有吸收，则可先在 $\lambda_1$ 处按单组分测定方法测定混合物溶液中 $a$ 组分的浓度 $c_a$，再在 $\lambda_2$ 处测得混合物溶液的吸光度 $A_2^{a+b}$，即可根据吸光度的加和性计算出 $b$ 组分的浓度 $c_b$。设液层厚度为 1cm，则

$$A_2^{a+b} = A_2^a + A_2^b = \varepsilon_2^a \cdot c_a + \varepsilon_2^b \cdot c_b$$

$$c_b = \frac{1}{\varepsilon_2^b}(A_2^{a+b} - \varepsilon_2^a \cdot c_a) \tag{2-18}$$

在混和物测定中更多遇到的情况是各组分的吸收光谱相互重叠，如图 2－13（c）所

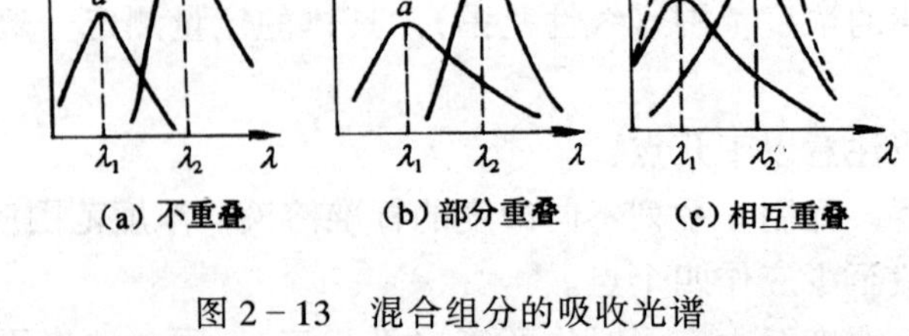


(a) 不重叠　(b) 部分重叠　(c) 相互重叠

图 2－13　混合组分的吸收光谱

示，两组分在最大吸收波长处互相有吸收，曲线 $a$ 为组分 $a$ 单独存在时的吸收光谱；曲线 $b$ 为组分 $b$ 单独存在时的吸收光谱，虚线 $a+b$ 为两组分混合时的吸收光谱。原则上，只要混合组分的吸收光谱有一定的差异，都可根据吸光度加和性的基本原理设法测定。依据测定目的不同，有时需同时测定各共存组分的浓度，有时希望消除干扰组分的吸收以测定某一组分的浓度；同时亦根据各组分吸收曲线的形状不同和相互干扰的程度不同，可以推演出以下测定方法。

**（一）解线性方程组法**

对于含两组分的混合物，如图 2－13（c），因吸光度有加和性，混合物的吸光度为各组分的吸光度之和，故可在 $a$ 和 $b$ 的最大吸收波长（$\lambda_1$ 和 $\lambda_2$）处，分别测定混合物的吸光度 $A_1^{a+b}$ 和 $A_2^{a+b}$，根据吸收定律解线性方程组，便可求得混合物中 $a$ 和 $b$ 的各自含量。当液层厚度 $l=1\text{cm}$ 时，则

$$A_1^{a+b} = A_1^a + A_1^b = \varepsilon_1^a \cdot c_a + \varepsilon_1^b \cdot c_b$$

$$A_2^{a+b} = A_2^a + A_2^b = \varepsilon_2^a \cdot c_a + \varepsilon_2^b \cdot c_b$$

解线性方程组得

$$c_a = \frac{A_1^{a+b} \cdot \varepsilon_2^b - A_2^{a+b} \cdot \varepsilon_1^b}{\varepsilon_1^a \cdot \varepsilon_2^b - \varepsilon_2^a \cdot \varepsilon_1^b} \quad (2-19)$$

$$c_b = \frac{A_2^{a+b} \cdot \varepsilon_1^a - A_1^{a+b} \cdot \varepsilon_2^a}{\varepsilon_1^a \cdot \varepsilon_2^b - \varepsilon_2^a \cdot \varepsilon_1^b} \quad (2-20)$$

解线性方程组法，理论上可用于任意多组分测定。对于含 $n$ 个组分的混合物，在 $n$ 个波长位置处测定其吸光度的加和值，然后解 $n$ 元一次方程组，即可分别求得各组分的浓度。应该指出，随着测量组分的增多，实验结果的误差也将增大。

**（二）双波长分光光度法**

双波长分光光度法可测定混浊溶液，也可测定吸收光谱重叠的混合组分。不需用空白作参比，无参比溶液引起的误差，使测定的灵敏度和精确度有显著提高。

双波长的原理是利用两束不同波长的单色光 $\lambda_1$ 和 $\lambda_2$，若以 $\lambda_1$ 为参比波长，$\lambda_2$ 为测定波长，在单位时间内交替照射同一溶液，然后由检测器测出这两波长之间的吸光度差值 $\Delta A$，即

$$A_1 = \varepsilon_1 cl$$

$$A_2 = \varepsilon_2 cl$$

$$\Delta A = A_2 - A_1 = (\varepsilon_2 - \varepsilon_1)cl \quad (2-21)$$

因在同一条件下测定，$\varepsilon_1$ 和 $\varepsilon_2$ 均为常数，$l$ 值一定，故 $\Delta A$ 与待测组分的浓度成正比关系。常用以下两个方法：

1. 等吸收双波长法

吸收光谱重叠的 $a$、$b$ 两组分混合物中，若要消除 $b$ 的干扰以测定 $a$，可从 $b$ 的吸收

光谱上选择两个吸光度相等的波长 $\lambda_1$ 和 $\lambda_2$，测定混合物的吸光度差值 $\Delta A$，然后根据 $\Delta A$ 来计算 $a$ 的含量。选择波长的原则，必须符合两个基本条件：①干扰组分 $b$ 在这两个波长应具有相同的吸光度，即 $\Delta A^b = A_1^b - A_2^b = 0$；②待测组分在这两个波长处的吸光度差值 $\Delta A^a$ 应足够大。现用作图法说明波长组合的选定方法。如图 2－14 所示，$a$ 为待测组分，可以选择组分 $a$ 的吸收峰波长作为测定波长 $\lambda_2$，在这一波长位置作 X 轴的垂线，此直线与干扰组分 $b$ 的吸收光谱相交于某一点，再从这一点作一条平行于 X 轴的直线，此直线又与 $b$ 的吸收光谱相交于一点或数点，则选择与这些交点相对应的波长作为参比波长 $\lambda_1$。当 $\lambda_1$ 有几个波长可供选择时，应当选择使待测组分的 $\Delta A$ 尽可能大的波长。若待测组分的吸收峰波长不适合作测定波长，也可以选择吸收光谱上其他波长，只要能满足上述两个条件。

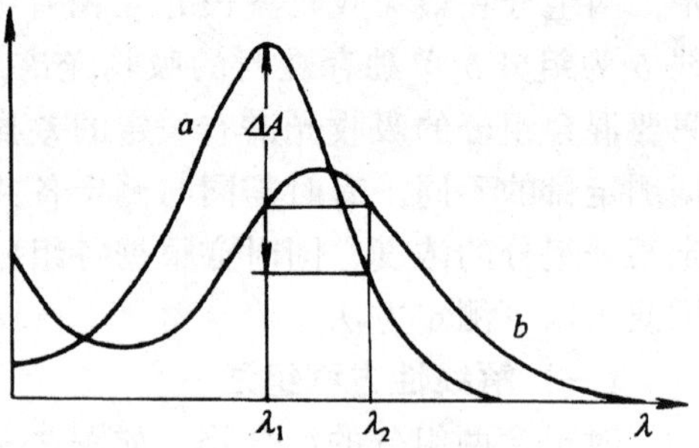


图 2－14 作图法选择 $\lambda_1$ 和 $\lambda_2$

如图 2－14，数学运算如下：

$$A_2 = A_2^a + A_2^b$$

$$A_1 = A_1^a + A_1^b$$

$$\Delta A = A_2 - A_1 = A_2^a - A_1^a \quad (\because A_2^b = A_1^b)$$

$$\Delta A = (\varepsilon_2^a - \varepsilon_1^a) c_a \cdot l \qquad (2-22)$$

被测组分 $a$ 在两波长处的 $\Delta A$ 值愈大，愈有利于测定。同样方法，也可消去组分 $a$ 的干扰，测定 $b$ 组分的含量。

2. 系数倍率法

应用等吸收双波长法时，干扰组分的吸收光谱中至少需有一个吸收峰或谷，在两个波长处才存在等吸光度值。若干扰组分的吸收光谱中找不出等吸收波长，就不能用等吸收双波长法。例如图 2－15 中，实线代表待测组分，虚线代表干扰组分，可以看出图 2－15 中①、②、③、④可以用等吸收双波长法，而图 2－15 中⑤、⑥、⑦、⑧、⑨、10中干扰组分的吸收光谱呈陡坡形没有吸收峰，找不出等吸收波长，等吸收双波长法就不能应用。系数倍率法可克服等吸收双波长法所遇到的困难。假设某一组分在选定两个波长 $\lambda_1$ 和 $\lambda_2$ 处测得吸光度的比值

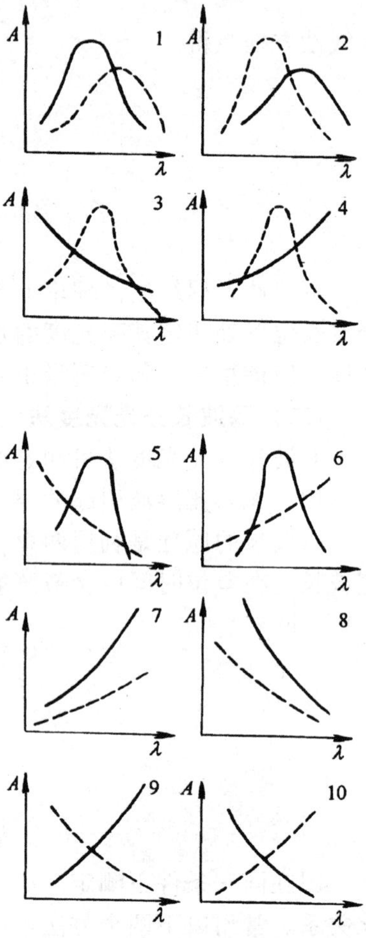


图 2－15 几种吸收光谱的组合

为 $K$，即 $A_1/A_2=K$。使该组分在某一波长的吸收值放大 $K$ 倍，则在两波长处的 $\Delta A=0$，$\Delta A=KA_2-A_1=0$，$K$ 称掩蔽系数。例如图 2－16 中，$b$ 为干扰组分，$a$ 为待测组分，选定 $\lambda_1$ 与 $\lambda_2$ 进行测定，则 $b$ 在 $\lambda_2$ 处的吸光度值小于在 $\lambda_1$ 处的吸光度值，$A_2<A_1$，所以可令 $A_1^b=KA_2^b$，则

$$A_2 = K(A_2^a + A_2^b) \quad (2-23)$$

$$A_1 = A_1^a + A_1^b \quad (2-24)$$

$$\begin{aligned}\Delta A &= A_2 - A_1\\ &= K(A_2^a + A_2^b) - (A_1^a + A_1^b)\\ &= (K\varepsilon_2^a - \varepsilon_1^a)\cdot c_a\\ &= kc_a \quad (2-25)\end{aligned}$$

$\Delta A$ 与待测组分 $c_a$ 成正比，不受 $b$ 组分的干扰。乘掩蔽系数时，干扰组分和待测组分都放大了 $K$ 倍，故使测得的 $\Delta A$ 加大，从而使灵敏度提高。

结合等吸收点的利用，系数倍率法还可用于三元组分的测定。

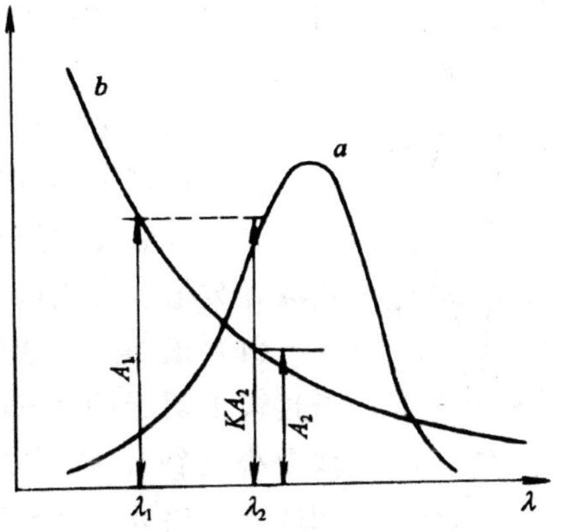

图 2－16　系数倍率法

### （三）导数光谱法

导数光谱法又称微分光谱法。它是解决干扰物质与被测物质的吸收光谱互相重叠、消除胶体和悬浮物散射影响和背景吸收、提高光谱分辨率的一种技术。

根据朗伯－比尔定律

$$A = \varepsilon lc$$

将上式对波长 $\lambda$ 进行 $n$ 次求导。由于在上式中 $A$、$\varepsilon$ 是波长 $\lambda$ 的函数，于是可得

$$\frac{dA}{d\lambda} = \frac{d\varepsilon}{d\lambda}\cdot lc$$

$$\frac{d^2A}{d\lambda^2} = \frac{d^2\varepsilon}{d\lambda^2}\cdot lc$$

$$\frac{d^3A}{d\lambda^3} = \frac{d^3\varepsilon}{d\lambda^3}\cdot lc$$

$$\cdots\cdots$$

$$\frac{d^nA}{d\lambda^n} = \frac{d^n\varepsilon}{d\lambda^n}\cdot lc \quad (2-26)$$

由于物质在某一波长处的吸光系数 $\varepsilon$ 是定值，它随波长 $\lambda$ 而变的函数关系 $\varepsilon=f(\lambda)$ 也应是确定的。所以它的导函数 $\frac{d\varepsilon}{d\lambda}$、$\frac{d^2\varepsilon}{d\lambda^2}\cdots\cdots\frac{d^n\varepsilon}{d\lambda^n}$ 也都应该是确定的。所以从式 2－26 可

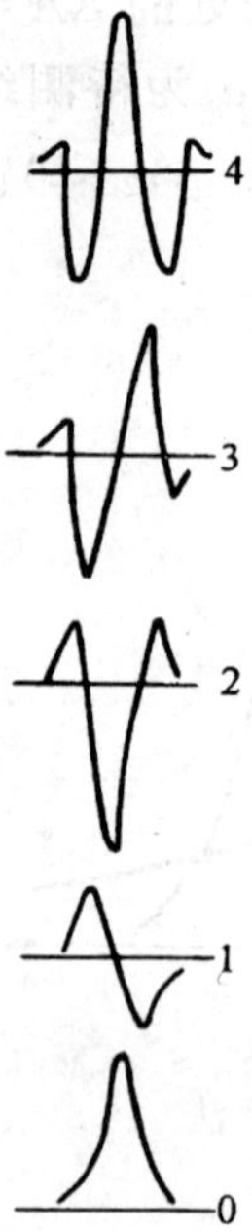


图 2－17 物质的吸收光谱及其 1～4 阶导数光谱

知，经 $n$ 次求导后，吸光度的导数值仍与吸收物的浓度成正比。这是导数光谱用作定量的理论依据。

图 2－17 为某物质的吸收光谱（零阶导数光谱）及其 1～4 阶导数光谱图。从图中可以看出，随着导数的阶次增加，谱带变得更加尖锐，分辨率提高。一些物质如核糖核酸酶、细胞色素 c、过氧化氢酶等的高阶导数光谱所表现出来的精细结构具有它们各自的特征性，称之为“指纹”光谱，可用于这些物质的鉴定和纯度检验。

在用导数光谱进行定量分析时，需要对扫描出的导数光谱进行测量，以获取导数值。常用的测量导数值的方法有三种，如图 2－18 所示。

(1) 正切法（或基线法）　画一条直线正切于两个邻近的极大（峰）或极小（谷），然后测量中间极值至切线的距离 $d$。这种方法可应用于线性背景干扰的试样的测定。

(2) 峰谷法　在多组分的定量分析中多采用两个相邻极值（峰、谷）间的距离（图中的 $p_1$ 和 $p_2$）作为导数值。

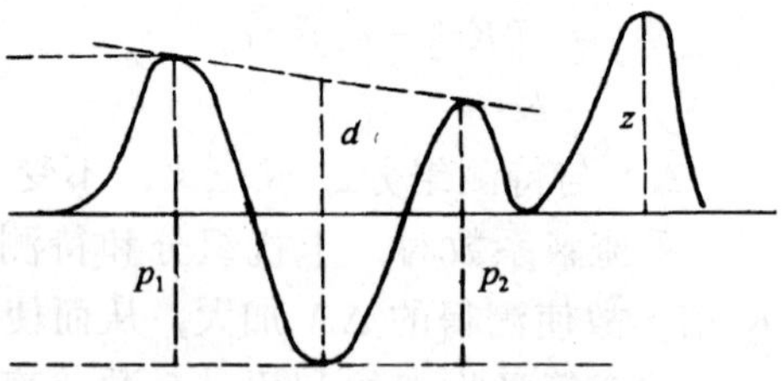


图 2－18　导数光谱的求值

$d$：正切法；$p_1$ 和 $p_2$：峰谷法；$z$：峰零法

(3) 峰零法　极值到零线之间的垂直距离（$z$）也可以作为导数值。这种方法适用于信号对称于横坐标的较高阶导数的求值。

## 第六节　应　　用

紫外可见分光光度法不仅用于物质的定量测定，还可用于物质的定性分析、纯度鉴定、结构分析以及某些物理化学常数的测定等。

### 一、定性分析

每一种化合物都有自己的特征光谱。测出未知物的吸收光谱，原则上可以对该未知物作出定性鉴定。但是，由于紫外可见吸收光谱一般不能观察到光谱的精细结构，所以在复杂化合物的定性分析上是有一定困难的。尽管如此，如果有标准样品进行比较或利用标准吸收光谱图进行对照，仍可有效地对未知物进行鉴定。利用标准试样对未知物进行鉴定时，对两者吸收光谱中峰的位置、数目和吸收强度进行比较，如果两者完全一致，就可初步确定为同一种物质。有时为了进一步确认，可更换溶剂后再在相同条件下进行测定。如果使用文献报道的图谱或其他来源的标准图谱进行对照，则在测定未知物的吸收光谱时，要求使用精度比较高的分光光度计，其波长要按规定进行校正。对于一些不太了解或结构比较复杂的试样，仅靠吸收光谱定性是不可靠的，还应采用其他更强有力的结构分析方法才能得到较为准确的结果。

## 二、纯度鉴定

如果在一种不吸收某波段紫外辐射的化合物中，混有在该波段有吸收的杂质，则很容易检出。例如，当甲醇中含有少量苯时，被污染甲醇的紫外吸收光谱在254nm处就会出现苯的特征吸收。如果所测化合物和杂质都在同一光谱区域内有吸收，只要它们的最大吸收波长不同，也可根据吸收光谱作纯度鉴定。例如，对核酸（$\lambda_{max}=260nm$）和蛋白质（$\lambda_{max}=280nm$），就可以利用其纯物质的光吸收比值作为指标进行纯度检查。纯核酸的光吸收比值为$A_{280}/A_{260}=0.5$，而纯蛋白质的光吸收比值为$A_{280}/A_{260}=1.8$。

## 三、结构分析

紫外可见吸收光谱一般不用于化合物的结构分析，但利用紫外吸收光谱鉴定化合物中的共轭结构和芳环结构还是有一定价值的。例如，某化合物在近紫外区内无吸收，说明该物质无共轭结构和芳环结构。饱和五元和六元环化合物在200nm以上无吸收峰，而不饱和杂环化合物一般有二个吸收峰，当有助色团作为取代基时，吸收峰产生红移，吸收强度增大。此外，利用紫外可见吸收光谱还可辨别具有共轭结构化合物的异构体、氢键强度、以及络合物的组成及空间结构等。用紫外可见吸收光谱对分子进行结构分析有一定的局限性；但反过来，由分子的结构判断其紫外可见吸收峰的位置则要容易一些，可根据物质的分子结构对物质的紫外可见吸收光谱在一定程度上进行预测。

## 思考与练习

1. 解释下列名词

发射光谱　吸收光谱　原子光谱　分子光谱　生色团　助色团

2. 说明紫外可见光区的波长范围。

3. 何谓吸收曲线和$\lambda_{max}$？

4. 吸光系数的大小与哪些因素有关？

5. 什么是光吸收定律？引起该定律偏离的因素有哪些？

6. 电子跃迁有哪几种类型？跃迁所需的能量大小顺序如何？

7. 试述紫外可见分光光度计的主要部件及其作用。

8. 说明双波长分光光度法的原理。

9. 说明导数光谱的原理。

10. 在分析工作中，为使分析方法有较高的灵敏度和准确度，如何进行最佳试样测定条件的选择？

11. 某溶液用2cm吸收池测量时，$T=60\%$，若改用1cm和3cm吸收池，$T$和$A$为多少？

（78%，　0.111；　47%，　0.333）

12. 浓度为0.51mg/ml的$Cu^{2+}$溶液，用环己酮草酰二腙显色后，于波长600nm处用2cm吸收池测量，测得$T=50.5\%$，求摩尔吸光系数$\varepsilon$和比吸光系数$E_{1cm}^{1\%}$。

（$1.9\times10^4$；　$3.0\times10^3$）

13. 将蛋白质溶液制成下列浓度的溶液，加碱性硫酸铜显色后，在 540nm 波长处测得透光度如下：

| 蛋白质浓度, g/L | 百分透光度, % |
|---|---|
| 0 | 100 |
| 0.2 | 73 |
| 0.4 | 53 |
| 0.6 | 39 |
| 0.8 | 28 |

根据以上数据绘制标准曲线。另取未知蛋白质溶液，经同样操作测得透光度为 46.5%，求该蛋白质溶液的浓度。

(0.49g/L)

14. 用普通分光光度法测定 0.00100mol/L 锌标准溶液和含锌的试样溶液，分别得 $A_{标}=0.700$，$A_{样}=1.00$，如用 0.00100mol/L 标准溶液作为参比溶液，此时试样溶液的吸光度为多少?

(0.300)

15. 某种酶和一磷酸腺苷的混合物样品，在吸收峰处两组分互相干扰。如在波长 280nm 处测定时，总吸光度为 0.460；在 260nm 处测定，总吸光度为 0.580。试计算各成分的浓度。吸收池厚度为 1cm，摩尔吸光系数为：

酶　$\varepsilon_{280}=2.96\times10^4$、$\varepsilon_{260}=1.52\times10^4$，一磷酸腺苷　$\varepsilon_{280}=2.40\times10^3$　$\varepsilon_{260}=1.50\times10^4$。

(酶 $1.35\times10^{-5}$mol/L；一磷酸腺苷 $2.52\times10^{-5}$mol/L)

16. 图 2-19 为 *a*、*b* 两种化合物的吸收光谱，今用等吸收双波长法分别测定两物质的含量，试作图选择测定波长和参比波长。

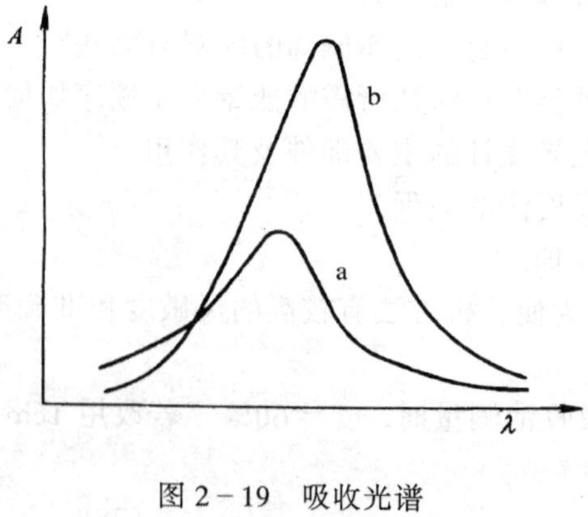


图 2-19　吸收光谱

(王建华　杨瑞芬)

# 第三章　分子荧光光度法

## 第一节　概　　述

### 一、光致发光

物质分子吸收光后，由基态跃迁至激发态，光子的能量传递给物质分子，这一过程进行极快，大约需要 $10^{-15}$s，所需要的光子能量等于跃迁所涉及的两个能级间的能量差。处于激发态的物质分子是不稳定的，可能通过辐射跃迁（发光）或非辐射跃迁而失去多余的能量，由激发态重新回到基态。物质分子吸收外来光（激发光）而被激发后所产生的发光现象，叫光致发光。最常见的两种光致发光现象为荧光（fluorescence）和磷光（phosphorescence）。荧光持续时间短（$10^{-9}$～$10^{-6}$s），当激发光停止照射后，发光过程几乎立即停止，而磷光则可持续一段时间（$10^{-3}$～10s）。从分析的角度看，荧光比磷光更为有用。

### 二、荧光光度法

利用测量荧光强度而建立的物质含量分析方法，称为荧光光度法（简称荧光法）。它的主要特点是灵敏度高，其最低检测浓度可达 $10^{-7}$～$10^{-9}$g/ml，比紫外可见分光光度法的灵敏度高 10～1000 倍，可以测定许多痕量无机或有机成分；另外，其选择性也比紫外可见分光光度法好。在医学检验、卫生防疫、生物医学、药物分析、环境监测、食品分析等领域荧光光度法的应用日益增多。

## 第二节　基　本　原　理

### 一、荧光的产生

#### （一）分子的激发

大多数物质分子含有偶数个电子。在基态时，这些电子成对地存在于各个原子或分子轨道中。根据 Pauli 不相容原理，在某一给定轨道中的两个电子要具有相反的自旋（自旋配对）。所有电子都自旋配对的分子电子态叫基态单重态（single state），以 $S_0$ 表示，如图 3-1（a）所示。

当处于基态的分子受光照射时，其电子对中的一个电子吸收光子而被激发到某一较高能级时，可能形成两种激发态：一种是受激电子的自旋仍然与处于基态的电子自旋相反，称为激发单重态，以 $S$ 表示（如 $S_1$、$S_2$、……等）：

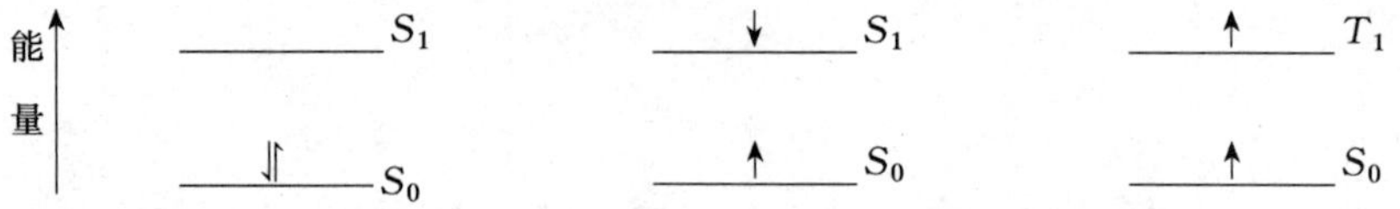


(a) 基态单重态（$S_0$） (b) 激发单重态（$S$） (c) 激发三重态（$T$）

图 3－1 单重态与三重态的激发示意图

$$S_0 + h\nu \longrightarrow S_1$$

另一种是两个电子的自旋相互平行（自旋相同），称为激发三重态（triplet state），以 $T$ 表示（如 $T_1$、$T_2$、……等）：

$$S_0 + h\nu' \longrightarrow T_1$$

两种电子激发态如图 3－1（b）、（c）所示。单重态和三重态术语来自光谱多重性，在此可不必深究。

激发单重态与激发三重态的性质明显不同：第一，激发单重态分子是抗磁性分子，而激发三重态分子则是顺磁性分子；第二，激发单重态的平均寿命大约 $10^{-8}$s，而激发三重态的平均寿命长达 $10^{-4}\sim1$s；第三，电子由 $S_0\rightarrow S_1$、$S_2$ 等的跃迁较容易，属于允许跃迁，而由 $S_0\rightarrow T_1$、$T_2$ 等的跃迁很难发生，属于禁阻跃迁；第四，激发三重态比相应的激发单重态能级稍低一些，如 $T_1$ 比 $S_1$ 的能量低。下面我们将看到，在一定条件下，某些分子的激发单重态可以转化为激发三重态。

**（二）分子的去激发**

分子的去激发（或称去活化）是指分子中处于激发态的电子以辐射（发光）跃迁方式或无辐射跃迁方式回到基态。辐射跃迁主要是指荧光（F）或磷光（P）的发射，无辐射跃迁则是指分子以热的形式失去多余的能量，包括振动驰豫、内转移、体系间跨越和外转移等。各种去激发跃迁方式发生的可能性及程度，与荧光分子本身的结构及激发时的物理和化学环境等因素有关。

下面结合苯的电子能级图（图 3－2）进一步讨论各种去激发方式及荧光的产生过程。当苯分子受到激发光照射时，处于基态单重态（$S_0$）的电子吸收波长分别为 $\lambda_1$、$\lambda_2$ 的光子而被激发到第二激发单重态（$S_2$）及第一激发单重态（$S_1$）。这一过程极快，大约需 $10^{-15}$s。在每一个电子能级中，又包含了许多振动能级，电子可以被激发到某一高电子能级的任一振动能级上，而后发生下述去激发过程。

1．振动驰豫

同一电子能级中，电子由高振动能级向低振动能级跃迁而以热的形式失去多余能量（传给溶剂分子），这一过程叫振动驰豫。振动驰豫过程很快，约为 $10^{-12}\sim10^{-14}$s，比电子激发态的平均寿命（单重态约为 $10^{-8}$s，三重态为 $10^{-4}\sim1$s）短的多，也比下面将要讨论的其他过程快的多，即在其他去激发过程发生之前，电子已首先完成了由较高振动能级跃迁至同一电子能级的最低振动能级的振动驰豫过程。图 3－2 中，各振动能级间的小箭头表示了振动驰豫的情况。

2．内转移

当两个相邻电子能级相距较近以致其振动能级重叠时，电子由较高电子能级以无辐射

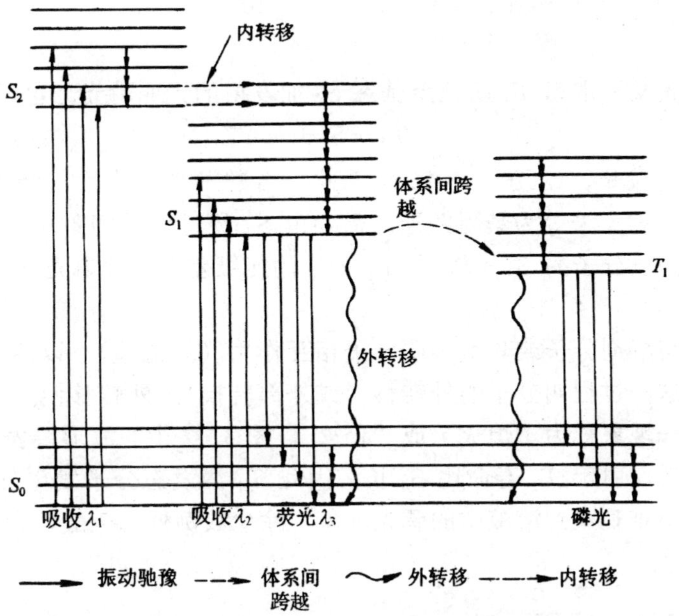


图 3-2 苯分子的荧光和磷光能级图

跃迁方式至低电子能级，这一过程叫内转移或内部转换。如图 3-2 所示，当电子被激发至 $S_2$ 激发单重态时，由于 $S_2$ 与 $S_1$ 相距较近以致振动能级重叠，电子可发生 $S_2 \rightarrow S_1$ 的分子内转移过程，多余的能量以热的形式传递给溶剂分子，这一过程约需 $10^{-11} \sim 10^{-13}$s。该过程的意义在于，无论分子中电子最初被激发至哪一激发单重态（如 $S_1$、$S_2$、$S_3$……），它都能通过内转移和振动驰豫到达 $S_1$ 的最低振动能级上。一般情况下，$S_1$ 与 $S_0$ 相距较大，振动能级不重叠，故在 $S_1$ 与 $S_0$ 之间很难发生内转移过程，而 $T_1$ 与 $S_0$ 的距离比 $S_1$ 与 $S_0$ 小些，发生内转移的几率要大一些。

3. 体系间跨越

电子由激发单重态向激发三重态的无辐射跃迁称为体系间跨越。如图 3-2 所示，电子由 $S_1 \rightarrow T_1$ 跃迁就是体系间跨越，实质上就是 $S_1$ 上的受激电子发生自旋反向而变成了 $T_1$ 能级态。通常，电子由 $S_1$ 的较低振动能级跃迁至 $T_1$ 的较高振动能级，再通过振动驰豫到达 $T_1$ 的最低振动能级。与内转移相似，如果两个电子能级态（如 $S_1$ 与 $T_1$）的振动能级相重叠，则发生体系间跨越的几率将增大。体系间跨越常见于含重原子（如碘、溴等）的有机分子中。

4. 荧光发射

电子由第一激发单重态 $S_1$(其最低振动能级)跃迁至基态 $S_0$ 而发射的光叫荧光(注意：电子跃迁到 $S_0$ 各振动能级后也发生振动驰豫)，如图 3-2 所示。该过程也可用下式表示：

$$S_1 \rightarrow S_0 + h\nu_F$$

显然，荧光的波长 $\lambda_3$ 比激发光波长 $\lambda_1$、$\lambda_2$ 要长。这是因为，无论电子最初被激发至任意激发态（$S_1$、$S_2$、$S_3$、……），分子中内转移和振动驰豫的结果，电子只能由 $S_1 \rightarrow$

$S_0$ 跃迁而产生荧光。荧光发射过程通常在 $10^{-6} \sim 10^{-9}$s 完成。

5. 磷光发射

电子由第一激发三重态 $T_1$ 跃迁至基态 $S_0$ 而发射的光叫磷光，也可用下式表示：

$$T_1 \rightarrow S_0 + h\nu_P$$

磷光发射时间较长，约 $10^{-4} \sim 10$s。因此，当激发光停止后，磷光仍可持续一段时间。电子由 $S_0 \rightarrow T_1$、$T_2$ 等为禁阻跃迁，需要由 $S_1$ 经过体系间跨越转化为 $T_1$ 后才可能产生磷光。由于同一分子的 $S_1 \rightarrow S_0$ 比 $T_1 \rightarrow S_0$ 的能级差大，故磷光波长比荧光要长。

6. 外转移

激发态分子与溶剂分子或其他溶质分子相互作用（如碰撞），以热的形式失去多余的能量回到基态，这一过程叫分子的外转移（或外部转换）。外转移使分子的荧光或磷光减弱甚至消失，这一现象称为“熄灭”或“猝灭”。图 3－2 中的波形线表示了以外转移方式进行的无辐射跃迁。由于 $T_1$ 寿命比 $S_1$ 长，因此 $T_1$ 激发态分子发生外转移的几率较大，以至室温条件下很难观察到溶液中的磷光现象。除少数例外，一般磷光只能在试样冷冻下才能被观察到。

## 二、影响荧光的因素

激发态的分子可以通过几种途径回到基态，但只有一种途径产生所需要的荧光。显然，如果荧光过程比其他去激发过程快，那么就可以观察到荧光发射；相反，若其他去激发过程快，荧光将减弱或消失。为描述这一问题，引入荧光效率（fluorescence efficiency）概念。

### （一）荧光效率

荧光效率 $\varphi_f$ 通常用下式表示：

$$\varphi_f = \frac{\text{发射荧光的分子数}}{\text{激发的分子总数}} \tag{3-1}$$

荧光效率越大，表示分子产生荧光的能力越强，$\varphi_f$ 值在 0～1 之间。

对高荧光分子，例如荧光素，其 $\varphi_f$ 在某些情况下接近 1。这说明其荧光过程发生很快，与其他去激发过程相比占绝对优势。显然，能使荧光过程加快的因素，可使 $\varphi_f$ 增大，荧光增强。一般来说，荧光过程快慢主要取决于分子的化学结构，而其他去激发过程主要取决于化学环境，同时也与分子结构有一定关系。

### （二）影响荧光的因素

1. 分子结构

（1）跃迁类型　实验证明，对于大多数荧光物质来说，都是首先经历 $\pi \rightarrow \pi^*$ 或 $n \rightarrow \pi^*$ 跃迁，然后再发生 $\pi^* \rightarrow \pi$ 或 $\pi^* \rightarrow n$ 跃迁而得到荧光。$\pi \rightarrow \pi^*$ 跃迁通常产生较强的荧光（$\varphi_f$ 较大）。这是因为：第一，$\pi \rightarrow \pi^*$ 跃迁的摩尔吸光系数比 $n \rightarrow \pi^*$ 跃迁大 $10^2 \sim 10^3$ 倍（即 $\pi \rightarrow \pi^*$ 跃迁几率大，为允许跃迁），对激发光吸收越多，激发效率越高；第二，$\pi \rightarrow \pi^*$ 跃迁的寿命约为 $10^{-7} \sim 10^{-9}$s，比 $n \rightarrow \pi^*$ 跃迁寿命（$10^{-5} \sim 10^{-7}$s）要短，在各种去激发过程的竞争中，激发态寿命短，其他非荧光过程发生几率小，则 $\varphi_f$ 大；第三，$\pi \rightarrow \pi^*$ 跃迁能级差比 $n \rightarrow \pi^*$ 跃迁的大，体系间跨越的发生几率小，对荧光过程有利。总之，$\pi \rightarrow \pi^*$

跃迁是产生荧光的主要跃迁类型，含 π－π 共轭体系的有机分子是荧光分析的主要对象。

（2）共轭效应 实践证明，容易产生 π→π* 激发的芳香族化合物易产生荧光。π 电子共轭程度越大，荧光效率越大。例如，在多烯结构中，如 $C_6H_5(CH=CH)_3C_6H_5$ 和 $C_6H_5(CH=CH)_2C_6H_5$，在苯介质中的荧光效率分别为 0.68 和 0.28。又如，苯、萘和蒽三者的共轭程度依次增大，其荧光效率分别为 0.11、0.29 和 0.36，也依次增大。

除芳香烃外，少数含长共轭双键的脂肪烃也有荧光，如维生素 A：

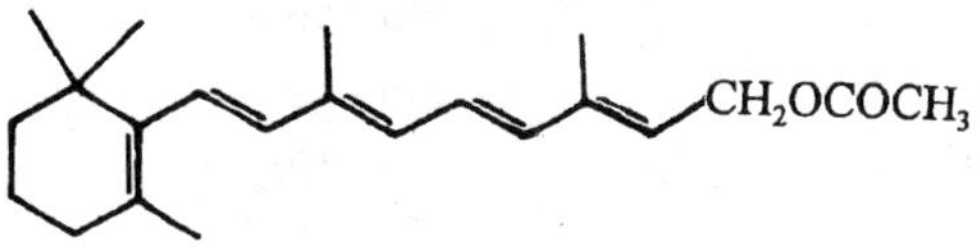


当激发光为 327nm 时，能产生波长为 510nm 的荧光，它是能产生荧光的少数脂肪烃之一。

（3）刚性结构和共平面效应 一般来说，荧光物质分子的刚性和共平面性增加，可使 π 电子共轭程度增加，荧光效率增大。例如，芴与联二苯的荧光效率分别为 1.0 和 0.2，这主要是芴的刚性和共平面性比联二苯好的缘故。某些金属离子配合物的荧光也可以用刚性和共平面性来解释。例如，2，2’－二羟基偶氮苯本身不产生荧光，但与铝离子形成配合物后便能产生荧光。利用这一性质，可以测定许多本身不发生荧光的物质。

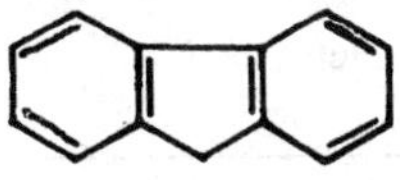

芴（$\phi_f$=1.0）

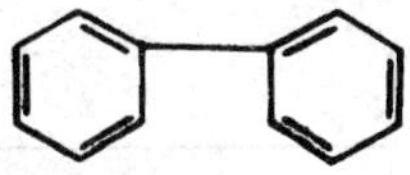

联二苯（$\phi_f$=0.2）

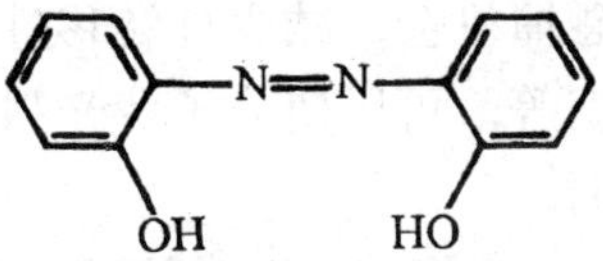


2,2'-二羟基偶氮苯
（无荧光）

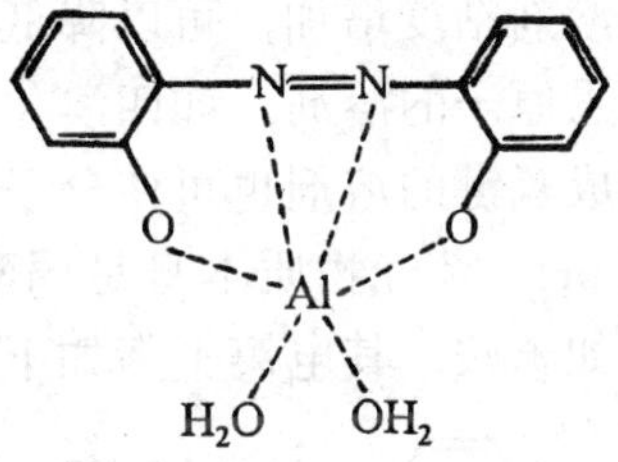


配合物（有荧光）

（4）取代基效应 芳香族化合物具有不同取代基时，其荧光强度可能有很大的不同。一般说来，推电子基团（如—OH、—$NH_2$、—$NR_2$ 等）增强荧光。这是因为它们产生了 p－π 共轭作用，在不同程度上增强了 π 电子共轭程度，导致荧光增强。而吸电子基团（如—$NO_2$、—COOH 等）减弱荧光，因为这类基团削弱电子共轭性。此外，某些重原子如溴或碘引入到 π 电子体系，将增加激发态分子的体系间跨越，使荧光减弱。表 3－1 说明了苯环上不同取代基对荧光强度的影响。

2．环境因素

分子所处的外部环境条件，如温度、溶剂、酸度、荧光熄灭剂等，都会对荧光效率产生影响。

（1）温度　当温度升高时，绝大多数物质的荧光效率降低。因为温度上升时，激发态分子与溶剂分子碰撞频率增大，增加了外转移的非辐射过程，导致溶液荧光强度下降，因此，降低温度有利于提高荧光效率。

**表 3－1　不同取代苯的荧光强度***

| 化合物 | 分子式 | 荧光波长，nm | 荧光的相对强度 |
|---|---|---|---|
| 苯 | $C_6H_6$ | 270～310 | 10 |
| 甲　苯 | $C_6H_5CH_3$ | 270～320 | 17 |
| 丙基苯 | $C_6H_5C_3H_7$ | 270～320 | 17 |
| 氟代苯 | $C_6H_5F$ | 270～320 | 10 |
| 氯化苯 | $C_6H_5Cl$ | 275～345 | 7 |
| 溴代苯 | $C_6H_5Br$ | 290～380 | 5 |
| 碘代苯 | $C_6H_5I$ | – | 0 |
| 苯　酚 | $C_6H_5OH$ | 285～365 | 18 |
| 酚离子 | $C_6H_5O^-$ | 310～400 | 10 |
| 苯甲醚 | $C_6H_5OCH_3$ | 285～345 | 20 |
| 苯　胺 | $C_6H_5NH_2$ | 310～405 | 20 |
| 苯胺离子 | $C_6H_5NH_3^+$ | – | 0 |
| 苯甲酸 | $C_6H_5COOH$ | 310～390 | 3 |
| 苯基氰 | $C_6H_5CN$ | 280～360 | 20 |
| 硝基苯 | $C_6H_5NO_2$ | – | 0 |

* 在乙醇溶液中。

（2）溶剂　一般情况下，增大溶剂极性，将使 $\pi-\pi^*$ 跃迁的能量降低，荧光增强，荧光波长长移。溶剂粘度增加，可以降低分子间的碰撞机会，减少外转移过程，增强分子的荧光强度。含重原子的溶剂，如四溴化碳和碘乙烷等，可以使分子荧光强度减弱。某些能与荧光分子形成氢键的溶剂也可使分子的荧光减弱。

（3）溶液 pH　荧光物质本身是弱酸或弱碱时，溶液的 pH 对该荧光物质的荧光强度有较大影响，如苯胺，其电离平衡如下：

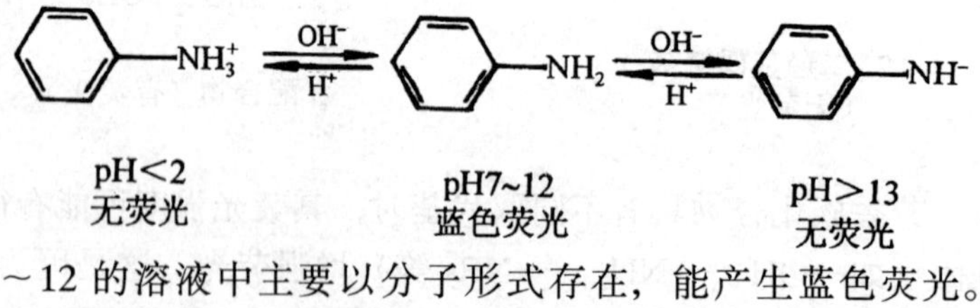


苯胺在 pH7～12 的溶液中主要以分子形式存在，能产生蓝色荧光。但在 pH＜2 或 pH＞13的溶液中均以离子形式存在，不产生荧光。所以，实验中要严格控制溶液 pH。

（4）荧光熄灭剂　能引起荧光熄灭的物质称为荧光熄灭剂。常见的荧光熄灭剂有卤素离子、重金属离子、氧分子、硝基化合物、重氮化合物和羰基化合物等。荧光熄灭剂能使荧光强度减弱，虽然是一种不利因素，但有时也可利用这一作用进行间接荧光测定。例如，Al－1－（2－吡啶偶氮）－2－萘酚配合物在紫外光照射下可产生荧光（570nm），如果有微量 $Ni^{2+}$ 存在，将使荧光减弱。利用这一作用，可以测定 0.06～6ng/ml 的 $Ni^{2+}$，干扰也很少。

3．荧光物质的浓度

荧光是由物质分子吸收激发光后产生的发射光，因此溶液的荧光强度与该溶液中荧光物质的浓度有关。在低浓度（一般≤$10^{-6}$g）时，荧光强度与荧光分子浓度呈正比关系，这也是荧光法的定量依据。当荧光物质浓度高到一定程度时，荧光分子间碰撞增多而使荧光强度有所减弱，这种现象称为自熄灭。自熄灭现象使荧光强度与荧光分子浓度偏离线性关系而产生误差。

## 第三节　荧光光度计

荧光分析使用的仪器叫荧光计（fluorometer），可分为简单的光电荧光光度计和复杂的荧光分光光度计。它们通常由激发光源、单色器、样品池、检测器和放大显示系统等部分组成，如图3-3所示。

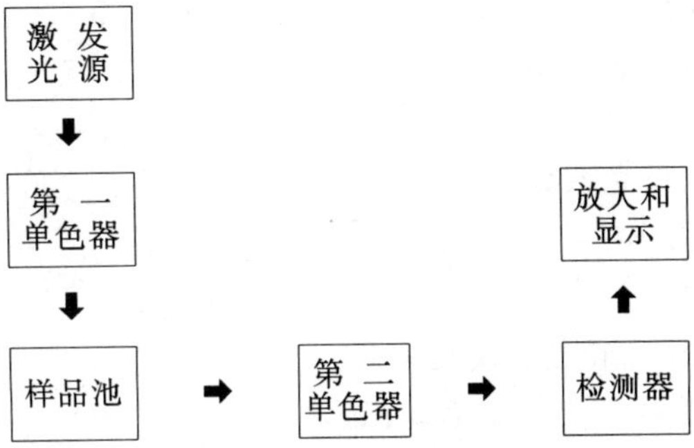


图3-3　荧光计结构示意图

由激发光源发出的激发光，经第一单色器（激发光单色器）后，得到所需波长的激发光（强度为 $I_0$），照射到样品上。荧光分子吸收激发光后，将向四面八方发射荧光，但为了消除透射光的影响，荧光测量应在垂直激发光方向上进行。第二单色器（荧光单色器）可消除由激发光产生的其他杂散光而只让选定波长的荧光通过，然后由检测器把荧光变成电信号，经放大器放大后进行显示或记录。

### （一）激发光源

荧光计中所用光源一般比紫外可见分光光度计所用的光源发光强度大，它一般具备光强度大、适用范围宽两个特点。常用光源有高压汞灯、氙灯和卤钨灯。高压汞灯提供线光谱，光源强度随波长改变有很大变化。氙灯提供250～600nm的连续光谱，在300～400nm波段的光强几乎相等。现代荧光仪器采用12V50W的新型溴钨灯作光源，在300～700nm波段发射连续光谱。此外，20世纪70年代开始用激光作为激发光源，高功率连续可调染料激光光源是一种新型荧光激发光源。激光光源单色性好，光强度大，脉冲激光的光照时间短，可避免某些感光物质的分解。

### （二）单色器

光电荧光光度计用滤光片作单色器，以干涉滤光片的性能最好，它具有半宽度窄、透光率高、经得起强光源长时间照射等优点。较精密的荧光分光光度计（fluorospectrophotometer）用光栅作单色器。如日立 F-4000 型荧光分光光度计，选用了两块等光程凹面衍射光栅（900 条/mm），分别作为第一单色器和第二单色器。

**（三）样品池**

荧光分析用的样品池需采用低荧光材料制成，通常以石英为材料，因为普通玻璃会吸收 320nm 以下紫外光。样品池形状以散射光较少的正方形为宜。

**（四）检测器**

荧光强度通常较弱，因此，要求检测器有较高的灵敏度，一般采用光电倍增管为检测器。

## 第四节 定量分析方法

对于低浓度的荧光物质溶液，其荧光强度（$I_f$）可采用式 3-2 表示：

$$I_f = 2.303\varphi_f I_0 \varepsilon l c \tag{3-2}$$

式中：$I_0$——激发光强度；

$\varepsilon$——荧光分子的摩尔吸光系数；

$l$——溶液的光程长度；

$c$——荧光物质的浓度。

在一定条件下，荧光强度与浓度呈线性关系：

$$I_f = Kc \tag{3-3}$$

荧光分析的定量方法通常用标准曲线法和标准对比法。

### 一、标准曲线法

标准曲线法的操作和计算可参照紫外可见分光光度法。在制作标准曲线时，常将标准系列溶液中浓度最大的溶液作基准，调节其荧光强度读数为 100（或其他某一较大值），然后再测其他溶液的相对荧光强度，绘制标准曲线。

### 二、标准对比法

如果荧光物质的标准曲线通过零点，就可以在其线性范围内用标准对比法测定含量。先测一标准溶液（$c_s$）的荧光强度 $I_{f,s}$，再在相同条件下测得样品溶液（$c_x$）的荧光强度 $I_{f,x}$，则由式 3-3 得

$$I_{f,0} - I_{f,0} = Kc_s$$

$$I_{f,x} - I_{f,0} = Kc_x$$

式中，$I_{f,0}$为空白溶液的荧光强度。对同一荧光物质并且测量条件相同时，则

$$\frac{I_{f,s} - I_{f,0}}{I_{f,x} - I_{f,0}} = \frac{c_s}{c_x}$$

或

$$c_x = \frac{I_{f,s} - I_{f,0}}{I_{f,x} - I_{f,0}} c_s \tag{3-4}$$

# 第五节　分析条件的选择

在荧光分析中应注意分析条件的选择，如线性范围、激发光波长、荧光（发射）波长、散射光干扰的排除等。

## 一、选择线性范围

当荧光物质浓度较低（一般 $\varepsilon lc < 0.05$）时，荧光强度与物质浓度才呈线性关系，故应通过一定条件下的标准曲线确定方法的线性范围。高浓度时，由于荧光自熄灭和自吸收等原因，使荧光强度与浓度呈非线性关系。分析时应在线性范围内进行，否则会产生误差。

## 二、选择激发光波长和荧光波长

### （一）激发光波长

荧光是一种光致发光现象，因此必须选择合适的激发光波长。选择方法：将光源发射的激发光用单色器单色后照射待测物质，连续改变激发光波长，固定荧光发射波长，测定相应的荧光强度，然后用荧光强度对激发光波长作图，所得光谱称为激发光谱（excitation spectrum）。由激发光谱选择能产生最强荧光的激发光波长，即最大激发波长，作为分析用的激发光波长，以 $\lambda_{ex}$ 表示，如图 3-4a 所示。所示的为蒽的激发光谱。

### （二）荧光（发射）波长

当用一定波长的激发光照射荧光物质时，发射的荧光具有一定的波长范围。若用最大激发波长的激发光照射荧光物质时，依次测定所发射的各种波长的荧光强度，用荧光强度对相应的荧光波长作图，所得光谱称为荧光光谱（fluorescence spectrum）或发射光谱（emission spectrum）。分析时，应根据荧光光谱选择最强荧光的波长作为荧光测定波长，以 $\lambda_{em}$ 表示，图 3-4b 为蒽的荧光光谱。

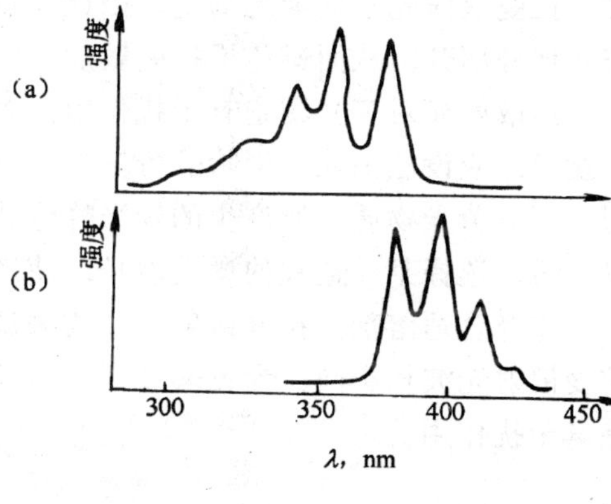


图 3-4　蒽的激发光谱和荧光光谱
a. 激发光谱；b. 荧光光谱

## 三、散射光干扰的排除

当用一束激发光照射溶液时，大部分光被吸收和透过，还有小部分光由于光子与溶剂分子碰撞而向不同方向散射，这种光叫散射光。散射光包括瑞利散射光（Rayleigh scattering light）和拉曼散射光（Raman scattering light）。前者的波长与激发光波长相同，后者的波长一般情况下比激发光波长要长，有时靠近荧光波长。

例如，硫酸奎宁的 0.05mol/L$H_2SO_4$ 溶液的荧光光谱（图 3-5a）和 0.05mol/L$H_2SO_4$ 空白溶剂的散射光光谱（图 3-5b）如图 3-5 所示。

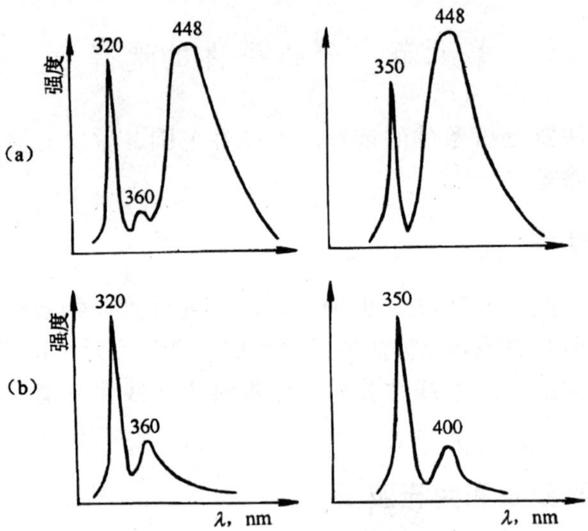


图 3-5　硫酸奎宁及其空白溶剂在不同激发波长下的荧光和散射光谱

a. 硫酸奎宁　　b. 硫酸溶液

从图 3-5 可见，当激发光波长为 320nm 时，瑞利散射光波长为 320nm，拉曼散射光波长为 360nm，硫酸奎宁的荧光波长为 448nm；激发光波长为 350nm 时，瑞利散射光为 350nm，拉曼散射光为 400nm 并与硫酸奎宁荧光峰 448nm 相重叠。故采用 350nm 激发光时，拉曼散射光干扰荧光测定。因此，选用 320nm 激发波长，拉曼散射光与荧光光谱能较好地分离开，从而避免了拉曼散射光对荧光测定的干扰。

当散射光对荧光测定有干扰作用，尤其是比激发波长长的拉曼散射光距荧光较近而有干扰时，应设法消除。消除的方法有：第一，选择适宜的激发波长。用不同波长的激发光照射某一荧光物质，所产生的荧光峰位波长相同，但产生的拉曼散射光峰位各不相同。所以，可以选择某一适宜的激发波长，使产生的拉曼散射光峰位远离荧光峰位而不干扰。第二，选择合适溶剂。拉曼散射光主要来源于溶剂。用同一波长的激发光，不同溶剂产生的拉曼散射光波长不同，参见表 3-2。通过选择不同溶剂使散射光波长远离荧光波长而消除其干扰作用。

**表 3-2　不同激发波长下主要溶剂的拉曼散射光波长（nm）**

| 激发光波长 | 248 | 313 | 365 | 405 | 436 |
|---|---|---|---|---|---|
| 水 | 271 | 350 | 416 | 469 | 511 |
| 乙醇 | 267 | 344 | 409 | 459 | 500 |
| 环己烷 | 267 | 344 | 408 | 458 | 499 |
| 四氯化碳 | — | 320 | 375 | 418 | 450 |

# 第六节 应 用

荧光光度法具有灵敏度高、选择性好、取样少等优点，现已广泛应用于医学检验、药物分析、卫生防疫和环境监测等领域。

## 一、无机物的分析

无机物能直接产生荧光并用于测定的为数不多，但与有机试剂配合后进行荧光分析的元素已达60余种，其中铍、铝、硼、镓、硒、镁及一些稀土元素常用荧光法分析。某些无机物的荧光测定法见表3-3。

**表3-3 某些无机物的荧光测定法**

| 离 子 | 试 剂 | $\lambda_{ex}$，nm | $\lambda_{em}$，nm | 检测限，μg/ml | 干扰组分 |
|---|---|---|---|---|---|
| $Al^{3+}$ | 石榴茜素R | 470 | 500 | 0.007 | Be、Co、Cr、Cu、$F^-$、$NO_3^-$、Ni、$PO_4^{3-}$ |
| $F^-$ | 石榴茜素R-Al配合物（熄灭） | 470 | 500 | 0.001 | Be、Co、Cr、Cu、Fe、Ni、$PO_4^{3-}$ |
| $B_4O_7^{2-}$ | 二苯乙醇酮 | 370 | 450 | 0.04 | Be、Sb |
| $Cd^{2+}$ | 2-（邻-羟基苯）-间氮杂茚 | 365 | 蓝色 | 2 | $NH_3$ |
| $Li^+$ | 8-羟基喹啉 | 370 | 580 | 0.2 | Mg |
| $Sn^{4+}$ | 黄酮醇 | 400 | 470 | 0.008 | F-、$PO_4^{3-}$、Zr |
| $Zn^{2+}$ | 二苯乙醇酮 | — | 绿色 | 10 | Be、B、Sb |

## 二、有机物的分析

脂肪族有机物分子结构简单，本身能产生荧光的很少，只有与其他有机试剂作用后才能产生荧光。芳香族化合物具有共轭不饱和体系，大多能产生荧光。此外，胺类、甾族化合物、蛋白质、酶和辅酶、维生素等均可用荧光法进行分析。某些有机物的荧光测定法见表3-4。

**表3-4 某些有机物的荧光测定法**

| 待测物 | 试 剂 | $\lambda_{ex}$，nm | $\lambda_{em}$，nm | 测定范围，μg/ml |
|---|---|---|---|---|
| 丙三醇 | 苯胺 | 紫外 | 蓝色 | 0.1～2 |
| 糠醛 | 蒽酮 | 465 | 505 | 1.5～15 |
| 蒽 | | 365 | 400 | 0～5 |
| 苯基水杨酸钠 | N，N′-二甲基甲酰胺 | 紫外 | 500 | |
| 阿脲 | 苯二胺 | 365 | 485 | 1.0～10 |
| 维生素A | 无水乙醇 | 345 | 490 | 0～20 |
| 氨基酸 | 氧化酶等 | 315 | 425 | 0.01～50 |
| 蛋白质 | 曙红丫 | 紫外 | 540 | 0.06～6 |
| 肾上腺素 | 乙二胺 | 420 | 525 | 0.001～0.02 |
| 胍基丁胺 | 邻苯二醛 | 365 | 470 | 0.05～5 |
| 玻璃酸酶 | 3-乙酰氧基吲哚 | 395 | 470 | 0.001～0.033 |

例：血清中5－羟色胺、多巴胺的测定

5－羟色胺（5－HT）和多巴胺（DA）是主要的神经递质。用正丁醇提取血清中的单胺类物质，5－HT与邻苯二甲醛（OPT）产生缩合反应，生成四氢去甲哈尔满（aribine harman），脱氧后生成荧光很强的去甲哈尔满；DA与碘和亚硫酸钠产生氧化还原反应生成三羟基吲哚，发出特异性荧光。激发波长为327nm，荧光波长为368.4nm。

## 思考与练习

1．解释下列名词：

荧光与磷光、单重态与三重态、振动弛豫、内转移和外转移、体系间跨越、荧光效率。

2．下列化合物中那一种预期有较大的荧光效率？为什么？

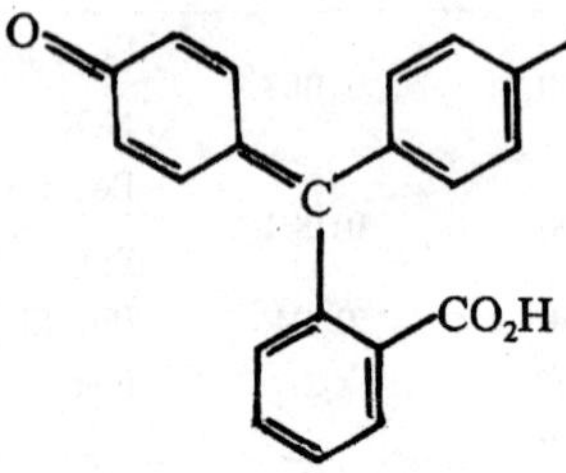


酚 酞

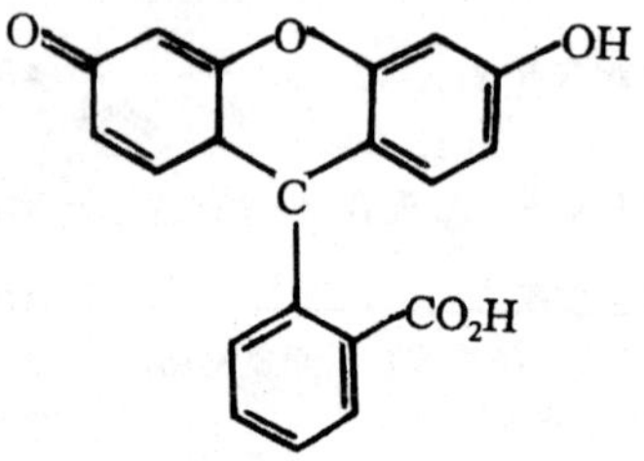


荧光素

3．尼克酰胺腺嘌呤双核苷酸（NADH）的还原形式是一种重要的强发荧光辅酶，激发波长为340nm，荧光波长为365nm。用NADH标准溶液得到如下测定数据：

| NADH浓度，μmol/L | 0.100 | 0.200 | 0.300 | 0.400 | 0.500 | 0.600 | 0.700 | 0.800 |
|---|---|---|---|---|---|---|---|---|
| 相对荧光强度 | 13.0 | 24.6 | 37.9 | 49.0 | 59.7 | 71.2 | 83.5 | 95.1 |

在相同条件下，测得样品相对荧光强度为42.3，求样品中的NADH浓度。

（0.35μmol/L）

（李吉学）

# 第四章　原子吸收分光光度法

## 第一节　概　　述

原子吸收分光光度法又称原子吸收光谱分析法（atomic absorption spectrophotometry，AAS），它是基于被测元素处于气态的基态原子对特征谱线的吸收作用来测定元素含量的一种分析方法。早在1802年，人们就发现了原子吸收现象，但是，原子吸收光谱作为一种实用的分析方法是在1955年才开始的。这一年澳大利亚的物理学家瓦尔西（A. Walsh）发表了他的著名论文《原子吸收光谱在化学分析中的应用》，奠定了原子吸收光谱分析的理论基础。随着原子吸收分光光度计的出现，到了20世纪60年代中期，原子吸收光谱法得到了迅速的发展。

原子吸收光度分析在我国开始较晚，但发展很快。在1963年《化学通报》上介绍了这一方法，1965年冶金部有色金属研究所自制成功我国第一台原子吸收分光光度计。目前，我国已能生产多种型号的原子吸收分光光度计。

原子吸收分光光度法与紫外可见分光光度法有许多相似之处。图4－1是这两类分析方法的比较示意图。

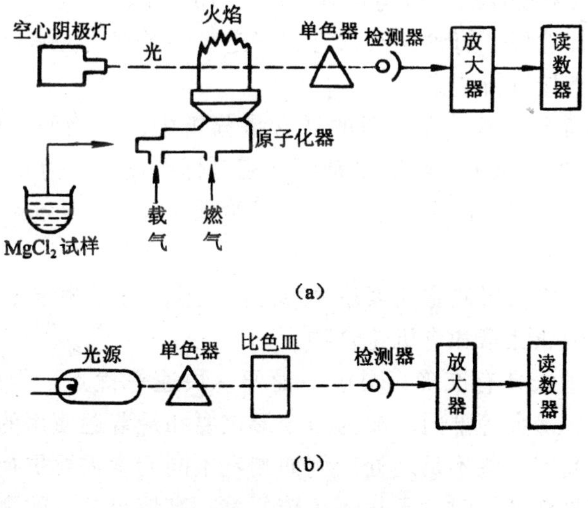


图4－1　原子吸收分析法（a）与紫外可见分光光度法（b）比较示意图

以测定试样中镁含量为例，试样溶液喷成雾状进入燃烧火焰，在火焰温度作用下，待测元素化合物（如$MgCl_2$）蒸发并解离成（Mg）原子蒸气。另一方面，由特制的光源（如空心阴极灯）辐射出具有待测元素（Mg）的特征谱线的光，在通过上述一定厚度的原子蒸气时，被其中的基态原子所吸收而减弱，通过单色器分光后，由检测器检出（Mg）特征谱线光被减弱的程度，即可求得试样中待测组分（Mg）的含量。由此可见，原子吸收分光光度法与紫外可见分光光度法在原理上很相似，都是基于物质对紫外可见光的吸收作用而建立的分析方法，属于吸收光谱分析法。但是，它们的吸光物质的状态不同，原子吸收光谱是基于气态基态原子对光的吸收，原子吸收光谱是线状光谱；而紫外可见吸收分光光度法则是基于溶液中的分子或离子对光的吸收，分子吸收光谱是带状光谱。由于这种区别，它们的仪器装置和分析方法都有许多不同（表 4－1）。

**表 4－1　原子吸收分光光度法与紫外可见分光光度法的比较**

| | 原子吸收分光光度法 | 紫外可见分光光度法 |
|---|---|---|
| 本质 | 原子吸收 | 分子吸收 |
| 谱带 | 窄带或谱线吸收 | 宽带吸收 |
| 光源 | 锐线光源 | 连续光源 |
| 被测物状态 | 原子状态，原子蒸气 | 分子状态，溶液 |
| 仪器结构 | 分光系统在原子化器之后 | 分光系统在吸收池之前 |
| 测定温度 | 高温（稍高于化合物的分解温度） | 常温 |

原子吸收分光光度法的特点：

（1）灵敏度高　对火焰原子吸收法来说，大多数元素的测定灵敏度可达 $10^{-6}$g，少数可达 $10^{-9}$g；无火焰原子吸收法一般可达到 $10^{-9}\sim10^{-13}$g。

（2）干扰小，选择性好　每种元素都有其特定吸收谱线，元素间干扰一般很小，对大多数样品可不经分离直接进行测定。

（3）精密度和准确度较高　在一般的低含量分析中，火焰原子吸收法的相对误差约 1%，一般情况下，单光束原子吸收测量精度（相对标准偏差）为 0.5%～2%。

（4）分析速度快　用 P－E5000 型自动原子吸收光谱仪在 35min 内，能连续测定 50 个样品中的 6 种元素。

（5）应用范围广　本法可测定元素达 70 多个，不仅可以测定金属元素，也可以用间接原子吸收法测定非金属元素和有机化合物。

由于原子吸收光谱法具有准确、灵敏、简便、快速等优点，因此被广泛用于临床医学、石油化工、地质、冶金等部门，成为当今最重要和最普遍使用的仪器分析方法之一。

原子吸收光谱法尚有一些不足之处，例如测定不同元素需要更换光源；多元素的同时测定尚有困难；分析复杂试样时，干扰还比较严重；高熔点元素的测定灵敏度还不能令人满意等，有待进一步研究解决。

## 第二节　基　本　原　理

原子吸收分光光度法是建立在气态基态原子对光的吸收这一性质上的，所以，我们有必要了解基态原子的产生、吸收特性、基态原子浓度与试样中该元素含量的关系，以及基态原子浓度与吸光度的关系等。

## 一、基态原子的产生

试样进入原子化器后，要发生一系列的变化，这些变化大致可分为蒸发、热分解和激发三个过程。以金属盐 MX 为例，试样的蒸发过程就是发生脱水和气化作用。

$$\text{MX（雾粒）}\xrightarrow{\text{脱水}}\text{MX（干气溶胶）}\xrightarrow{\text{气化}}\text{MX（g）}$$

气态分子 MX 在高温下发生热分解：

$$\text{MX（g）}\xrightarrow{\text{热分解}}\text{M（g）}+\text{X（g）}$$

M（g）就是可吸收某些特征谱线的基态原子。基态原子在高温下还可进一步发生激发和电离作用，生成激发态原子或离子：

$$\text{M（基态原子）}\rightleftharpoons M_i\text{（激发态原子）}$$

$$\text{M（基态原子）}\rightleftharpoons M^{n+}+ne$$

其中激发过程需要的能量较低，电离过程需要的能量较高。在原子吸收分析中，电离可使分析的灵敏度降低。所以，在试样原子化过程中，要控制一定的温度条件，以使待测元素的原子有效地转变为基态原子，同时避免电离的发生。

## 二、基态原子的激发

原子吸收光谱的基础是测量气态基态原子对共振辐射的吸收。在原子吸收分析中，常用高温火焰使试样原子化来得到气态原子。在高温火焰中，总是伴随着加热、碰撞、光照、化合和离解等过程，火焰中的气态原子就是通过这些过程进行能量交换，从而实现从一个能级到另一个能级的跃迁。原子吸收分析就是要寻找合适的原子化条件，使火焰中有足够数量的气态基态原子，并使这些气态基态原子绝大部分产生共振吸收，以便提高原子吸收分析灵敏度。电子从基态跃迁到第一激发态时产生的吸收线称为共振吸收线。由于电子从基态到第一激发态的跃迁最容易发生，对多数元素来说，共振吸收线就是该元素的灵敏线。不同元素的原子，外层电子排布不同，共振吸收线的频率也不一样，因而共振吸收线是元素的特征谱线，在原子吸收分析中就是利用基态原子对光源发出的共振发射线的吸收来进行分析的，显然，对共振发射线的吸收程度与基态原子的数目有关。

理论和实验证明，当原子达到平衡状态时，在高温火焰作用下，一些基态原子也可以由于受热激发而发射谱线。假定元素的谱线是由电子从激发能量为 $E_i$ 的激发态跃迁到能量为 $E_0$ 的基态时产生的，并设 $g_i$ 和 $g_0$ 分别为激发态和基态的统计权重，它表示能级的简并度，即相同能级不同运动状态的原子数目，那么，在不同温度下，激发态原子数目 $N_i$ 与基态原子数目 $N_0$ 的关系为：

$$\frac{N_i}{N_0}=\frac{g_i}{g_0}\exp\left(-\frac{E_i}{KT}\right) \qquad (4-1)$$

式中，$K$ 为玻尔兹曼常数，其值为 $1.38\times10^{-23}\text{J}\cdot\text{K}^{-1}$，$T$ 为体系温度。在原子光谱中，对于一定波长的谱线，$g_i/g_0$ 和 $E_i$ 是已知值，因此可以计算一定温度下的 $N_i/N_0$ 值。表 4－2 是几种元素在不同温度下的 $N_i/N_0$ 值。

**表 4－2 几种元素共振线的 $N_i/N_0$ 值**

| 共振线 nm | $\frac{g_i}{g_0}$ | 激发能 eV | $N_i/N_0$ 2000K | 2500K | 3000K | 4000K |
|---|---|---|---|---|---|---|
| Cs 5852.11 | 2 | 1.455 | $4.31\times10^{-4}$ | $2.33\times10^{-3}$ | $7.19\times10^{-3}$ | $2.98\times10^{-2}$ |
| K 766.49 | 2 | 1.617 | $1.68\times10^{-4}$ | $1.10\times10^{-3}$ | $3.84\times10^{-3}$ | |
| Na 589.00 | 2 | 2.104 | $0.99\times10^{-5}$ | $1.14\times10^{-4}$ | $5.83\times10^{-4}$ | $4.44\times10^{-3}$ |
| Ba 553.56 | 3 | 2.239 | $6.83\times10^{-6}$ | $3.19\times10^{-5}$ | $5.19\times10^{-4}$ | |
| Ca 422.67 | 3 | 2.932 | $1.22\times10^{-7}$ | $3.67\times10^{-6}$ | $3.55\times10^{-5}$ | $6.03\times10^{-4}$ |
| Fe 371.99 | | 3.332 | $2.29\times10^{-9}$ | $1.04\times10^{-7}$ | $1.31\times10^{-6}$ | |
| Ag 328.07 | 2 | 3.778 | $6.03\times10^{-10}$ | $4.84\times10^{-8}$ | $8.99\times10^{-7}$ | |
| Lu 324.75 | 2 | 3.817 | $4.82\times10^{-10}$ | $4.04\times10^{-8}$ | $6.65\times10^{-7}$ | |
| Mg 285.21 | 3 | 4.346 | $3.35\times10^{-11}$ | $5.20\times10^{-9}$ | $1.50\times10^{-7}$ | |
| Zn 213.86 | 3 | 5.795 | $7.45\times10^{-15}$ | $6.22\times10^{-12}$ | $5.50\times10^{-10}$ | $1.48\times10^{-7}$ |

从式 4－1 和表 4－2 可以看出，温度越高，$N_i/N_0$ 值越大，即激发态原子数随温度升高而增加，而且按指数关系变化；在相同温度下，激发能（电子跃迁能级之差）越小，吸收线波长越长，$N_i/N_0$ 值越大。但是在原子吸收光谱法中，原子化温度一般小于 3000K，大多数元素的最强共振线都低于 600nm，$N_i/N_0$ 值绝大部分在 $10^{-3}$ 以下，激发态和基态原子数之比小于千分之一，激发态原子可以忽略，因此，可以认为，基态原子数 $N_0$ 近似地等于总原子数。

## 三、原子吸收谱线

原子吸收谱线并不是严格的几何意义上的线（几何线无宽度），而是有相当窄的频率或波长范围，即有一定的宽度。当一束强度为 $I_0$ 的入射光通过厚度为 $l$ 的原子蒸气时（图 4－2），一部分光被吸收，透射光的强度 $I_t$ 服从朗伯－比尔定律：

$$I_t = I_0 e^{-K_\nu l} \tag{4-2}$$

式中 $K_\nu$ 是基态原子对频率为 $\nu$ 的光的吸收系数。

不同元素原子吸收不同频率的光，透射光强度对吸收光频率作图，其变化规律如图 4－3 所示。由图可见，在频率 $\nu_0$ 处透射光强度最小，亦即吸收最大。若将吸收系数 $K_\nu$ 对频率 $\nu$ 作图，所得曲线为吸收线轮廓，见图 4－4。曲线有一极大值，对应的频率为中心频率 $\nu_0$，中心频率处

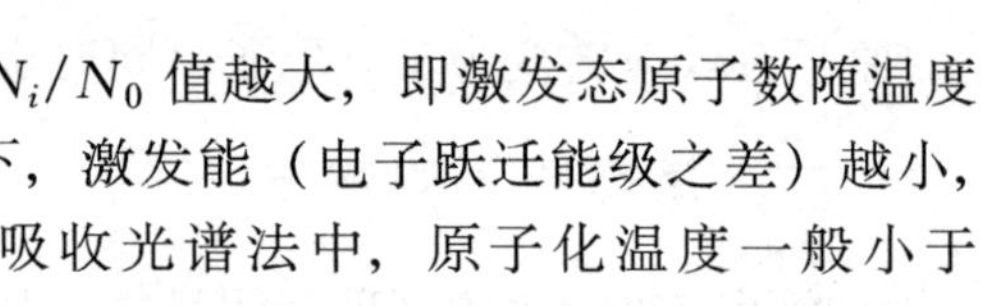


图 4－2 原子吸收示意图

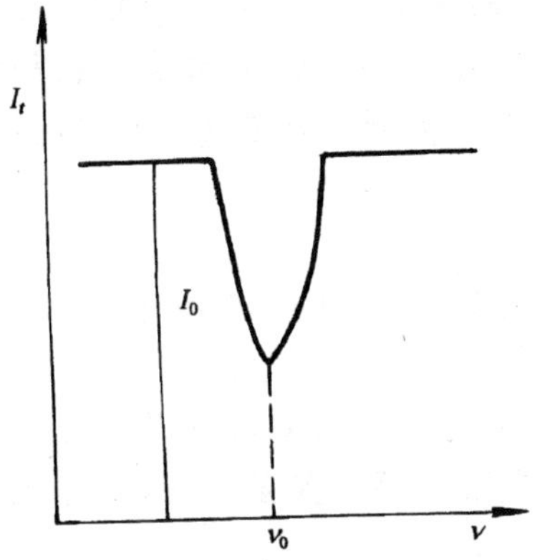


图 4－3　$I_t$ 与 $\nu$ 的关系

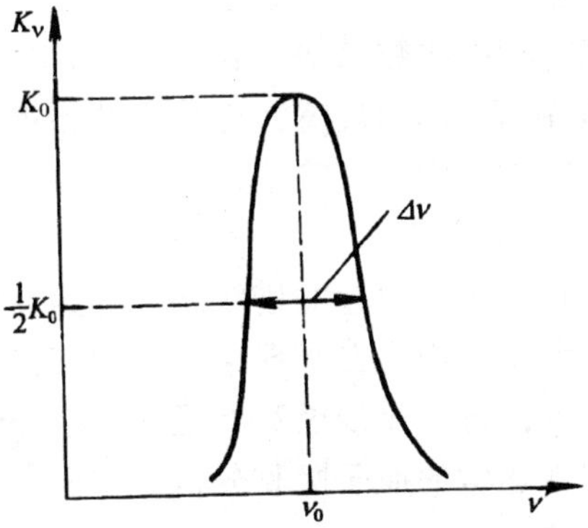


图 4－4　原子吸收光谱轮廓图

的吸收系数为峰值吸收系数 $K_0$，峰值吸收系数的一半处吸收曲线的宽度为吸收线的半宽度 $\Delta\nu$。原子吸收线的半宽度约为 0.001～0.01nm。习惯上用中心频率（或中心波长）和半宽度来表示原子吸收谱线的轮廓。

原子吸收谱线的宽度除了与原子性质有关外，还与温度、压力、原子蒸气的浓度等因素有关。下面讨论几种主要的谱线变宽因素。

1. 自然宽度（$\Delta\nu_N$）

没有外界影响，谱线仍有一定的宽度称为自然宽度。它与激发态原子平均寿命有关，平均寿命愈长，谱线宽度愈窄。不同谱线有不同的自然宽度，多数情况下约为 $10^{-5}$nm。这样的宽度在原子吸收测定条件下，可忽略不计。

2. 多普勒（Doppler）展宽（$\Delta\nu_D$）

通常在原子吸收光谱测定条件下，多普勒展宽是影响原子吸收谱线宽度的主要因素。多普勒展宽是由于原子在空间的无规则热运动引起的，又称热展宽。从物理学中可知，无规则热运动的发光原子运动方向背离检测器，则检测器接收到的光的频率较静止原子所发的光的频率低。反之，发光原子向着检测器运动，检测器接受到光的频率较静止原子发的光的频率高，这就是多普勒效应，此时检测器接收到的频率是 $\nu + d\nu$ 和 $\nu - d\nu$ 间的各种频率的辐射，使谱线展宽。多普勒展宽随温度升高、谱线波长变长和相对原子质量减少而展宽，多普勒展宽可达 $10^{-3}$nm。

3. 压力展宽

原子吸收区气体压力变大时，相互碰撞引起的展宽是不可忽略的。原子之间相互碰撞导致激发态原子平均寿命缩短，引起谱线展宽。根据与其碰撞的原子不同，又可分为两种：①洛伦兹（Lorentz）展宽是指被测元素原子和其他粒子碰撞引起的展宽。它与气体的压力成正比，当气体的压力较大时，会使谱线中心位置发生位移，吸收强度下降，

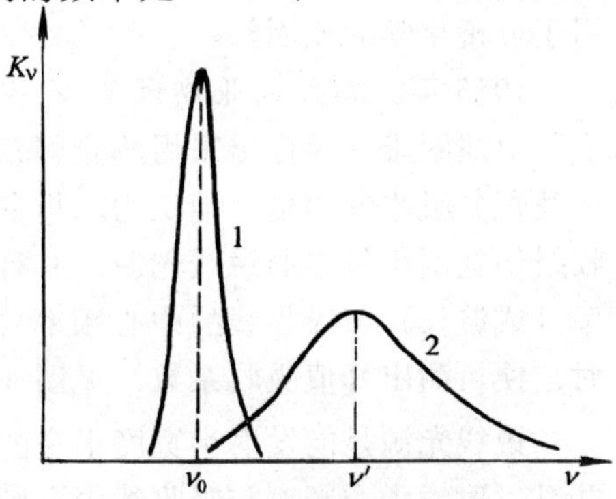


图 4－5　洛伦兹展宽对吸收谱线轮廓的影响
1. 原轮廓线；　2. 展宽和位移后的轮廓线

谱线展宽（图 4－5）。此时若在中心频率处测量，可产生较大的误差。洛伦兹展宽和多普勒展宽有相同的数量级，也可达 $10^{-3}$nm。②赫鲁兹马克（Heltzsmark）展宽是指和同种原子碰撞而引起的展宽，也称为共振展宽。共振展宽只有在被测元素浓度高时才起作用，在原子吸收法中可忽略不计。

4．自吸展宽

由自吸现象引起的谱线展宽称为自吸展宽。光源空心阴极发射的共振线被灯内同种基态原子所吸收产生自吸现象，从而使谱线展宽。灯电流愈大，自吸展宽愈严重。

此外，影响谱线展宽的还有其他一些因素，如场致效应、塞曼效应以及同位素效应等。但在通常的原子吸收分析的实验条件下，吸收线的轮廓主要受多普勒展宽和洛伦兹展宽的影响。

## 四、峰值吸收的测量

在吸收轮廓内，吸收系数的积分称为积分吸收系数，简称积分吸收，它表示吸收的全部能量。根据经典的色散理论，谱线的积分吸收与吸收原子数之间有如下关系：

$$\int K_\nu \cdot d\nu = \frac{\pi e^2}{mc} N_0 f \qquad (4-3)$$

式中：$e$——电子电荷；

$m$——电子质量；

$c$——光速；

$N_0$——单位体积内基态原子数；

$f$——振子强度，它正比于原子对特定波长的吸收几率。

$K_\nu$

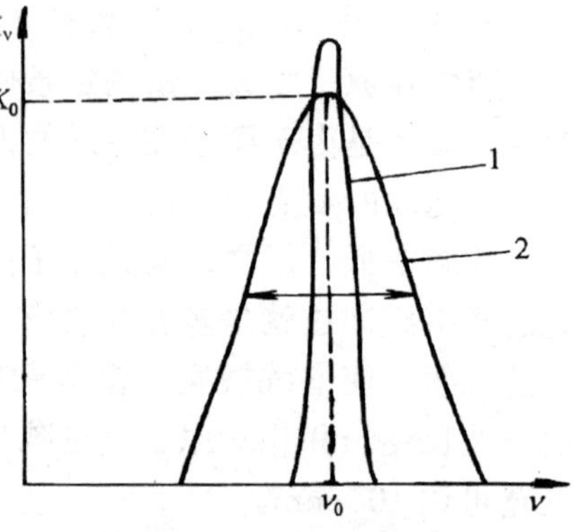


图 4－6　测定 $K_0$ 时吸收线和发射线宽度比较

1．发射线；　2．吸收线

式 4－3 是原子吸收光谱法的重要理论依据。若能测定积分吸收，则可求得原子浓度。但是要测量只有约 $10^{-3}$nm 宽度的吸收线轮廓的吸收值，就是用分辨本领达几十万的分光仪，也会由于光强太弱而无法准确测量。所以，测量积分吸收几乎是不可能的。这也是 100 多年前就已发现原子吸收现象，却一直未能用于分析化学的原因。

1955 年，澳大利亚物理学家 Walsh 从理论上解决了上述困难。他提出采用测定峰值吸收系数 $K_0$ 来代替积分吸收的测量。他认为，用发射线半宽度比吸收线半宽度小得多的锐线光源，并且发射线的中心频率（或波长）与吸收线的中心频率（或波长）相一致时，便可测出峰值吸收系数，见图 4－6。

锐线光源是能发射半宽度很窄的谱线的光源。空心阴极灯能发射半宽度很窄的谱线，并且发射线中心频率与吸收线中心频率一致，所以，通常用它作为锐线光源进行原子吸收测量，如图 4－7。

在一定条件下，若仅考虑原子的热运动，积分吸收与峰值吸收关系为：

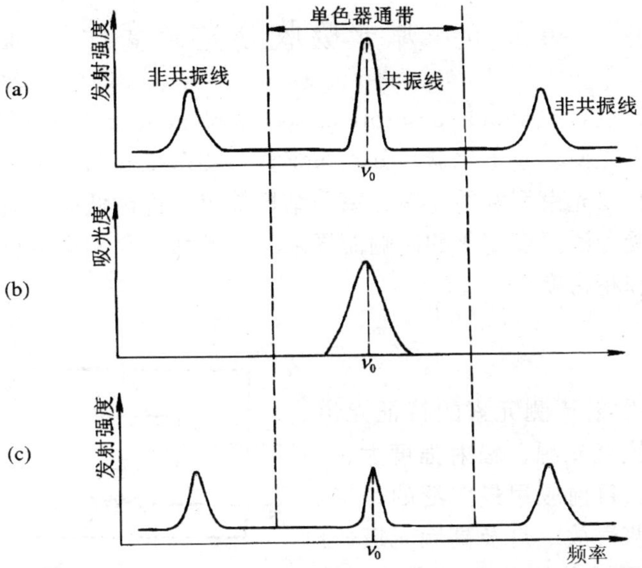


图 4-7 用锐线光源和低分辨率单色器测量原子吸收光谱

a. 光源的发射线；b. 样品的吸收线；c. 通过样品和单色器后的发射光谱

$$K_0 = \frac{2}{\Delta\nu}\sqrt{\frac{\ln 2}{\pi}} \int K_\nu \mathrm{d}\nu$$

$$= \frac{2}{\Delta\nu}\sqrt{\frac{\ln 2}{\pi}} \frac{\pi e^2}{mc} f N_0 \quad (4-4)$$

$$\because I_t = I_0 e^{-K_\nu l}$$

$$\therefore A = \lg\frac{I_0}{I_t} = \lg\frac{I_0}{I_0 e^{-K_\nu l}}$$

$$= \lg e^{K_\nu l} = 0.434 K_\nu l \quad (4-5)$$

在峰值吸收处 $K_\nu$ 就等于 $K_0$，此时

$$A = 0.434 K_0 l$$

$$= 0.434 \frac{2}{\Delta\nu}\sqrt{\frac{\ln 2}{\pi}} \frac{\pi e^2}{mc} f N_0 l \quad (4-7)$$

在原子吸收测定条件下，如前所述原子蒸气中基态原子数 $N_0$ 近似地等于原子总数 $N$。在实际测量中，要测定的是试样中某元素的含量而不是蒸气中原子总数。但是，实验条件一定，被测元素的浓度 $c$ 与原子总数保持一定比例关系，即

$$N_0 = \alpha c \quad (4-8)$$

式中：$\alpha$ 为比例常数，将式 4-8 代入式 4-7 中，则

$$A = 0.434 \frac{2}{\Delta\nu}\sqrt{\frac{\ln 2}{\pi}} \frac{\pi e^2}{mc} f l \alpha c \quad (4-9)$$

在实验条件一定时，各参数都是常数，吸光度为：

$$A = Kc \quad (4-10)$$

式中 $K$ 为常数，该式是原子吸收分光光度法的定量依据。

## 第三节　原子吸收分光光度计

原子吸收分光光度计（atomic absorptiom spectrophotometer）有多种类型，但其基本构造是相同的，即由光源、原子化器、分光系统和检测系统等四个主要部分组成。目前经常使用的有单光束和双光束型两类。单光束型结构简单，价格低廉，共振线损失较少，应用比较广泛，但易受光源强度变化的影响而导致基线漂移，双光束可克服基线漂移，提高分析结果的准确度和精密度。

### 一、光源

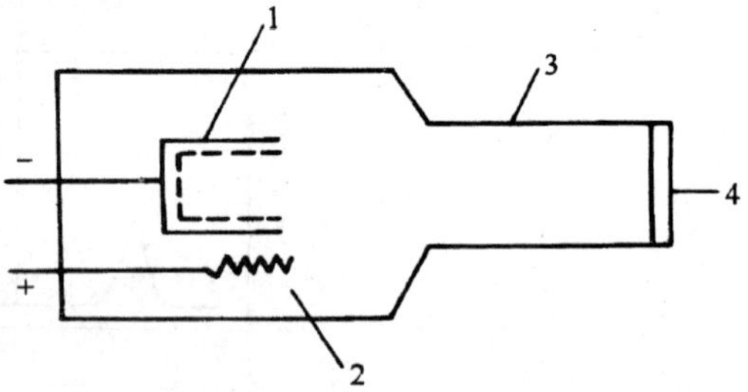

图 4－8　空心阴极灯结构
1. 待测金属；2. 钨棒；3. 玻璃管；4. 石英管

光源的作用是发射待测元素的特征光谱。对光源的要求是：锐线光源、辐射强度大、稳定性高、背景小等。目前应用最广泛的是空心阴极灯，其他还有蒸气放电灯及高频无极放电灯等。空心阴极灯是一种特殊的辉光放电管，它有一个由被测元素材料构成的空腔形阴极和一个钨棒阳极，其上装有钽片或钛丝作为吸气剂，阴极和阳极固定在硬质玻璃管中，管内充入一定压强的惰性气体，一般是氖或氩（图 4－8）。当阳极和阴极间施加一定的直流电压时，便可点燃空心阴极灯。阴极发射出的电子在电场的作用下，高速射向阳极，在此过程中电子与惰性气体原子碰撞使其电离。在电场作用下，带正电荷的惰性气体离子高速飞向阴极内壁，造成对阴极表面的猛烈轰击，使金属原子溅射出来，这些溅射的金属原子在阴极放电区又与飞行中的电子、惰性气体原子、离子发生碰撞而被激发发射出该金属原子的特征共振谱线，从石英窗口射出。

空心阴极灯发射的光谱主要是阴极元素的光谱，其中也夹杂着内充气体和阴极中杂质元素的光谱。因此，用不同的待测元素作为阴极材料可制成各种待测元素的空心阴极灯。

空心阴极灯的光强度与灯的工作电流有关，增大电流可增加发射光强度。但灯的工作电流过大，会使阴极溅射增大而产生“自吸收”现象，自吸收现象可使发射线展宽，灵敏度下降，且影响灯的寿命。如果灯电流过低，又会使入射光减弱，导致稳定性、信噪比下降，精密度差。所以，灯的工作电流适当低些，发射的谱线窄，灵敏度高，线性好。最适宜灯电流可以通过实验确定。

### 二、原子化器

原子化器的作用是提供合适的能量，将试样中的被测元素转变为原子蒸气（气态基态原子）。由于原子化器的性能将直接影响测定的灵敏度和测定的重复性，因此要求它应具有原子化效率高、记忆效应小和噪声低等特点。原子化的方法可分为火焰原子化法和无火焰原子化法。其中前者应用较普遍，而无火焰原子化法近年来发展很快，应用也越来越广泛。

1. 火焰原子化器

火焰原子化器是利用可燃性气体和助燃气燃烧产生的高温火焰使被测元素原子化的装

置，分为全消耗型和预混合型两类。全消耗型原子化器是将试液直接喷入火焰内，结构比较简单，使用比较安全，常用于燃气燃烧速度快，试样溶剂具有可燃性的样品分析，但它具有火焰不稳定、噪声大、有效吸收光程短等缺陷。预混合型原子化器（图 4－9）是将试液雾化后再喷入火焰，具有火焰稳定、噪声小等优点，是目前应用广泛的一种火焰原子化器，它主要由雾化器、雾化室和燃烧器三个部分组成。

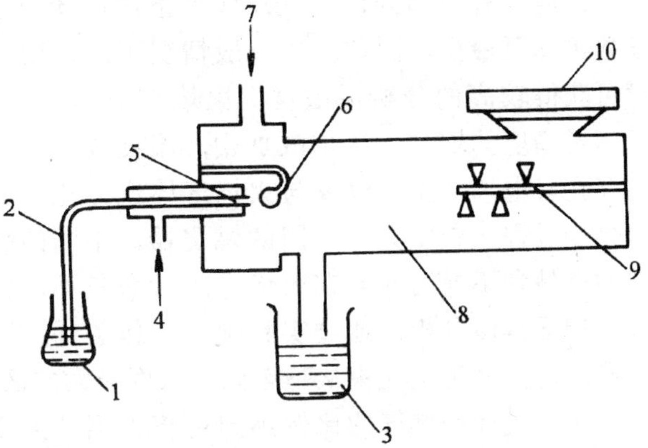

图 4－9　预混合型原子化器

1. 样品溶液；2. 毛细管；3. 废液；4. 助燃气；5. 喷口；6. 撞击球；7. 燃气；8. 雾化室；9. 扰流器；10. 燃烧器

（1）雾化器　雾化器的作用是将试液雾化，使之在火焰中能产生较多且稳定的基态原子。由于它的性能对测定精密度和干扰因素等有着显著影响，因此要求它雾化效率高、雾粒要细小、均匀和稳定，目前普遍采用的是同轴型雾化器。当高压助燃气通过毛细管外壁和喷嘴口构成的环形间隙时，可形成一个负压区，使试液从毛细管吸入，并在出口处被高速气流分散成气溶胶（即雾滴），雾滴再与雾化器前的撞击球碰撞进一步分散成细雾。影响雾化的因素很多，如溶液的表面张力和粘度等物理性质、毛细管孔径的变化、助燃气的流速等。因此在分析中应注意控制合适的条件及定量方法以消除这些影响。

（2）雾化室　雾化室的作用是使雾粒进一步雾化，同时与燃气、助燃气均匀混合后进入燃烧器。雾化室中除装有撞击球外，还装有扰流器，它对较大的雾滴有阻挡作用，使其沿室壁流入废液管排出；扰流器还有助于气体混合均匀，使火焰稳定，降低噪声。这种气动雾化效率比较低，只能达到 5%～15%，一般为 10%，大量试液没进火焰而被排出是影响火焰原子化法灵敏度提高与检测限降低的主要问题。

（3）燃烧器　燃烧器的作用是产生火焰，使进入火焰的试样气溶胶蒸发和原子化，燃烧器有孔型和长缝型两种，用不锈钢制成。长缝型有单缝和三缝两种，最常用的是单缝燃烧器。为适应不同组成的火焰，一般仪器均配有两种缝形规格的单缝燃烧器；一种是 100mm×0.5mm，适用乙炔－空气火焰；另一种是 50mm×0.4mm，适用乙炔－氧化亚氮火焰。燃烧器一般应满足火焰稳定、原子化效率高、吸收光程长、噪声小的要求。燃烧器应能旋转一定的角度，高度也能上下调节，以便选择合适的火焰部位进行测量。使用时应注意先开助燃气，后开燃气，关闭时相反，点燃 10min 后再工作。

（4）火焰　火焰的作用是使待测物质分解形成基态自由原子。火焰的温度和性质与燃气和助燃气的种类和配比有关，了解火焰的结构和各类火焰的性质对于较好地掌握分析条件是有帮助的。

图 4－10 是预混合型火焰的结构示意图，火焰大致分为预热区、第一反应区、中间薄层区和第二反应区几个部分，各部分的温度和性质各有差异。试样喷入火焰后，在预热区被干燥成为固体颗粒。在第一反应区颗粒被熔化和蒸发，使试样颗粒变为气体，此区火焰呈蓝色。中间薄层区温度最高，被蒸发的化合物在此区主要被离解、还原，产生大量基态

原子，但也有一部分被激发，如果条件选择合适，激发态原子数可降至最少。因此，在一般情况下，入射光在这里通过时可获得较高的分析灵敏度。火焰在第二反应区温度亦高，但随着高度的增加，热扩散加剧，温度逐渐下降。在这个区内存在着电离、激发以及与火焰气体成分化合的过程。火焰的燃烧过程比较复杂，不同的燃烧器、不同的燃烧条件、不同的样品和不同的元素在火焰中的行为是不同的，必须根据具体情况具体分析，通过实验确定工作条件，即通过调节燃烧器高度，使测量光束从基态原子浓度最大的区域通过。

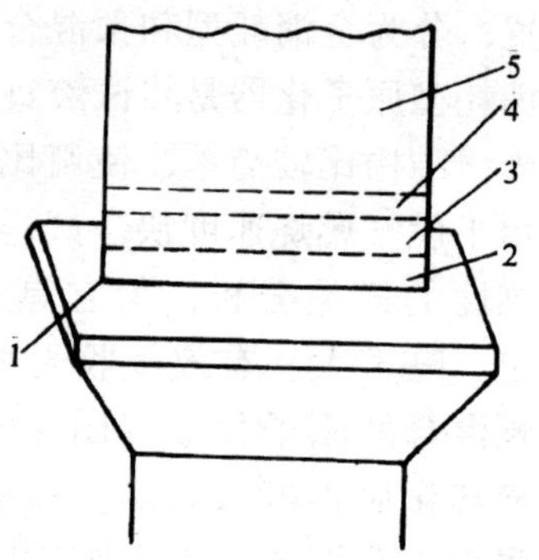


图 4－10 预混合型火焰结构示意图

1. 燃烧器缝口；2. 预热区；3. 第一反应区；4. 中间薄层区；5. 第二反应区

按燃气和助燃气的比例不同可将火焰分为三类：①化学计量火焰：又称中性火焰，这种火焰的燃气与助燃气的比例与它们之间化学反应计量关系相近，它具有温度高、干扰小、背景低及稳定等特点，适合于许多元素的日常分析，缺点是中间薄层区的高度较小。②贫燃性火焰：又称氧化性火焰，这种火焰的燃气与助燃气比例小于化学计量，它具有氧化性强、温度较低的特点，可用于易解离、易电离的元素，如碱金属的分析。③富燃性火焰：又称还原性火焰，这种火焰的燃气与助燃气的比例大于化学计量，它燃烧不完全，温度较低，火焰呈黄色，它具有还原性强、背景高、干扰较多，不如中性火焰稳定的特点，适用于易形成难离解氧化物的元素，如 Cr、Ba、Co、稀土元素等的分析。

火焰的温度和性质除了与燃气和助燃气的比例有关外，更重要的是与燃气和助燃气的种类有关，见表 4－2。

**表 4－2 几种常用的火焰组成和最高温度**

| 火焰组成 | | 化学计量火焰的流速，L/min | | 燃烧速度 cm/s | 最高温度 K |
|---|---|---|---|---|---|
| 助燃气 | 燃气 | 助燃气 | 燃气 | | |
| 空气 | 丙烷 | 8 | 0.4 | 82 | 2200 |
| 空气 | 氢气 | 8 | 6 | 320 | 2300 |
| 空气 | 乙炔 | 8 | 1.4 | 160 | 2500 |
| 氧化亚氮 | 乙炔 | 10 | 4 | 220 | 3200 |

空气－乙炔火焰是使用最广泛的一种火焰，它的火焰温度较高，燃烧稳定，噪声小，重现性好，能应用于 30 多种元素的分析。另一种是乙炔－氧化亚氮火焰，它的火焰温度高，可达近 3000K，是目前唯一能广泛应用的高温火焰。它干扰少，而且还具有很强的还原性，可使许多难解离元素的氧化物分解并原子化，如 Al、B、Ti、V、Zr、稀土元素等，可测定 70 多种元素。这种火焰在使用时应特别注意安全，因为这种气体属于易爆性气体，同时氧化亚氮对人有刺激性作用，所以，应严格地控制火焰的操作条件，遵守操作规程，以避免偏离最佳分析条件，防止事故的发生。

火焰原子化器操作简便，重现性好，精密度高。但由于原子化效率低，自由原子在吸收区的停留时间短，限制了测定灵敏度的提高，同时这种原子化方法要求有较多的试样(一般为几毫升)，且无法直接分析粘稠和固体试样，因此对生物试样来说是不利的。近年来随着分析技术和方法的不断提高和改进，在试样用量、测定灵敏度等方面有了很大的改进。如脉冲雾化技术、原子捕集技术及流动注射技术可使样品量大大减小。

2. 无火焰原子化器

无火焰原子化器是利用电热、阴极溅射等离子体或激光等方法使试样中待测元素形成基态自由原子。目前，广泛应用的无火焰原子化器是石墨炉。它的特点是：①原子化效率高，几乎达到100%；②基态自由原子在吸收区停留时间长，因此绝对灵敏度可达$10^{-12}$～$10^{-14}$g；③试样用量少，液体为几微升至十几微升，固体为几毫克，且几乎不受试样形态限制，可直接分析悬浮液、乳状液、粘稠液体和一些固体试样；④能直接测定其共振吸收线位于真空紫外区域的一些元素，因为石墨炉的保护气体（如氩气等）在真空紫外区域几乎无吸收；⑤操作在封闭系统中进行，适合于有毒物质分析。但无火焰原子化器与火焰原子化器比较，它也有精密度稍低，干扰较大，操作程序复杂，不易选择最佳条件等缺点。

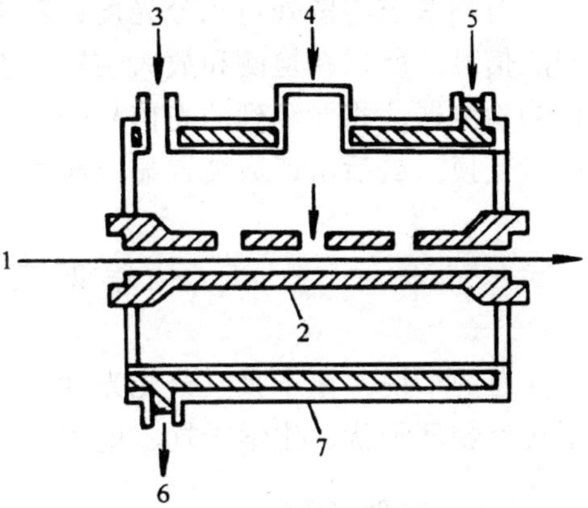

图 4-11 管式石墨炉原子化器

1. 光束；2. 石墨管；3. 惰性气体；4. 进样窗；5. 入水；6. 出水；7. 金属套管

图 4-11 是石墨炉原子化器结构示意图，石墨炉通过铜电极供电，通电后可达3000K左右的高温。电极周围用水冷却，样品由进样孔注入石墨管中，为了保护石墨和样品不受空气氧化，管内通以氩气或氮气等惰性气体。

石墨炉工作时，要经过干燥、灰化、原子化和净化（除残）四个阶段，各阶段对应着一定的升温程序（图 4-12）。干燥的目的是蒸发样品中的溶剂或水分，通常干燥温度高于溶剂沸点，灰化的作用是减少或消除试样在原子化过程中可能带来的干扰。这种干扰主要来自于样品组分的分子吸收和烟雾等微粒的光散射。在灰化过程中尽可能除去干扰组分而不致于损失被测组分。原子化温度随元素而异，一般在1800～3000K之间，在保证被测元素完全原子化的前提下，原子化时间越短越好，一般为5～10s。试样测定完毕，通常使用高温（大电流）按钮操作，在短时间内将残渣除去，以备开始新的样品测定。一般仪器还备有自动进样器和自动升温控制。

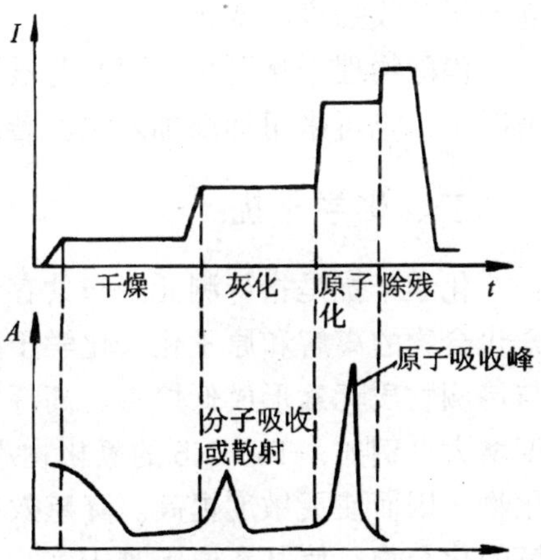

图 4-12 无火焰原子化器的升温程序

除管式石墨炉以外，还有一些其他无火焰原子化装置，如石墨坩埚、石墨棒、钽舟、镍杯、高频感应加热炉以及氢化物原子化装置、冷原子化装置等。

### 三、分光系统

原子吸收分光光度法应用的波长范围一般是紫外、可见光区，常用的单色器为光栅。单色器可将被测元素的共振吸收线与邻近线分开。单色器置于原子化器之后，可防止原子化器内的干扰辐射进入检测器，也可避免光电倍增管疲劳。锐线光源的谱线比较简单，对单色器分辨率要求不高，能分开 Mn 279.5nm 和 279.8nm 即可。

### 四、检测系统

检测系统与紫外可见分光度计基本相同，但由于原子吸收分光光度法中的光信号是交变的信号，所以在检测和放大装置上有所差异。原子吸收分光光度计都是采用光电倍增管作为检测器，将检测到的光信号转变为电信号，经检波和放大后，再由对数变换器对信号进行变换，最后由读数装置显示测定结果。

## 第四节　干扰及抑制

总的来说，原子吸收分光光度法干扰比较少，但在实际工作中还是不能忽视的。主要干扰有物理干扰、化学干扰、电离干扰、光谱干扰和背景干扰。

### 一、物理干扰

物理干扰是指试液与标准溶液的物理性质有差别而产生的干扰，也称基体效应。如粘度、表面张力或溶液密度等的变化，影响样品的雾化和气溶胶到达火焰的传送，进而会引起原子吸收强度的变化。

消除物理干扰可采用配制与被测试样组成相近的标准溶液。若试样组成不完全清楚的情况下，也可采用标准加入法。若试样溶液浓度高时，还可采用稀释法。

### 二、化学干扰

化学干扰是指待测元素与共存元素在溶液或原子化过程中发生化学反应而影响被测元素化合物的离解和原子化。化学干扰有增感效应和降感效应两种。增感效应是共存物质能与待测物质元素形成低熔点、高挥发性、易离解的化合物，使原子化程度提高，导致吸光度增大。例如，Ta、Nb 的氧化物难离解，当有 $F^-$ 存在时，形成相应易挥发易离解的氟化物，因而使灵敏度提高。降感效应是共存物质与待测元素形成高熔点、低挥发性、难离解的化合物，使基态原子难于产生，导致结果偏低。例如测钙时，若 $H_3PO_4$ 存在，生成了高熔点的$Ca_3(PO_4)_2$ 使测定结果偏低。消除化学干扰的方法有以下几种：

(1) 选择合适的原子化方法　提高原子化温度，化学干扰会减小。使用高温火焰或提高原子化温度，可使难离解的化合物分解，如在高温火焰中磷酸根不干扰钙的测定。采用还原性火焰与石墨炉原子化法，可使难离解的氧化物还原分解。

(2) 加入释放剂　释放剂能与干扰物质生成比被测元素更稳定的化合物，从而使被测元素释放出来。例如磷酸根干扰钙的测定，可在试液中加入镧盐、锶盐，使其与磷酸根首先生成更稳定的磷酸盐，而把钙释放出来。加入镧盐或锶盐，也可防止铝对镁测定的干扰。

(3) 加入保护剂　保护剂可与被测元素生成易分解的或更稳定的配合物，防止被测元素与干扰组分生成难离解的化合物。保护剂一般是有机配合剂，用得最多的是EDTA和8-羟基喹啉。例如，磷酸根干扰钙的测定，当加入EDTA后，EDTA-Ca更稳定而又易破坏。当铝干扰镁的测定时，8-羟基喹啉可作保护剂。

(4) 加入基体改进剂　在石墨炉原子化法中，在试样中加入基体改进剂，使其在干燥或灰化阶段与试样发生化学变化，其结果可能增加基体的挥发性或改变被测元素的挥发性，以消除干扰。例如测定海水中的镉，为了使镉在背景信号出现前原子化，可加入EDTA来降低原子化温度以消除干扰。

(5) 加入缓冲剂　这种方法是将过量的干扰元素分别加入到试样和标准溶液中，从而使干扰影响恒定下来，即基体一致化。例如在用 $N_2O-C_2H_2$ 火焰测定钛时，200mg/L以下的铝对测定有干扰，但大于200mg/L时，铝的干扰趋于稳定，因此可在钛的试样和标准溶液中均加入200mg/L以上的铝，从而使干扰影响达到稳定。不过这种方法的副作用往往是同时降低了被测元素的测定灵敏度。

当以上方法不能消除化学干扰时，只好采用化学分离的方法，如溶液萃取、离子交换、沉淀分离方法，用得最多的是溶剂萃取的方法。

## 三、电离干扰

电离干扰是指被测元素原子在原子化过程中发生电离，使参与吸收的基态原子数减少而造成吸光度下降的现象。原子发生电离的可能性主要取决于其电离电位。电离电位越低，则电离干扰也就越严重。但原子化温度较高时，即使电离电位较高，也可能发生不同程度的电离，如铝在氧化亚氮-乙炔火焰的电离即是如此。

消除电离干扰的最有效的方法是在标准和分试样溶液中均加入过量的消电离剂。消电离剂是比被测元素电离电位低的元素，在相同条件下，消电离剂首先电离产生大量的电子，抑制被测元素电离。例如，测钙时有电离干扰，可加入过量的KCl溶液来消除干扰。钙的电离电位为6.1eV，钾的电离电位为4.3eV，由于钾电离产生大量电子，使 $Ca^+$ 得到电子而生成原子。

$$K \rightarrow K^+ + e$$

$$Ca^+ + e \rightarrow Ca$$

除此之外，还可以通过降低火焰温度或用标准加入法来消除电离干扰。

## 四、光谱干扰

光谱干扰是指光谱通带对吸光度的影响。光谱干扰主要有以下两种：

(1) 吸收线重叠　共存元素吸收线与被测元素分析波长很近时，两谱线重叠或部分重叠，会使分析结果偏高，如图4-13a所示。消除的办法是选择被测元素的其他吸收线或从试样中将干扰元素进行预先分离。

(2) 光谱通带内存在的非吸收线　这些非吸收线可能是被测元素的其他共振线与非共振线，也可能是光源中杂质的谱线等干扰。如图 4－13b 所示，在所用的光谱通带内，除了被测元素所吸收的谱线之外，还有其他一些不被吸收的谱线，它们同时到达检测器，又同时被检测器检测，从而造成干扰。这种干扰相当于对吸光度起了“冲淡”的作用，因而将导致标准曲线斜率（即灵敏度）降低，以及标准曲线高浓度部分向浓度轴倾斜。消除的办法是减小狭缝宽度与灯电流，或另选分析线。

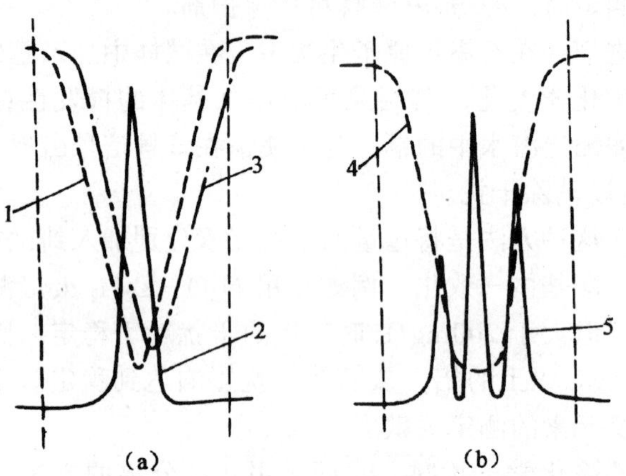


图 4－13　光谱干扰的两种情况

a. 共存元素的吸收干扰；b. 非吸收线的干扰

1. 吸收线；2. 发射线；3. 干扰吸收线；4. 吸收线；5. 发射线

## 五、背景吸收

背景吸收是一种来自原子化器的连续光谱干扰，它包括分子吸收、光的散射及折射和火焰气体的吸收等。由于这种吸收主要发生在特征谱线较多的远紫外区，而且吸收的谱线范围较宽，因此常常导致分析结果的偏高。

1. 背景吸收的种类

(1) 分子吸收　这种吸收主要由原子化器中的碱金属和碱土金属盐以及无机酸等分子对分析线的吸收所造成的。如 NaCl、KCl、$NaNO_3$ 等在紫外光区有很强的分子吸收带；在波长小于 250nm 时，硫酸和磷酸等分子有很强的吸收，而硝酸和盐酸的吸收则较小。这是原子吸收分光光度法中常用 $HNO_3$、HCl 及它们的混合液作为试样预处理中主要试剂的原因。

(2) 光散射和折射　这主要是由原子化过程中产生的固体微粒与光子发生碰撞从而导致散射和折射，使部分光不能进入单色器而形成假吸收。波长越短，基体物质浓度越大，影响就越大。

(3) 火焰气体的吸收　火焰气体中含有许多未燃烧完全的分子或分子碎片，特别是富燃火焰中更多。这些粒子在紫外区特别是当波长小于 250nm 时也有很强的吸收。这种吸收可以通过改变火焰种类和燃气助燃气之比减小，也可用调零的方法加以消除。

2. 背景吸收校正

背景吸收校正的方法主要有邻近线背景校正法、氘灯背景校正法和塞曼效应背景校正法。

(1) 邻近线背景校正法　邻近线背景校正法是采用一条与分析线相近的非吸收线，由于被测元素基态原子对它无吸收，而背景吸收的范围较宽，所以对它仍然有吸收，以 $A_{背}$ 表示。当分析时，背景和被测元素对分析线都产生吸收，因而获得的吸光度为 $A_{测}+A_{背}$。两者之差即为被测元素的净吸光度值。

$$\Delta A=(A_{测}+A_{背})-A_{背}=A_{测}=Kc$$

当然，这种方法必须是背景吸收对两条线的吸收能力一致或相近时才能成立。同时，为了使分析结果更为准确，最好用双道型的仪器对分析线和邻近线同时进行分析而加以校正。邻近线可以是被测元素的谱线，也可以是其他元素的谱线，但与分析线相差不应超过10nm，否则校正效果可能不理想。

(2) 氘灯背景校正法　这种方法是用一个连续光谱（氘灯）与锐线光源的谱线交替通过原子化器并进入检测器。当氘灯发生的连续光谱通过时，原子吸收减弱的光强相对于总入射强度来说可以忽略不计。这是因为连续光谱通过狭缝后所得到的带宽一般为十分之几到几个纳米，而通常被测元素吸收线的宽度约为千分之几纳米，所以被测元素所吸收的辐射强度与背景的宽吸收相比较远小于1%。可认为用氘灯的连续光谱所测得的吸光度是背景吸收值（$A_{背}$），而锐线光源通过原子化器时产生的吸收为背景吸收和被测元素吸收之和（$A_{测}+A_{背}$），两者的差值为：

$$\begin{aligned}\Delta A&=(A_{测}+A_{背})-A_{背}\\&=\lg\frac{I_{0阴}}{I_{t阴}}-\lg\frac{I_{0氘}}{I_{t氘}}\\&=\lg\frac{I_{0阴}}{I_{0氘}}-\lg\frac{I_{t阴}}{I_{t氘}}\end{aligned}$$

式中，$I_{0阴}$、$I_{0氘}$和 $I_{t阴}$、$I_{t氘}$分别为空心阴极灯和氘灯的入射光强和透射光强。调节灯的电流，使 $I_{0阴}=I_{0氘}$，则上式为

$$\Delta A=\lg\frac{I_{t阴}}{I_{t氘}}=A_{测}=Kc$$

目前，原子吸收分光光度计上一般都配有氘灯的自动扣除背景装置。工作时，检测器交替接收 $I_{t阴}$和 $I_{t氘}$并以其比值的对数作为测量信号。由于氘灯的光谱区域在 180～370nm，因而它仅适用于紫外光区的背景校正，对可见光区的背景校正可采用卤钨灯作为校正光源。

(3) 其他校正方法　原子吸收分光光度法中还有两种较为常用的背景校正方法，这就是塞曼效应法和自吸收效应法。前法的特点是能在190～900nm的波长范围内有效地扣除吸光度值高达1.7的背景吸收。这种校正方法是将一磁场加在光源或原子化器上进行调制，使共振发射或吸收线分裂成偏振方向不同而波长相近的三个成分：π、$\sigma^+$和 $\sigma^-$，其中π成分平行于磁场方向，波长不变可作分析线，$\sigma^{\pm}$成分垂直于磁场方向，波长分别向长波与短波方向移动作为校正吸收线进行背景校正。后一方法的特点是校正范围大（紫外、可

见光区)，校正能力强（能扣除背景吸收值达 2.0 以上），仪器结构简单，但这种方法将影响空心阴极灯的寿命，它是利用空心阴极灯在大电流时将产生自吸收效应，使灯的供电方式改为两种：一种是大电流的背景电流（几十毫安），这时测得的吸光度为背景吸收值，另一种是小电流的信号电流（几毫安），这时的吸光度值为背景吸收和被测元素吸收之和，若调节两种电流的入射光强度相等，则在两种电流下测得吸光度之差即与被测元素的含量成线性关系。

## 第五节　定量分析方法

原子吸收分光光度法的定量分析方法主要有标准曲线法、标准加入法、内标法等。这些定量分析方法都是以试样中待测元素的浓度（或含量）与吸光度之间呈线性函数关系为依据，由标准溶液的浓度换算出样品中待测元素的含量。

### 一、标准曲线法

这是最常用的分析方法。标准曲线法最重要的是绘制一条标准曲线。配制一组含有不同浓度被测元素的标准溶液，在与试样测定完全相同的条件下，依浓度由低到高的顺序测定吸光度，绘制吸光度 $A$ 对浓度 $c$ 的标准曲线。测定试样的吸光度，在标准曲线上求出被测元素的含量，如图 4－14 所示。

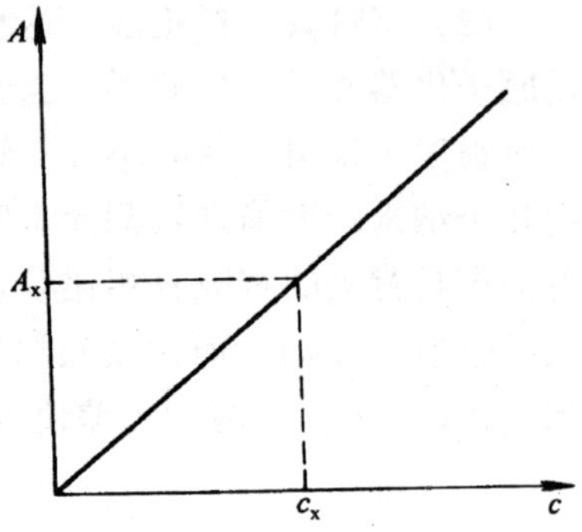

图 4－14　标准曲线法

当待测元素浓度较高时，会发生标准曲线弯曲的现象，一般是向浓度轴弯曲，这是由于待测元素含量较高时导致吸收线展宽和轮廓不对称引起的，此外，一些干扰因素也会导致标准曲线弯曲。

燃烧器流量和喷雾效率的变化，单色器波长的漂移等因素可导致样品测试条件与标准曲线测定条件不同，所以，在测定未知样品时，应随时对标准曲线进行检查和校正。

为了提高分析数据的重现性和准确性，要求标准溶液在基体组成、酸度及粘度等方面尽可能与试样溶液相近，必要时须加入一定的干扰抑制剂及基体改进剂，同时还应使试液的吸光度值落在标准曲线的线性范围内，以及吸光度值为 0.10～0.5 的范围内。

### 二、标准加入法

当试样中被测元素成分很少，基体组成复杂，难于配制与试样组成相似的标准溶液时，可采用标准加入法。

取两份等体积试样，分别置于容量瓶 A 和 B 中，在 B 瓶中加入一定量的标准溶液，分别稀释至一定体积。设 A 瓶中被测元素浓度为 $c_x$，则 B 瓶中浓度为 $c_x + c_0$，$c_0$ 为加入的元素浓度，在相同条件下测定其吸光度分别为 $A_x$ 和 $A_0$，得

$$A_x = Kc_x$$

$$A_0 = K\ (c_0 + c_x)$$

由上述两式可得：

$$c_x = \frac{A_x}{A_0 - A_x} c_0 \tag{4-11}$$

在实际工作中，常采用作图法（或直线外推法）。分别取几份相同量的被测试液，分别加入不同量被测元素的标准溶液，其中一份不加被测元素标准溶液，最后稀释至相同的体积，使加入的标准溶液浓度为 0、$1c_s$、$2c_s$、$3c_s$……，然后分别测定它们的吸光度值。以吸光度值对加入的标准溶液浓度绘制标准曲线，再将该曲线外推至与浓度轴相交，交点至坐标原点的距离即是被测元素经稀释后的浓度 $c_x$，见图 4－15。

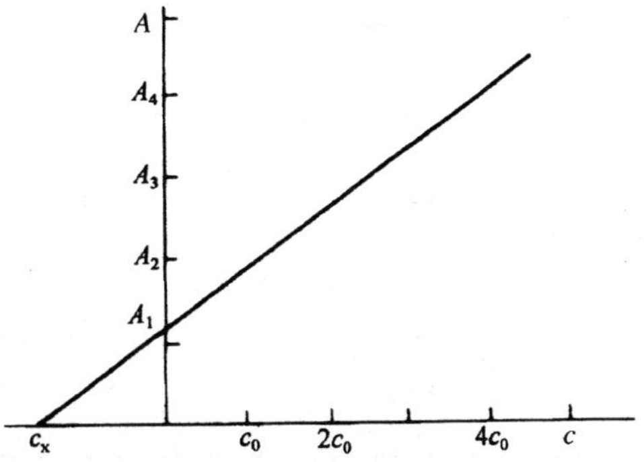

图 4－15　标准加入法

使用标准加入法时应注意以下几点：

(1) 待测元素的浓度与其对应的吸光度应呈线性关系，且标准曲线应通过原点；

(2) 为了得到较精确的外推结果，最少应采用 4 个点（包括试样溶液本身）来作外推曲线，并且第一份加入的标准溶液与试样溶液的浓度之比应适当，这可通过试喷试样溶液和标准溶液，比较两者的吸光度来判断。增量值的大小可这样选择：第一个加入量产生的吸收值约为试样原吸收值的一半。

(3) 本法能消除物理干扰带来的影响，但不能消除背景吸收的影响，这是因为相同的信号既加到试样测定值上，也加到增量后的试样测定值上，因此只有扣除了背景之后，才能得到待测元素的真实含量，否则将得到偏高结果。

(4) 对于斜率太小的曲线（灵敏度差），容易引进较大的误差。

## 三、内标法

在原子吸收分光光度法中，还常用内标法来消除雾化系统及火焰条件等因素波动而引起的误差，从而提高分析的精密度和准确度。其方法是在每个标准溶液和被测试样中分别加入已知量试样中不存在的内标元素，然后，同时测量被测元素吸收线和内标元素吸收线的吸光度，以它们的比值 $A/A_0$ 对被测元素浓度 $c$（或含量）绘制标准曲线，见图 4－16。试样溶液中被测元素浓度（或含量）可由标准曲线上查得。

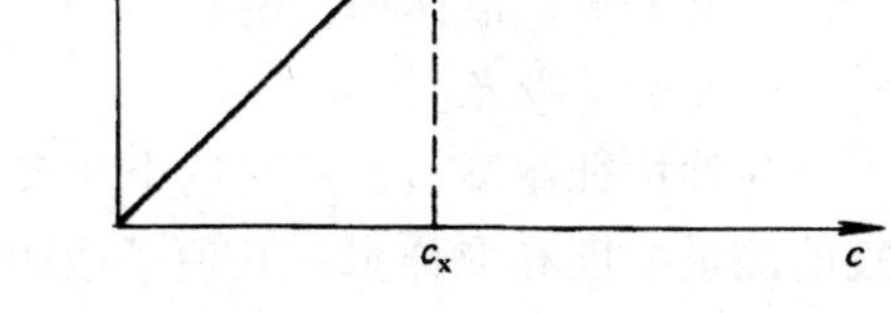

图 4－16　内标法

此法的根据是两种元素在同时分析时，上述误差因素均等地加在两个元素的吸光度上，用两者吸光度的比值可以从数学上消除这些误差因素。对内标元素的要求是内标元素在基体内和在测量过程中与待测元素有相似的物理、化学性质。但内标法需要使用双道型原子吸收分光光度计。表 4－3 是内标元素选择的若干实例。

表 4-3　内标元素选择实例

| 待测元素 | 内标元素 | 待测元素 | 内标元素 |
|---|---|---|---|
| Al | Cr | Mg | Cd |
| Au | Mn | Mn | Cd |
| Ca | Sr | Mo | Sn |
| Cd | Mn | Na | Li |
| Co | Cd | Ni | Cd |
| Cr | Mn | Pb | Zn |
| Cu | Cd、Zn、Mn | Si | V、Cr |
| Fe | Au、Mn | V | Cr |
| K | Li | Zn | Mn、Cd |

## 四、灵敏度、特征浓度和检出限

在原子吸收光谱分析中，根据 1975 年国际纯化学与应用化学协会（IUPAC）规定，将灵敏度 $S$ 定义为标准曲线的斜率，其表达式为

$$S=\frac{dA}{dc} \tag{4-12}$$

或

$$S=\frac{dA}{dm} \tag{4-13}$$

即当待测元素的浓度 $c$ 或质量 $m$ 改变一个单位时，吸光度 $A$ 的变化量。在原子吸收光谱分析中习惯用特征浓度来表示灵敏度，所谓特征浓度（$S'$）是指能产生 1% 吸收或 0.0044 吸光度值时溶液中待测元素的浓度或质量。在火焰原子吸收法中，其表达式为

$$S'=\frac{c\times 0.0044}{A} \tag{4-14}$$

在石墨炉原子吸收法中为

$$S'=\frac{cV\times 0.0044}{A} \tag{4-15}$$

式中：$c$——被测元素的浓度，μg/ml、g/ml；

$V$——试液体积，ml；

$A$——吸光度。

显然特征浓度（$S'$）值越小，表示分析的灵敏度越高。特征浓度还可以用来估算最适宜的测量浓度和取样量。在原子吸收光谱分析中，吸光度为 0.1～0.5 时测量准确度较高。此时，分析浓度一般为特征浓度的 25～120 倍。

例　某水样中 Fe 和 Ca 近似含量分别是 0.02 和 300mg/L，若用原子吸收分光光度法对它们进行准确定量，问在测定之前，水样是否需要浓缩或稀释？从资料上查得（或由实验测得）Fe 和 Ca 的灵敏度分别是 0.08 和 0.06μg/ml。

〔解〕由 Fe 的灵敏度可知，Fe 的最适宜测定浓度为其灵敏度的 25～120 倍，即（25～120）×0.08＝2～9.6μg/ml。与水样中 Fe 的浓度比较，水样应当浓缩，其浓缩倍数＝（2～9.6）/0.02＝100～480 倍。

同理，Ca 的最适宜测量浓度是（25～120）×0.06 = 1.5～7.2μg/ml。与水样中 Ca 的浓度比较，在测定前水样应当稀释，其稀释倍数 = 300/（1.5～7.2）= 200～41 倍。

检测限是原子吸收分光光度计中一个很重要的综合性指标，它既反映仪器质量和稳定性，也反映仪器对某元素在一定条件下的检测能力。

检测限（$D$）是表示在选定实验条件下，被测元素溶液能给出三倍于噪声电平时所对应的浓度

$$D = \frac{3\sigma \cdot c}{A} \qquad (4-16)$$

式中 $\sigma$ 是用空白溶液进行 10 次以上的吸光度测定所计算得到的标准偏差。

检测限越低，说明仪器的性能越好，对元素的检出能力越强。

## 第六节 应 用

原子吸收分光光度法的主要特点是测定的灵敏度高、干扰小、简便快速、易于普及。对生物试样中元素含量的测定有较强的适应性，如它对试样一般不需作很复杂的处理，有些试样只要用适当的稀释剂稀释后，就可直接在仪器上分析；另外，它对试样量也不要求很多，如分析血液中一些常见元素时，1ml 的量几乎就能解决问题；还有它可以分析多种生物试样，如体液、组织、毛发和指甲等。对体液中含量较高的 K、Na、Ca、Mg、Fe、Cu、Zn 等元素，可通过稀释直接用火焰法测定；在试样量较少，而元素的分析灵敏度较高时，如婴幼儿血清中 Cu、Zn 的测定，可用火焰脉冲雾化技术进行分析；对试样量少含量又低的元素，如 Ni、Cr、Cd 和 Co 等可用无火焰原子化法加以分析；对在火焰和石墨炉法分析时干扰均较大的元素，如 Se、As、Ge 等可用冷蒸气原子吸收分析技术进行分析。

例 1　血清中钙和镁的测定

对各种人体体液中钙和镁的测定，目前在常规临床检验中常用原子吸收分光光度法。在测定血清钙和镁时，可直接在空气－乙炔火焰中分析经 1∶20 到 1∶50 稀释过的样品。为抑制磷酸根的干扰，在试样和标准溶液中，均须添 1% 的 EDTA 溶液，0.5% 的镧溶液或 0.25% 的锶溶液。镧只能在血清稀释后再加，否则会使蛋白质凝固，而用 EDTA 溶液时则不存在这个问题。血清中蛋白质经高度稀释并有镧存在时，对测定无明显干扰，但如果使用去蛋白质的试样将可得到更好的重现性。

例 2　组织试样中 Cu、Fe、Zn 的测定

取一小块组织试样，用去离子水洗净后，烘干，放入坩埚中称重，置于马弗炉中逐渐升温至 400℃，热解 4h，取出，冷却后，用稀硝酸或稀盐酸溶解，再用去离子水稀至一定体积，随后就可用火焰原子吸收法直接测定。分析中，Cu 和 Fe 没有明显的干扰，但 Zn 由于其吸收线（213.9nm）接近远紫外区，故要有背景校正。这样获得的结果为组织干重的元素含量，如组织洗净后，用吸水纸吸干组织表面，再直接处理、分析，这时为组织湿重的分析结果，但其数据不如干重法有意义。也可用浓硝酸进行组织试样的处理，这样可避免处理过程中元素的损失。

## 思考与练习

1. 试比较原子吸收分光光度法与紫外可见分光光度法的异同点。

2. 原子吸收光谱是怎样产生的?

3. 原子吸收分光光度法有什么特点?

4. 原子吸收分析中为什么选择共振线作吸收线?

5. 请解释下列名词:

(1) 谱线半宽度　(2) 积分吸收　(3) 峰值吸收

(4) 锐线光源　(5) 光谱通带

6. 使谱线展宽的主要因素是什么? 对原子吸收测量有什么影响?

7. 简述空心阴极灯的工作原理及特点?

8. 原子吸收光谱分析对光源的基本要求是什么? 为什么要采用锐线光源?

9. 原子吸收分光光度计主要由哪几部分组成? 各部分的功能是什么?

10. 为什么原子吸收分光光度法常采用峰值吸收而不应用积分吸收?

11. 简述原子化器的类型及其特点。

12. 火焰有哪些类型? 它们的特点是什么?

13. 原子吸收分光光度法有几种干扰? 怎么产生的? 如何减小或消除这些干扰?

14. 石墨炉原子化法的工作原理是什么? 它有什么特点? 为什么它比火焰原子化法有更高的绝对灵敏度?

15. 原子吸收分析中,若采用火焰原子化法,火焰温度越高,是否测定灵敏度就越高?

16. 测定血浆中钾的含量,将三份 0.500ml 血浆样分别加至 5.00ml 水中,然后在三份溶液中加入 0.0μl、10.0μl、20.0μl、0.0500mol/LLi 标准溶液。在原子吸收分光光度计上测得读数依次为 0.230、0.453、0.680。计算此血浆中钾的含量。

(7.12mg/L)

17. 以 422.7nm 分析线测得钙的标准系列溶液的吸光度值如下表所示,取某食品样液(经过处理) 2ml 用纯水稀释 50 倍,在与测定标准系列溶液同样的条件下于原子吸收分光光度计上测得 Ca 的吸光度值为 0.213,求该食品样液中 Ca 的含量。

| Ca 的浓度, μg/ml | 0.0 | 0.2 | 0.4 | 0.6 | 0.8 | 1.0 |
|---|---|---|---|---|---|---|
| 吸光度 | 0.000 | 0.079 | 0.161 | 0.236 | 0.318 | 0.398 |

(26.8μg/ml)

18. 以原子吸收分光光度法分析尿试样中铜的含量,分析线 324.8nm。测得数据如下表所示,计算试样中铜的浓度。

| 加入 Cu 的浓度, μg/ml | 0 (试样) | 2.0 | 4.0 | 6.0 | 8.0 |
|---|---|---|---|---|---|
| 吸光度 | 0.280 | 0.440 | 0.600 | 0.757 | 0.912 |

(3.56μg/ml)

19. 用原子吸收分光光度法测定某元素 *M* 时,测得未知溶液的吸光度是 0.218。

取 1ml100mg/L的 $M$ 标准溶液加到 9ml 未知溶液中，测得其吸光度为0.418，求未知溶液中 $M$ 的含量。 (9.82mg/L)

（杨瑞芬　王建华）

# 第五章 电位分析法

## 第一节 概　　述

以测定电池两极间电位差（电动势）或电位差的变化来进行定量分析的电化学分析方法称电位分析法（potentiometry）。

电位法的理论依据是能斯特（Nernst）方程式。能斯特方程表示了电极电位 $\varphi$ 与溶液中对应离子活度之间存在的定量关系。例如对于氧化还原体系

$$\mathrm{Ox} + n\mathrm{e} \rightleftharpoons \mathrm{Red}$$

$$\varphi = \varphi^0_{\mathrm{Ox/Red}} + \frac{2.303RT}{nF}\lg\frac{a_{\mathrm{Ox}}}{a_{\mathrm{Red}}} \tag{5-1}$$

式中：$\varphi^0$——标准电极电位；

$R$——气体常数（8.314J/mol·K）；

$F$——法拉第常数（$9.648456\times10^4$C/mol）；

$T$——绝对温度；

$n$——电极反应中转移的电子数；

$a_{\mathrm{Ox}}$及 $a_{\mathrm{Red}}$——分别为氧化态 Ox 及还原态 Red 的活度。

因为活度 $a$ 和浓度 $c$ 之间有 $a=fc$（$f$ 是活度系数）的关系，对于很稀的溶液，$f\approx 1$，活度可近似用浓度代替

$$\varphi = \varphi^0_{\mathrm{Ox/Red}} + \frac{2.303RT}{nF}\lg\frac{[\mathrm{Ox}]}{[\mathrm{Red}]} \tag{5-2}$$

25℃时

$$\varphi = \varphi^0_{\mathrm{Ox/Red}} + \frac{0.5916}{n}\lg\frac{[\mathrm{Ox}]}{[\mathrm{Red}]}$$

根据以上公式，测定了电极电位 $\varphi$，就可以确定待测离子的活度，控制一定条件可以测定离子的浓度。

电位分析法分为直接电位法和电位滴定法。

直接电位法（direct potentiometric method）是根据原电池的电动势与有关离子活度（或浓度）之间的函数关系，直接测定待测离子活度（或浓度）的方法。例如用电位法测定溶液的 pH，以及用各类离子选择性电极测定溶液中相应离子的浓度。该方法的优点是，不使被测溶液的浓度发生明显变化，可连续自动分析，操作方便，但是测定的准确度易受温度、浓度变化的影响。

电位滴定法（potentiometric titration）同一般滴定分析基本原理一样，只是通过测定滴定过程中电池电动势的“突跃”代替指示剂的变色以确定终点。显然，对于有色、浑浊的溶液以及无合适指示剂的滴定分析，该方法均适用。由于滴定终点是用电信号来指示

的，故易于实现自动化分析。环境温度的变化以及样品浓度的变化对滴定过程影响甚微，因此，电位滴定法的精确度较直接电位法高得多。

# 第二节　基　本　原　理

在电位分析中，不论是用直接电位法还是用电位滴定法，首先必须构成一个工作电池才能测定电动势，进而由电池的电动势与待测离子活（浓）度之间的函数关系求出其含量。工作电池由指示电极、参比电极共同浸入试液中构成。指示电极（indicator electrode）即电极电位随待测离子活度（或浓度）的变化而变化，能指示待测离子活度（或浓度）的电极。参比电极（reference electrode）即在恒定温度下电极电位不随被测溶液中待测离子浓度（或活度）而变化，具有恒定电位值的电极。

## 一、参比电极

对参比电极的基本要求是：①电位值已知，电位稳定，可逆性好，在测量电动势过程中有不同方向的微弱电流通过时，电位能保持不变；②重现性好；③装置简单，使用方便，寿命长。

标准氢电极是国际上为测量其他电极的电极电位值而规定的基准参比电极。但实际上由于制造标准氢电极的过程较麻烦，而且又易与有害成分作用而失去灵敏性，故常规工作中很少应用。常用的参比电极有甘汞电极和 Ag－AgCl 电极。它们的电极电位值是以标准氢电极为参比电极测得的。

### （一）甘汞电极

甘汞电极（calomel electrode）是金属汞和 $Hg_2Cl_2$ 及 KCl 溶液组成的电极，其构造如图 5－1 所示。电极由两个玻璃套管组成。内玻璃管的上端封接一根铂丝，铂丝插入纯汞中（厚度约 0.5～1.0cm），下置一层甘汞（$Hg_2Cl_2$）和汞的糊状混合物，下端用一层多孔物质塞紧，外玻璃管中装入 KCl 溶液，电极下端与待测溶液接触部分是熔结陶瓷芯或玻璃砂芯等多孔物质或是一毛细管通道。甘汞电极的半电池组成是

Hg，$Hg_2Cl_2$（固）|KCl

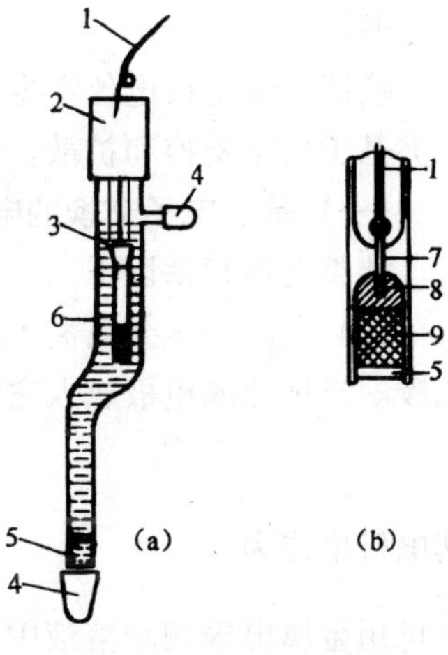


图 5－1　甘汞电极
a. 外型图；b. 内部结构
1. 导线；2. 绝缘体；3. 内部电极；4. 橡皮帽；5. 多孔物质；6. 饱和 KCl 溶液；7. 铂丝；8. 汞；9. 甘汞＋汞

电极反应为

$$Hg_2Cl_2 + 2e \rightleftharpoons 2Hg + 2Cl^-$$

它的电极电位（25℃）为

$$\begin{aligned}\varphi &= \varphi^0_{Hg_2Cl_2/Hg} + \frac{0.05916}{2}\lg\frac{1}{a^2_{Cl^-}} \\ &= \varphi^0_{Hg_2Cl_2/Hg} - 0.05916\lg a_{Cl^-} \qquad (5-3)\end{aligned}$$

式 5－3 表明，当温度一定时，甘汞电极的电极电位决定于氯离子的活度。氯离子活度一定时，其电极电位也一定。不同浓度的 KCl 溶液可使甘汞电极的电位具有不同的恒

定值。在25℃时，当KCl溶液的浓度（mol/L）分别为0.1、1.0及饱和时，甘汞电极的电极电位分别为+0.3365、+0.2828、+0.2438V。KCl溶液为1mol/L时，称为标准甘汞电极；KCl溶液为饱和溶液时，称为饱和甘汞电极（SCE）。

### （二）Ag/AgCl电极

银丝表面镀上一薄层氯化银，浸在一定浓度的氯化钾溶液中即构成银－氯化银电极。如图5－2所示，其半电池组成是：

$$Ag，AgCl（固）|KCl$$

电极反应是

$$Ag + Cl^- \rightleftharpoons AgCl + e$$

25℃时电极电位为

$$\varphi_{AgCl/Ag} = \varphi^0_{AgCl/Ag} - 0.05916\lg a_{Cl^-} \qquad (5-4)$$

25℃时，当KCl溶液的浓度（mol/L）分别为0.1、1.0及饱和时，相应的银－氯化银电极电位分别为+0.2880、+0.2223、+0.2000V。

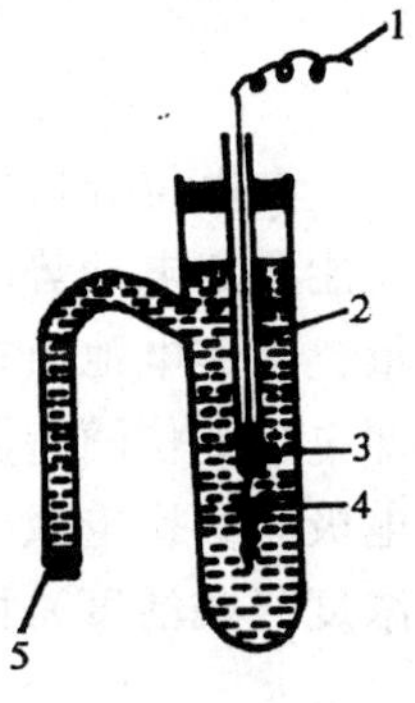


图5－2　银－氯化银电极

1. 导线；2. KCl溶液；3. 汞；4. 镀AgCl的Ag丝；5. 多孔物质

## 二、指示电极

指示电极应符合以下基本要求：①电极电位与有关离子的活（浓）度之间应符合Nernst方程式；②响应快，重现性好；③结构简单，使用方便。

按照指示电极电位产生的机理，指示电极的种类可分为两大类：一类基于电子交换，一类基于离子交换和扩散。

### （一）基于电子交换的电极

此类电极包括以下三种形式。

（1）金属与该金属离子溶液组成的电极　此种电极为一纯金属片或棒，如铜电极、锌电极。当把金属电极放入它的盐溶液中时会发生电极反应：

$$M^{n+} + ne \rightleftharpoons M$$

其电极电位为

$$\varphi = \varphi^0_{M^{n+}/M} + \frac{2.303RT}{nF}\lg a_{M^{n+}} \qquad (5-5)$$

故可用金属电极测定溶液中相同金属离子的活度或浓度。

（2）金属表面覆盖其难溶盐并插入难溶盐的阴离子溶液中而形成的电极　例如银丝表面镀一薄层AgCl，金属汞与甘汞形成的电极等。当把电极插入到其难溶盐的阴离子溶液中时，则可以测定溶液中阴离子的含量。

（3）零类电极（又称均相氧化还原电极）　它属于惰性金属材料电极，如铂和金，电极本身不参加电极反应，仅仅是作为溶液中氧化性物质和还原性物质得失电子的场所，用以测定存在于溶液中电对的氧化态和还原态活度的比值。例如，将铂电极插入到含$Fe^{2+}$和$Fe^{3+}$的溶液中，在电极表面发生如下电极反应：

$$Fe^{3+} + e \rightleftharpoons Fe^{2+}$$

电极电位为

$$\varphi = \varphi^0_{Fe^{3+}/Fe^{2+}} + \frac{2.303RT}{F}\lg\frac{a_{Fe^{3+}}}{a_{Fe^{2+}}} \qquad (5-6)$$

### (二) 基于离子交换和扩散的电极

这一类电极又称为膜电极或离子选择性电极（ion selective electrode, ISE），电极的主要部分是对待测离子有选择性响应的敏感薄膜，该薄膜可以是固体膜或液体膜。对不同离子有响应的膜电极，其膜的组成成分各不相同。电极电位是膜表面离子交换和扩散的结果，膜电位大小与被响应的离子活度的关系符合 Nernst 方程式。

近 20 年来，许多新型离子选择性电极不断出现。由于它具有设备简单，操作方便、快速，对某些离子的测定灵敏度较高，选择性好，以及试样用量少，不破坏试样，适用于连续自动分析等优点，因此发展极为迅速，应用范围不断扩大。

1. *离子选择性电极的分类*

各种离子选择性电极的构造随敏感膜不同而略有不同，根据 IUPAC 规定，将离子选择性电极分为以下几类：

- 离子选择性电极
  - 基本电极
    - 晶体膜电极
      - 均相膜电极
        - 单晶膜电极
        - 多晶膜电极
      - 非均相膜电极
    - 非晶体膜电极
      - 刚性基质电极
      - 流动载体电极
        - 带正电荷的载体电极
        - 带负电荷的载体电极
        - 中性载体电极
  - 敏化电极
    - 气敏电极
    - 酶电极

2. *玻璃电极*

玻璃电极的敏感膜是由玻璃材料制成的，属刚性基质电极。常见的玻璃电极结构如图 5-3 所示。在玻璃管的一端是特殊玻璃制成的球形薄膜，膜厚度为 0.05～0.1mm，这是电极的关键部分。管内装有一定 pH 的内参比溶液，通常为 0.1mol/LHCl，在溶液中插入一支 Ag-AgCl 内参比电极，即构成玻璃电极。因为玻璃电极的内阻很高（≈100MΩ），故导线及电极引出线都要高度绝缘，并装有屏蔽隔离罩，以免漏电和静电干扰。

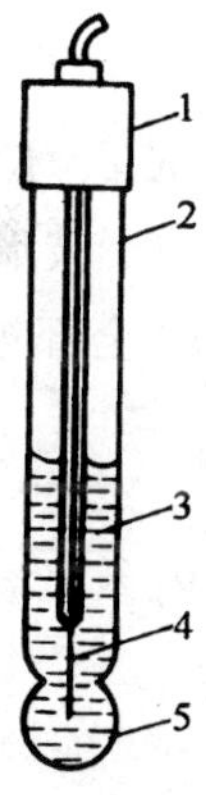


图 5-3

pH 玻璃电极

1. 绝缘套；
2. 高阻玻璃；
3. 内充溶液；
4. 内参比电极；
5. pH 敏感玻璃膜

玻璃电极之所以能指示 $H^+$ 浓度的大小，是因为 $H^+$ 在膜上进行交换和扩散的结果。玻璃电极在使用前必须在水中浸泡一定时间，由于玻璃膜的结构中存在着体积较小且活动能力很强的 $Na^+$，当电极放入水中时，玻璃膜外表面的 $Na^+$ 与水中 $H^+$ 发生如下的交换反应：

$$\underset{(液)}{H^+} + \underset{(玻璃)}{Na^+GI^-} \rightleftharpoons \underset{(液)}{Na^+} + \underset{(玻璃)}{H^+GI^-}$$

在玻璃膜表面形成一层很薄（$10^{-5}$～$10^{-4}$mm）的水合硅胶层。交换达到平衡后，玻璃表面几乎全由硅酸（$H^+GI^-$）组成，从表面到胶层内部，$H^+$ 的数目逐渐减少，$Na^+$ 的数目逐渐增多。玻璃膜内表面也已发生上述过程而形成同样的水合硅胶层，图 5-4 为浸泡后的玻璃膜示意图。当浸泡好的玻璃电极浸入待测溶液时，水合硅胶层与溶液接触，由于胶层表面和溶液的 $H^+$ 活度不同，$H^+$ 便从活度大的一方向活度小的一方迁移，并建立平衡

$$H^+_{胶层} \rightleftharpoons H^+_{溶液}$$

因而在胶－液两相界面形成了双电层，产生一定的相界电位 $\varphi_{外}$。同样在玻璃膜内表面的胶－液两相界面间也存在相界电位 $\varphi_{内}$。由于膜内外溶液中 $H^+$ 活度不同，与硅胶层间发生的离子扩散不同，于是跨越玻璃膜内外的电位差（称膜电位 $\varphi_{膜}$）为

$$\varphi_{膜} = \varphi_{外} - \varphi_{内} \tag{5-7}$$

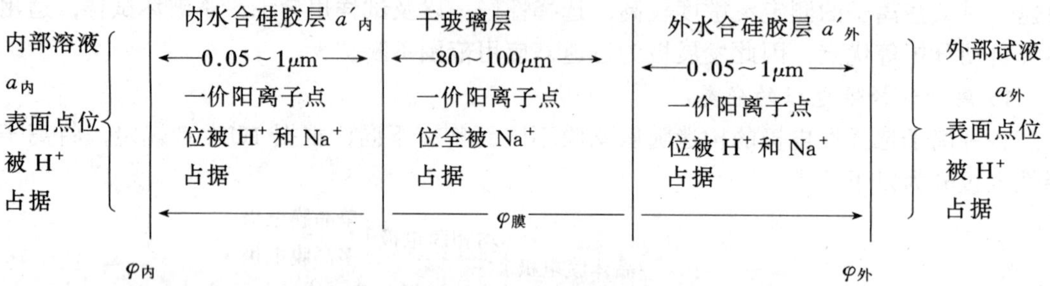


图 5－4　浸泡后的玻璃膜示意图

$\varphi_{外}$ 由外部溶液中的氢离子活度 $a_{外}$ 和水合硅胶层表面的氢离子活度 $a'_{外}$ 所决定。同样 $\varphi_{内}$ 由内部缓冲液中的氢离子活度 $a_{内}$ 和水合硅胶层表面的氢离子活度 $a'_{内}$ 所决定。由热力学可以证明，得

$$\varphi_{外} = K_{外} + \frac{2.303RT}{F}\lg\frac{a_{外}}{a'_{外}} \tag{5-8}$$

$$\varphi_{内} = K_{内} + \frac{2.303RT}{F}\lg\frac{a_{内}}{a'_{内}} \tag{5-9}$$

式中 $K_{外}$、$K_{内}$ 分别为玻璃外、内膜表面性质决定的常数。

由于玻璃外、内膜表面性质基本相同，故可认为 $K_{外} = K_{内}$，又因为水合硅胶层表面的 $Na^+$ 全部被 $H^+$ 所代替，故 $a'_{内} = a'_{外}$，因此

$$\varphi_{膜} = \varphi_{外} - \varphi_{内} = \frac{2.303RT}{F}\lg\frac{a_{外}}{a_{内}} \tag{5-10}$$

由于内参比溶液的离子活度为一定值，故上式可写为

$$\varphi_{膜} = K + \frac{2.303RT}{F}\lg a_{外} = K - \frac{2.303RT}{F}\text{pH} \tag{5-11}$$

式 5－11 说明，在一定温度下，玻璃电极的膜电位 $\varphi_{膜}$ 与试液的 pH 成线性关系，截距 $K$ 值由每支玻璃电极本身的性质所决定。玻璃电极内有 Ag－AgCl 内参比电极，因此，整个玻璃电极的电极电位为

$$\varphi_{玻} = \varphi_{AgCl/Ag} + \varphi_{膜}$$

$$= \varphi_{AgCl/Ag} + K - \frac{2.303RT}{F}\text{pH}$$

式中 $\varphi_{AgCl/Ag}$ 为常数，与 $K$ 合并为 $K_{玻}$，$K_{玻}$ 决定于电极本身性能。

$$\varphi_{玻} = K_{玻} - \frac{2.303RT}{F}\text{pH} \tag{5-12}$$

由式 5－12 可知，只要测出 $\varphi_{玻}$，便可求出 pH，这就是玻璃电极测定溶液 pH 的理论

依据。

当溶液中的 pH 变化一个单位时，玻璃电极的电极电位变化称为电极斜率，用 $S$ 表示。由式 5－12 可知，$S$ 的理论值为 $2.303RT/F$，叫做 Nernst 斜率，25℃ 时为 59.16mV/pH。

$$S=\frac{\Delta\varphi_{玻}}{\Delta pH} \tag{5-13}$$

实际上，玻璃电极的实际斜率常小于理论值。玻璃电极经长期使用会“老化”，当电极斜率（25℃）低于 52mV/pH 时，就不宜再使用。

由式 5－10 可以看出，当 $a_{内}=a_{外}$，即膜两侧溶液中氢离子活度相等时，膜电位应该等于零，但实际上膜两侧仍有一个小的电位差，这种电位差称为不对称电位 $\varphi_{不对称}$。它是由于制造工艺等原因，玻璃膜内外两个表面的性能不完全一致造成的。玻璃电极经浸泡一定时间后，不对称电位可以达到最小，且为一定值（约 1～30mV），因此可以合并到式 5－11 的 $K$ 值中。

玻璃电极测定溶液 pH 时，膜内无电子转移，故不受溶液中氧化剂和还原剂的影响。它对 $H^+$ 敏感，达到平衡很快，不易与杂质作用而中毒，不沾污溶液，对有色、浑浊和胶体溶液均可用。缺点是本身内阻大，可达数百兆欧，必须辅以电子放大装置才能进行测定。此外，电阻随温度变化，一般只能在 5～60℃ 应用，温度太低时，内阻增大，温度过高时，不利于离子交换。

在测定溶液的 pH 时，用玻璃电极作指示电极，饱和甘汞电极为参比电极，浸入试液中组成工作电池。此电池可以表示如下：

Ag，AgCl｜内充溶液｜玻璃｜试液｜KCl（饱和）｜$Hg_2Cl_2$，Hg

|←——玻璃电极——→|　|←——甘汞电极——→|

上述电池的电动势为

$$E=\varphi_{甘}-\varphi_{玻}$$

$$=\varphi_{甘}-K_{玻}+\frac{2.303RT}{F}pH$$

式中，$\varphi_{甘}$ 和 $K_{玻}$ 在一定条件下均为常数，令其等于 $K'$，于是上式可表示为

$$E=K'+\frac{2.303RT}{F}pH \tag{5-14}$$

25℃时，

$$E=K'+0.05916pH$$

式 5－14 中 $K'$ 在一定条件下为常数，故 $E$ 与 pH 呈直线关系。只要测得电池的电动势，就能求出试液的 pH，但这种线性关系只在一定范围内成立，在较强的酸、碱溶液中会偏离线性而产生 pH 测定误差。在酸度过高时（pH＜1），测得 pH 偏高，这种误差称为酸差，产生的原因尚不清楚。在碱度过高的溶液中（pH＞9），由于 $H^+$ 浓度太小，使其他阳离子（特别是 $Na^+$ 等碱金属离子）在溶液和界面间进行交换而使测得 pH 偏低，这种误差称为碱差或钠差，如图 5－5 所示。改变玻璃成分可以显著减小这种误差，例如将玻璃中的大部分 $Na_2O$ 用 $Li_2O$ 来取代，由于这种玻璃结构中硅氧网络中的空间较小，钠离子的半径较大，不易与氢离子进行交换，因而避免了钠离子的干扰，则“钠差”将大大降低，这种电极称为高 pH 电极，但这种电极的机械强度较差。

人们在改变玻璃成分的实践中，当把 $Al_2O_3$ 引入玻璃组成后，发现薄膜对不同的离子就会产生选择性响应。例如，增加 $Al_2O_3$ 的含量，薄膜对 $Na^+$ 就会变得敏感了。进一步对 $Na_2O-Al_2O_3-SiO_2$ 玻璃膜进行系统研究发现，改变三种组分的相对含量会使玻璃膜的选择性表现出很大的差异，产生了对 $K^+$、$Li^+$、$Ag^+$ 等离子敏感的玻璃膜电极。这类电极中，钠离子电极比较成熟，如市售的 6801 型 pNa 电极。但是，不论哪一种玻璃电极，都对 $H^+$ 敏感，所以，在使用这些电极时，应注意 $H^+$ 的干扰，一般都将 pH 调到 7～10 范围内。

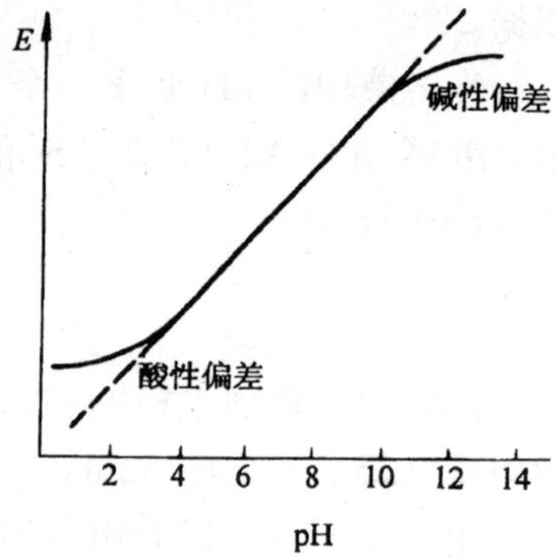

图 5－5　玻璃电极的偏差

3. 晶体膜电极

这类电极的薄膜一般都是由难溶盐经过加压或拉制成单晶、多晶或混晶的敏感膜。用来制成电极膜的活性物质应该具备如下条件：室温下具有离子导电性；在溶液中呈化学惰性，且溶解度很低；机械强度较大；对构成晶体的金属离子或难溶盐的阴离子有 Nernst 响应。由于制备敏感膜的方法不同，晶体膜又分为均相膜和非均相膜。

电极的响应机制是，由于晶格缺陷（空穴）引起离子的传导作用。接近空穴的可移动离子在空穴中移动，进行电荷的传输。一定的电极膜，按其空穴大小、形状、电荷分布，只能容纳一定的可移动离子，而其他离子则不能进入，这样，就限制了除待测离子外的其他离子的移动而显示了晶体膜电极的选择性。

(1) 均相膜电极　均相膜电极的敏感膜是由一种或几种晶体均匀混合构成。均相膜电极包括单晶膜电极和多晶膜电极。

单晶膜电极的敏感膜由难溶盐的单晶片制成，最典型的就是氟离子选择性电极。将直径为 1cm 左右，厚度为 1～2mm 的氟化镧（$LaF_3$）单晶膜（添加有微量的氟化铕 $EuF_2$ 以增加导电性)，用环氧树脂粘封在塑料管一端，管内装有 0.1mol/LNaF－NaCl 溶液，用 Ag－AgCl 作内参比电极，即成氟离子选择性电极（图 5－6)。氟化镧单晶膜中，可移动的离子是氟离子（即由氟离子传递电荷)，所以膜电位反映了试液中氟离子活度，膜电位为

$$\varphi_{膜} = K - \frac{2.303RT}{F}\lg a_{F^-} \tag{5-15}$$

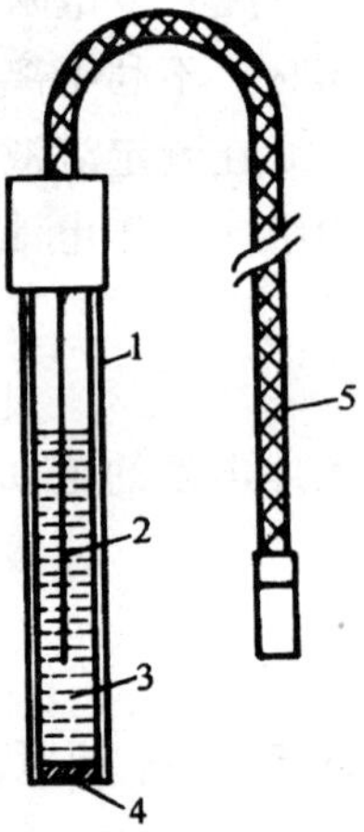

图 5－6　氟离子选择性电极

1. 塑料管或玻璃管；2. 内参比电极；3. 内参比溶液（NaF－NaCl)；4. 氟化镧单晶膜；5. 导线

一般在 $F^-$ 浓度为 $10^{-1}$～$10^{-6}$mol/L 的范围内，其电极电位符合 Nernst 方程，即 pF 为 1～6 之间，检出下限为 $10^{-7}$mol/L。由于 $LaF_3$ 晶体有一定的溶解度，浓度更低时，电极就不起作用了。

氟离子选择性电极有较高的选择性，主要干扰物质是 $OH^-$。在一定的碱性溶液中，电极膜表面可发生如下反应：

$$LaF_3 + 3OH^- \rightleftharpoons La(OH)_3\downarrow + 3F^-$$

从而改变电极膜的性质。另外，反应产物氟离子本身会造成正干扰。在酸性较高的溶液中，由于形成 $HF_2^-$ 而降低氟离子活度。因此测定时需要控制 pH，通常控制在 5～6 之间。

另外，这类电极结构简单，机械强度较高，重现性好，但制造单晶比较困难，故受到一定限制。

多晶膜电极的电极膜是由难溶盐的粉末压制而成的，其粉末可以是一种晶体，也可以是几种晶体的混合物。用以测定 $Ag^+$ 和 $S^{2-}$ 的硫化银电极就属此类电极。硫化银电极是用沉淀法得到 $Ag_2S$ 的沉淀，加以 12t/cm² 的压强压成薄片，将薄片装在电极管一端，并装入内参比溶液和内参比电极构成。目前以硫化银为基质的商品电极多不使用内部溶液，而采用环氧树脂填充的全固态型的结构，以金属银丝与硫化银膜片直接接触。这种电极可以在任意方向倒置使用，且消除了压力和温度对含有内部溶液的电极所加的限制。该电极的晶体膜中可移动的是 $Ag^+$，所以电极对 $Ag^+$ 敏感，其电位符合 Nernst 方程

$$\varphi = K + \frac{2.303RT}{F}\lg a_{Ag^+} \tag{5-16}$$

但是，这种电极更主要是作为硫离子电极而用的。当电极插入含 $S^{2-}$ 的溶液中时，即使其中不含 $Ag^+$，由于 $Ag_2S$ 膜的溶解作用也能产生微量的 $Ag^+$，它在溶液中的浓度决定于其中 $S^{2-}$ 的浓度，并符合溶度积关系式

$$K_{SP(Ag_2S)} = [Ag^+]^2[S^{2-}] \tag{5-17}$$

将式 5－17 代入式 5－16 得

$$\varphi = K' - \frac{2.303RT}{2F}\lg a_{S^{2-}} \tag{5-18}$$

式中 $K'$ 为一新常数。该电极对 $S^{2-}$ 的响应也符合 Nernst 方程，但是 $S^{2-}$ 的浓度改变时，因 $n=2$，所以电极的变化仅有作为银电极用时的一半。

除上述硫化银电极外，常用的还有卤化银电极。卤化银电极是用 AgCl、AgBr、AgI 沉淀分散在硫化银骨架中压制而成，如把 1∶1 配比的 $Ag_2S$－AgCl 均匀沉淀压成薄片，就可制成氯离子电极。这种电极可用于测定 $5\times10^{-5}\sim1\times10^{-1}$mol/L 的 $Cl^-$ 溶液，$S^{2-}$、$CN^-$、$I^-$、$Br^-$ 等对测定有干扰。在卤化银中渗入硫化银可以增加卤化银的导电性和机械强度，减少对光的敏感性。$Ag_2S$ 是惰性的化合物，不会引起副反应。

硫化银也能作为骨架材料与一些金属硫化物混匀压片制成对重金属离子有响应的敏感膜，如 CuS－$Ag_2S$、CdS－$Ag_2S$、PbS－$Ag_2S$ 等粉末压制成 $Cu^{2+}$、$Cd^{2+}$、$Pb^{2+}$ 离子电极等。它们的响应也是由银离子通过溶度积平衡来实现的。这类电极导电性好，选择性高，线性范围宽，但机械强度较差。

（2）非均相膜电极　电极膜由难溶盐粉末均匀分布在硅橡胶、石蜡、聚乙烯等惰性粘合材料的基质中而制成。例如，将 AgI 粉末与等量的硅橡胶混匀聚合制得 $I^-$ 离子选择性电极；CuS－$Ag_2S$ 掺入到聚乙烯中制得 $Cu^{2+}$ 离子选择性电极。目前已制成这类电极有 $X^-$、$OH^-$、$S^{2-}$、$SO_4^{2-}$、$PO_4^{3-}$、$Ca^{2+}$、$Cu^{2+}$、$Pb^{2+}$ 等离子选择性电极。这类电极机械强度好，应用广，但内阻较高，响应较慢，且不宜在有机溶剂中使用。

4．流动载体电极

流动载体电极又称液膜电极，属于非晶体膜电极。电极的敏感膜是用浸有液体离子交

换剂的惰性多孔薄膜制成的，即将被测离子盐类、螯合物等溶在与水不混溶的有机溶剂中，再使这种有机溶液渗入到惰性多孔物质中而制成。膜中的活性物质为液态，可在膜相中流动。如果载体带有电荷，称为带电荷的流动载体电极；如果载体不带电荷，则称为中性载体电极。钙离子电极是这类电极的代表，属带负电荷的流动载体电极。流动载体电极的基本构造如图 5－7 所示。

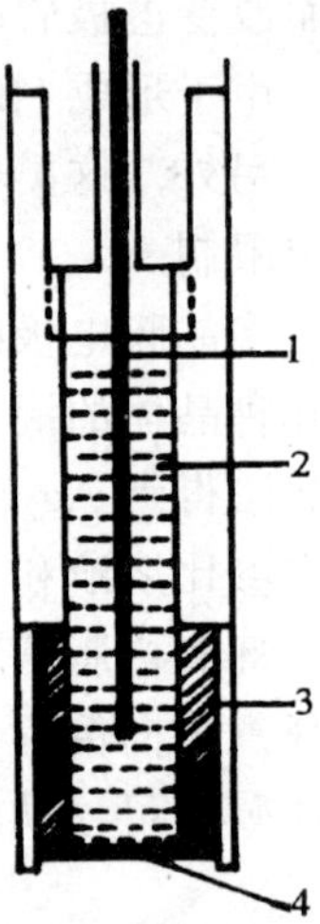


图 5－7　流动载体电极的基本构造
1. 内参比电极；
2. 内参比溶液；
3. 活性物质溶液；
4. 惰性微孔膜

钙离子电极内装有两种溶液，一种是内参比溶液（0.1mol/L$CaCl_2$ 溶液），其中插入内参比电极（Ag－AgCl 电极）；另一种则是液体离子交换剂，是一种憎水的非水溶液，钙离子电极即用二癸基磷酸根作载体，与钙离子形成二癸基磷酸钙，溶于癸醇（或苯基磷酸二辛酯），形成离子缔合型的液态活性物质。底部用多孔性膜材料（如纤维素渗析管、垂熔玻璃、高分子材料等）与未知试液隔开。这种多孔性膜是经疏水处理的，是疏水性的膜，仅支持离子交换剂液体形成一层薄膜。液态活性物质和内参比溶液均与敏感膜相接触。

当把电极插入待测离子溶液中时，在薄膜两面的界面发生如下的离子交换反应而产生膜电位：

$$\underset{\text{有机相}}{RCa} \rightleftharpoons \underset{\text{有机相}}{R^{2-}} + \underset{\text{水相}}{Ca^{2+}}$$

其电位为

$$\varphi_{膜} = K + \frac{2.303RT}{2F}\lg a_{Ca^{2+}} \tag{5－19}$$

对带电荷的流动载体电极来说，载体与响应离子生成的缔合物越稳定，响应离子在有机溶剂中的淌度越大，选择性就越好。活性物质在有机相和水相中的分配比越大，则电极的灵敏度越高。

除最早用于制作钙电极的烷基磷酸盐外，带负电荷的载体还有羧基硫醚 $R-S-CH_2COO^-$、四苯硼酸盐 $(C_6H_5)_4B^-$ 等，前者能用于制造铜、铅电极，后者则与许多有机阳离子缔合，广泛用于制作药物电极。

对阴离子响应的液态膜，应采用带正电荷的载体，如季铵盐的大阳离子、邻二氮杂菲与过渡金属的配位阳离子（如 $FeL_3^{2+}$、$NiL_3^{2+}$，L 表示邻二氮杂菲）、碱性染料类阳离子（如次甲基蓝、结晶紫等）。这类带正电荷的载体能与许多无机阴离子（如 $Cl^-$、$NO_3^-$、$ClO_4^-$ 等）和有机阴离子（如苯甲酸、十六烷基苯磺酸、糖精等）缔合，也能与配位阴离子（如 $BF_4^-$、$TaF_4^-$、$Zn(SCN)_4^{2-}$、$AuCl_4^{2-}$ 等）缔合，用于制作相应的电极。

流动载体膜也可以制成外观类似固态的“固化”膜，此时将活性物质溶入有机溶剂（同时起增塑剂的作用）后，再一起溶于聚乙烯（PVC）的四氢呋喃溶液，然后倾注到底部垫玻璃板的玻璃杯中，待四氢呋喃挥发后，即得以 PVC 为支持体的薄膜，把薄膜切割成圆片，粘结在有机玻璃电极管的一端，配上内参比电极，便制成所需电极。这种电极叫 PVC 膜电极。

带电荷的流动载体膜电极的主要特点是内阻较低，如 PVC 膜电极的内阻可低于 2MΩ，响应较快。但液态膜容易沾污及流失，PVC 膜则易老化，因此寿命低于固体膜电极。

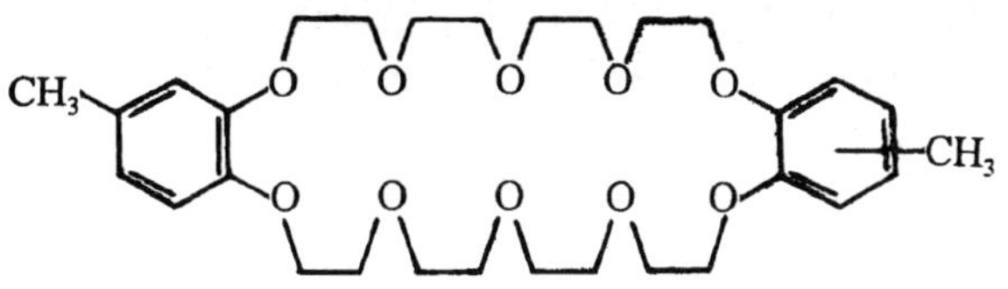

二甲基二苯并 30–冠醚–10

中性载体电极与带电荷的流动载体电极在形式和构造上完全相同，只是在中性载体膜中，载体是不带电荷的中性有机分子，具有未成对的电子，能与响应离子配合成为配合阳离子而带电荷。可作为敏感膜活性物质的中性载体，有抗生素、冠醚化合物和开链酰胺等几类，如冠醚类化合物具有环氧排列的结构，与水有相似的环境，因而能取代阳离子周围的水合层，使阳离子进入环状空穴。但环的外部是非极性的，因此载体本身仍易溶于有机溶剂中。当溶有中性载体的介质与溶液接触时，阳离子穿过绝缘介质，与中性载体生成带电荷的能够移动的配合阳离子，从而使介质有导电性，并在两相界面附近产生双电层，从而产生膜电位。

中性载体对进入环氧空穴的阳离子是具有选择性的，且生成的配合阳离子越稳定，电极的选择性就越好，响应离子被配合萃取的分配系数越大，则电极的灵敏度也越高。

中性载体膜电极主要对碱金属和碱土金属离子响应。常见的中性载体膜电极有 $K^+$、$Na^+$、$Li^+$、$NH_4^+$、$Ba^{2+}$ 等。这类电极的内阻较带电荷的流动载体膜为高，约为 2～10MΩ。

5. 气敏电极

气敏电极是一种气体传感器，能用于测定溶液中气体的含量。它是由基本电极、参比电极、中间电解质中介溶液和透气膜组成的复合电极，构造见图 5－8。透气膜由醋酸纤维、聚四氟乙烯、聚偏氟乙烯等材料制成，具有疏水性，将试液和电极中介液隔开，只允许试液中产生电极响应的气体扩散透过，而不允许溶液中的离子通过。如氨气敏电极，基本电极为 pH 玻璃电极，参比电极为 Ag－AgCl 电极，中间电解质溶液为 0.1mol/L$NH_4Cl$ 溶液。当氨气敏电极放入待测液中，氨气通过透气膜扩散，直到膜内外两边氨气体分压相等为止。扩散到膜内的氨气溶解在内充中介溶液中，存在以下平衡：

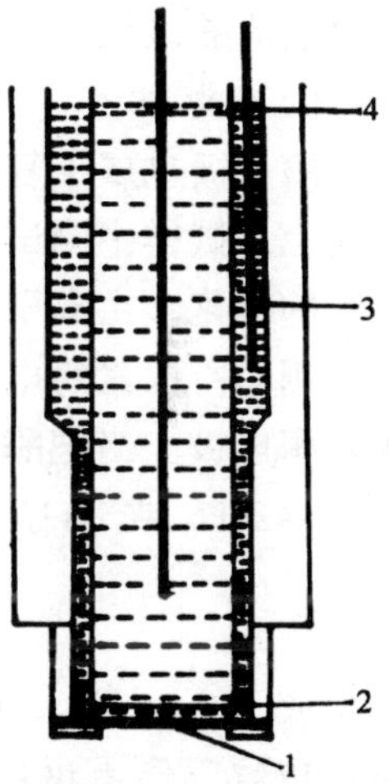


图 5－8 气敏电极

1. 透气膜；2. 中介溶液；3. 参比电极；4. 基本电极

$$NH_3 + H_2O \rightleftharpoons NH_4^+ + OH^-$$

其平衡常数为

$$K = \frac{[NH_4^+][OH^-]}{[NH_3]}$$

由于内充溶液中有大量的 $NH_4^+$，可以认为 $[NH_4^+]$ 是不变的，因此

$$[OH^-] = [NH_3] K$$

将水的离子积 $K_w = [H^+][OH^-]$ 代入上式并整理得

$$[H^+] = \frac{K_w}{[NH_3] K}$$

故玻璃电极的电极电位为

$$\varphi_{玻} = K_{玻} + \frac{2.303RT}{F}\lg [H^+]$$

$$= K_{玻} + \frac{2.303RT}{F}\lg \frac{K_w}{[NH_3] K}$$

$$= K' - \frac{2.303RT}{F}\lg [NH_3] \quad (5-20)$$

测量时，将气敏电极浸入试液，控制试液的酸碱性使待测气体扩散通过透气膜，在中介溶液中插入参比电极，与气敏电极组成电池。

采用不同的中介液和指示电极可以制成对不同气体有响应的气敏电极，如 pH 玻璃电极和碳酸氢钠中介液可以组成测 $CO_2$ 的气敏电极，$F^-$ 离子选择电极和含 1mol/L 的 $H^+$ 离子溶液构成 HF 电极等，此外，还有 $SO_2$、$NO_2$、HCN、HAc、$Cl_2$ 气敏电极。

气敏电极还可以用于测定试液中的相关离子，如 $NH_4^+$、$CO_3^{2-}$ 等，此时，借助于改变溶液的酸碱性，使它们以 $NH_3$、$CO_2$ 的形式逸出，然后进行测定。

6. 酶电极

酶电极也属于复合膜电极。它是将一种或几种选定的酶膜覆盖在选定的离子选择性电极膜上，试样中测试底物向酶膜方向扩散，并与酶层接触发生反应，引起底物或反应产物浓度的变化，由离子选择性电极所响应，从而间接测定待测物含量。

例如，尿素酶电极是将尿素酶固定在凝胶内，然后涂布在氨气敏电极薄膜表面，即成尿素酶电极。当把酶电极插入到含有尿素的溶液中时，尿素扩散进入凝胶层，经尿素酶水解产生 $NH_3$ 或 $NH_4^+$：

$$CO(NH_2)_2 + H_2O \xrightarrow{尿素酶} 2NH_3 + CO_2$$

或

$$CO(NH_2)_2 + H_3O^+ + H_2O \xrightarrow{尿素酶} 2NH_4^+ + HCO_3^-$$

通过用氨气敏电极检测生成的 $NH_3$ 或用中性载体氨电极测 $NH_4^+$ 离子，从而测知尿素含量。

除此之外，还有用葡萄糖氧化酶、胆固醇氧化酶、谷氨酸脱氢酶、赖氨酸脱氢酶等制成的酶电极，可分别用于测定血液或其他体液中的葡萄糖、胆固醇、L－谷氨酸、L－赖氨酸等。

由于酶的催化作用具有很好的特异性，故酶电极的选择性好。但酶电极制作困难、寿命较短，一般根据需要可自行制备。

**（三）离子选择性电极的性能**

一个离子选择性电极性能好坏，可以从下面几个方面衡量。

1. 电极斜率与转换系数

离子选择性电极的电极电位与待测离子的活度（或浓度）在一定范围内符合 Nernst

方程式，$\varphi-\lg a$ 为直线关系。由 Nernst 方程式知，直线的理论斜率为 $S=2.303RT/nF$，在 25℃ 时，一价离子为 59.16mV，二价离子为 29.58mV 等。对一支离子选择性电极来说，通常实际测得斜率小于理论值，即存在一定偏差，这种偏差常用转换系数 $K_{tr}$ 表示：

$$K_{tr}=\frac{\varphi_1-\varphi_2}{\frac{2.303RT}{nF}\lg\frac{a_1}{a_2}}\times 100\% \tag{5-21}$$

式中，$\varphi_1$、$\varphi_2$ 分别为在活度为 $a_1$、$a_2$ 时测得的电位值。转换系数 $K_{tr}$ 越接近 100%，电极的性能越好，$K_{tr}$ 是鉴定产品质量的指标之一。

2. 电极的选择性

理想的离子选择性电极只对一种特定离子产生响应。实际上待测溶液中共存的其他离子也能在电极上产生不同程度的响应，因而产生干扰。电极的选择性是指电极对待测离子和共存的干扰离子响应程度的差异。按 IUPAC 建议，用选择系数 $K_{A,B}$ 衡量干扰离子 B 对待测离子 A 的干扰程度。在有 $B_1$、$B_2$……等干扰离子存在时，应采用修正的 Nernst 方程式计算 A 离子响应的电极电位：

$$\varphi = K \pm \frac{2.303RT}{n_A F}\lg(a_A + \sum_i K_{A,B_i} a_{B_i}^{n_A/n_{B_i}}) \tag{5-22}$$

式中 $a_A$、$a_{B_i}$ 分别为 A、$B_i$ 离子的活度，$n_A$、$n_{B_i}$ 分别为 A、$B_i$ 离子的电荷数，式中第二项对阳离子取正号，对阴离子取负号。$K_{A,B}$ 越小，则电极对待测离子的选择性越好。

选择性系数是一个实验数据，随溶液中离子活度和测量方法的不同而不同。它只能用以估量电极对不同离子响应的相对程度，而不能用来校正其他离子所引起的干扰。例如，一支 pH 玻璃电极对 $Na^+$ 离子的选择性系数 $K_{H^+,Na^+}=1\times10^{-3}$，这说明此玻璃电极对 $H^+$ 离子的响应比对 $Na^+$ 离子的响应灵敏 1000 倍。一般对于较好的离子选择性电极，$K_{A,B}$ 值应小于 $5\times10^{-3}$。

3. 检测下限

检测下限是表明离子选择性电极能够检测待测离子的最低浓度，又称为检测限。它的大小决定于构成电极膜的材料，主要受电极膜材料在水中溶解度的影响，溶解度越小，检测限就越低。检测下限不可能低于膜中活性物质本身溶解所产生的离子活度。例如 AgI 膜电极，根据溶度积计算，测定 $I^-$ 离子的理论下限为 $10^{-8}$mol/L，但实际上很少能测定低于 $10^{-7}$mol/L。

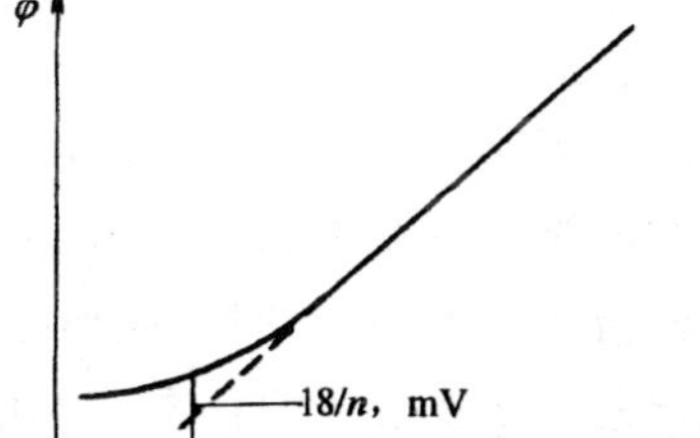

图 5-9 电极检测下限示意图

按 IUPAC 规定，一个离子选择性电极在 $\varphi-\lg a$ 校正曲线中偏离线性 18/$n$（25℃）毫伏处的活度为检测下限。例如图 5-9 中的 $a_A$ 为检测下限。

4. 有效 pH 范围

离子选择性电极都具有一定的 pH 适用范围，主要取决于电极的活性物质，也与待测离子的化学性质有关。如 pH 过低会使难溶盐固态膜溶解；pH 过高又会在电极表面形成氢氧化物层，都会偏离 $\varphi-\lg a$ 直线关系而引起误差。所以一般电极只适于在微酸或微碱溶液中使用。

5. 响应时间

所谓响应时间是指电极浸入试液后到电位达到稳定所需要的时间。响应时间越短越好，它与以下几个因素有关：

(1) 与待测离子到达电极表面的速率有关 搅拌可缩短响应时间。

(2) 与待测离子的浓度有关 一般情况下电极在浓溶液中比在稀溶液中响应快。

(3) 与介质的离子强度有关 在通常情况下，含有大量非干扰离子时响应较快。

(4) 与膜的厚度、表面光洁度等有关 在保证有良好的机械性能条件下，薄膜越薄，响应越快，表面光洁的膜比不光洁的膜响应快。

**(四) 影响测定的因素**

1. 温度

在一定条件下，工作电池的电动势与离子活度的对数值呈直线关系：

$$E = K \pm \frac{2.303RT}{nF}\lg a$$

式中，绝对温度 $T$ 不但影响直线的斜率，也影响直线的截距；$K$ 包括参比电极电位、膜的内表面膜电位、液接电位、不对称电位等，这些电位数值均与温度有关，因此在整个测定过程中应维持温度恒定，至少应维持待测液与标准液温度一致。

2. 离子强度

一般分析都是要求测定溶液的浓度（$c_i$），而根据能斯特方程式离子选择性电极测得的是离子的活度（$a_i$）。根据 $a_i = f_i c_i$，$f_i$ 是单离子活度系数，它是溶液中离子强度的函数。在实际工作中很少是通过活度系数的计算来测定离子浓度，一般都是在控制溶液的离子强度的条件下，依靠严格地控制 $E - \lg c$ 工作曲线来求待测溶液的浓度。如测定某离子浓度时，就需要在标准溶液和未知溶液中加入等量的高浓度惰性电解质，使总离子强度相等，然后由 $E - \lg c$ 校正曲线上求出未知溶液的浓度。

3. 干扰离子

干扰离子产生干扰作用，是由于能直接与电极发生作用，或与待测离子反应生成一种在电极上不发生响应的物质。例如，氟离子电极对 $Al^{3+}$ 离子虽无直接响应，但当 $Al^{3+}$ 在试液中与 $F^-$ 共存时，能形成稳定的 $AlF_6{}^{3-}$，而氟电极对此种配合离子无响应，造成测试误差。干扰离子的存在，不仅给测定带来误差，而且使电极响应时间延长。为了消除干扰离子的作用，可以加入掩蔽剂，必要时预先分离干扰离子。利用选择常数可以估算干扰离子带来的误差，即

$$\text{百分误差} = \frac{100 \times K_{A,B} a_B}{a_A} \tag{5-23}$$

式中，$a_A$、$a_B$ 分别为被测离子和干扰离子活度，A、B 均为一价离子。

综合上述离子强度和干扰离子对测定的影响，并考虑离子选择性电极的适用 pH 范围，为了调节离子强度、控制溶液 pH 和消除干扰离子的影响，需加入离子强度调节剂、缓冲溶液和掩蔽剂。为应用方便起见，通常将此配成混合液，称为总离子强度调节缓冲剂（total ion strength adjustment buffer, TISAB）。

4. 电动势的测量

电动势测量的准确度直接影响测定的准确度。电动势测量误差 $\Delta E$ 与相对误差 $\Delta c/c$ 的关系可根据 Nernst 方程导出：

$$E = K + \frac{RT}{nF}\ln c$$

对上式进行微分得　$$dE = \frac{RT}{nF}d(\ln c) = \frac{RT}{nF}\frac{dc}{c}$$

以有限增加值 $\Delta E$、$\Delta c$ 代替 $dE$、$dc$，在 25℃时

$$\Delta E = \frac{RT}{nF}\frac{\Delta c}{c}$$

$$\frac{\Delta c}{c} = \frac{n \cdot \Delta E}{0.2568}$$

$$相对误差(\%) = \frac{\Delta c}{c} \times 100\% = \frac{n\Delta E}{0.2568} \times 100\% \approx 4n\Delta E \times 100\% \qquad (5-24)$$

对于一价离子来说，如电动势测量误差为 1mV，产生约 4%的浓度相对误差；对二价离子会产生约 8%的浓度相对误差。因此，通常用较精密的离子计或测量精度达到 ±0.1mV 至 ±0.01mV 的仪器来进行电动势的测量。

另外，工作电池电动势本身是否稳定也影响测定的准确度。$K$ 不仅受温度的影响，也受试液的组成、搅拌速度的影响。只有保持严格的实验条件，才能使 $K$ 基本上维持不变。

## 第三节　定量分析方法

由于液体接界电位和不对称电位的存在以及活度系数难以计算，一般不能从所测得的电动势和 Nernst 方程来直接计算被测离子的浓度，通常采用下述几种方法进行定量测定。

### 一、直接电位法

#### （一）$H^+$ 的测定方法

在同一温度下，待测溶液 X 及标准溶液 S 的 pH 分别为 $pH_x$ 和 $pH_s$，用玻璃电极和饱和甘汞电极分别测定其电池电动势（通常甘汞电极为负极，离子选择性电极为正极），根据式 5-14 则有

$$E_x = K' + \frac{2.303RT}{F}pH_x$$

$$E_s = K' + \frac{2.303RT}{F}pH_s$$

两式相减并整理得　$$pH_x = pH_s + \frac{E_x - E_s}{2.303RT/F} \qquad (5-25)$$

由上式可见，$pH_x$ 是以标准溶液的 pH（$pH_s$）为基准，并通过比较 $E_x$ 和 $E_s$ 值而确定的。直线的斜率 $2.303RT/F$ 是温度的函数。考虑到温度对测定的影响，测定 pH 的仪器中设有温度补偿的元件。

显然，式 5－25 是在假设式 5－14 中的 $K'$ 值在标准溶液和未知溶液测定过程中基本不变的情况下得出的。在实验过程中，某些因素的改变会使 $K'$ 值发生改变带来误差。例如，液体接界电位可能随试液 pH 或成分的改变而改变，不对称电位可能随时间而变化，温度的变化也可能使各个电位值发生变化等。为了尽量减小误差，应该选用 pH 与待测溶液 pH 相近的标准溶液，在实验过程中应尽可能使溶液的温度恒定。

标准 pH 缓冲液是 pH 测定的基准，因此标准缓冲液 pH 的准确度直接影响测定的结果，应该严格按照有关资料或手册所述的方法配制标准溶液，并应该特别注意所用试剂和水的纯度，配成以后应密闭保存于上等的硬质玻璃瓶或聚乙烯瓶中。表 5－1 是我国国家标准计量局颁发的五种标准缓冲液的 pH。

**表 5－1　常用标准缓冲液的 pH**

| 温度 ℃ | 草酸三氢钾 0.05mol/kg | 25℃饱和酒石酸氢钾 | 邻苯二甲酸氢钾 0.05mol/kg | 混合磷酸盐 0.025mol/kg | 硼砂 0.01mol/kg |
|---|---|---|---|---|---|
| 0 | 1.67 | — | 4.01 | 6.98 | 9.46 |
| 5 | 1.67 | — | 4.00 | 6.95 | 9.39 |
| 10 | 1.67 | — | 4.00 | 6.92 | 9.33 |
| 15 | 1.67 | — | 4.00 | 6.90 | 9.28 |
| 20 | 1.68 | — | 4.00 | 6.88 | 9.23 |
| 25 | 1.68 | 3.56 | 4.00 | 6.86 | 9.18 |
| 30 | 1.68 | 3.55 | 4.01 | 6.85 | 9.14 |
| 35 | 1.69 | 3.55 | 4.02 | 6.84 | 9.10 |
| 40 | 1.69 | 3.55 | 4.03 | 6.84 | 9.07 |
| 45 | 1.70 | 3.55 | 4.04 | 6.83 | 9.04 |
| 50 | 1.71 | 3.56 | 4.06 | 6.83 | 9.02 |
| 55 | 1.71 | 3.56 | 4.07 | 6.83 | 8.99 |
| 60 | 1.72 | 3.57 | 4.09 | 6.84 | 8.97 |

### （二）其他离子的测定方法

1. 标准对比法

和上述采用两次测定法测定 pH 一样，在已知浓度的标准溶液与待测溶液中，分别加入总离子强度调节缓冲剂后测得 $E_s$ 和 $E_x$ 值。由于这时 $f$ 是恒定值，$E$ 与 $\lg_c$ 有线性关系，故可由 $E_s$、$E_x$ 及标准溶液的浓度 $c_s$，求出待测溶液的浓度 $c_x$，即：

$$\lg c_x = \lg c_s \pm \frac{E_x - E_s}{2.303RT/nF} \tag{5-26}$$

式中，对阳离子取“＋”号，对阴离子取“－”号。

例：一种液膜电极用于测定溶液钙离子浓度。将这个电极同参比电极浸入 25℃ 的 0.0100mol/L$Ca^{2+}$ 溶液中，测得电动势为 0.250V；在相同条件下，用相同的电极对另一种未知浓度 $Ca^{2+}$ 离子溶液测得电动势为 0.271V，这两种溶液的离子强度完全相同。计算未知溶液中钙离子浓度？

$$\lg c_x = \lg 0.0100 + \frac{0.271 - 0.250}{2.303RT/2F}$$

$$= -1.290$$

$$c_x = 5.13 \times 10^{-2} \ (\text{mol/L})$$

2. 仪器直读法

在测试仪器的表头上直接标以 pH 或 pM（M 代表待测离子），先用标准溶液定位，再测定试样即可直接读出 pH 或 pM，测出 $H^+$ 离子或 M 离子的活度。

例如在 pH 测量中，首先测量标准溶液和电极组成的工作电池的电动势：

$$E_s = K_s + \frac{2.303RT}{F}\text{pH}_s$$

25℃时，

$$E_s = K_s + 0.05916\text{pH}_s$$

采用补偿电位通过定位旋钮调节抵消掉 $K_s$（使 $K_s = 0$），从上式中直接算出 $\text{pH}_s$ 值，通过定位旋钮的调节使表头上所对应的值为 $\text{pH}_s$。当测量试液的 pH 时，如果测量条件不变，则

$$E_x = K_x + 0.05916\text{pH}_x \qquad (25℃)$$

可以认为 $K_x = K_s = 0$，同样，在表头上所对应的值即为 $\text{pH}_x$。

由于电极电位受温度影响，溶液温度不同时，溶液 pH 每改变一个 pH 单位引起的电动势改变是不同的，即 $2.303RT/F$ 值不同。而 pH 计直接以 pH 为刻度，即每一 pH 间隔应相当于 $2.303RT/F$ 毫伏电位，所以 pH 计上装有温度补偿钮，使每一 pH 间隔相当于该温度下的毫伏值，如 25℃ 时，每一 pH 间隔代表 59.16mV 电位，30℃ 时则为 60.15mV。测定前必须首先调整补偿钮到溶液的温度。

利用其他离子的专用离子计，也可以和 pH 计一样直接读出离子活（浓）度和毫伏数，如 DWS－51 型钠离子浓度计。

3. 标准曲线法

先将指示电极和参比电极放在一系列含有不同浓度待测离子和一定量的 TISAB 的标准溶液中，分别测定它们的电动势，并作 $E - \lg c$ 图（或 $E - \text{pM}$ 图），在一定浓度范围内它是一条直线。然后在待测溶液中也加入同量的 TISAB，并用同一对电极测其电动势（$E_x$）。从 $E - \lg c$ 图上找出与 $E_x$ 相对应的浓度 $c_x$。图 5－10 所示是用 $F^-$ 离子电极测定 $F^-$ 离子浓度时的标准曲线。

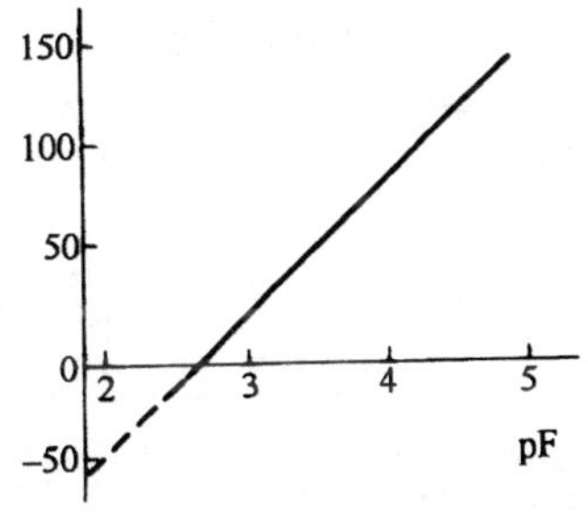


图 5－10　校正曲线

由于离子选择性电极的电位是依赖于离子活度而不是浓度，只有当离子活度系数固定不变时，电位才与浓度的对数值成直线关系：

$$\begin{aligned} \varphi &= K \pm S\lg f_i c_i \\ &= (K \pm S\lg f_i) \pm S\lg c_i \\ &= K' \pm S\lg c_i \end{aligned}$$

式中 $K'$ 是在一定离子强度下的常数，加入 TISAB 后，可以认为 $f_i$ 是一定值，就可以用 $E - \lg c$ 曲线测定浓度。

但应注意，标准曲线是建立在 $\varphi_{参}$ 和 $K'$ 的值恒定的基础之上。因此，绘制标准曲线和分析待测溶液应在同一次实验中完成。否则，应取 1～2 个标准溶液检查标准曲线有无

变动。

4. 标准加入法

标准曲线法要求标准溶液与待测溶液具有接近的离子强度和组成，否则将会因 $f_i$ 值变化而引起误差。当待测溶液的成分比较复杂，离子强度比较大时，就难以使它的活度系数同标准溶液一致，这时用标准加入法比较适宜，可得到较高的准确度。当待测溶液中存在配合剂，要测某金属离子的总浓度（包括游离的与配合的）时，更宜用此法。

设某一试液待测离子浓度为 $c_x$，体积为 $V_x$，测得工作电池的电动势为 $E_1$，$E_1$ 与 $c_x$ 符合如下关系：

$$E_1 = K'_1 + S\lg\alpha_1 f_1 c_x$$

$\alpha_1$ 为游离（即未络合的）离子的分数。

然后，在试液中准确加入一小体积 $V_s$（$V_s/V_x \leqslant 1/100$）的待测离子的标准溶液（浓度为 $c_s$，$c_s$ 约为 $c_x$ 的 100 倍），测得工作电池的电动势为 $E_2$，得

$$E_2 = K'_2 + S\lg\ (\alpha_2 f_2 c_x + \alpha_2 f_2 \Delta c)$$

式中 $f_2$ 和 $\alpha_2$ 分别为加入标准溶液后的活度系数和游离离子的分数。$\Delta c$ 是加入标准溶液后试液浓度的增加量（$\Delta c \approx V_s c_s / V_x$）。由于 $V_s \ll V_x$，试液的活度系数可以认为实际上保持恒定，即 $f_1 \approx f_2$，$\alpha_1 \approx \alpha_2$，$K'_1 = K'_2$ 则

$$E_2 - E_1 = S\lg\ \left(1 + \frac{\Delta c}{c_x}\right)$$

$$c_x = \frac{\Delta c}{10^{\Delta E/S} - 1} \tag{5-27}$$

例：25℃时用标准加入法测定某溶液中 $Cu^{2+}$ 离子浓度，于 100ml 铜盐溶液中添加 0.1mol/L 硝酸铜溶液 1ml 后，电动势增加 14mV，求铜原来的总浓度？

解：

$$\Delta c = V_s c_s / V_x = 1 \times 0.1/100 = 0.001\ (\text{mol/L})$$

$$\Delta E = 0.014\,V$$

$$S = 0.02958$$

$$c_x = \frac{\Delta c}{10^{\Delta E/S} - 1}$$

$$= 5.07 \times 10^{-4}\ (\text{mol/L})$$

## 二、电位滴定法

电位滴定法是借助指示电极电位的变化以确定滴定终点的滴定分析法。它可应用于酸碱滴定、沉淀滴定、络合滴定、氧化－还原滴定及非水滴定等。与普通的滴定分析方法比较，电位滴定操作较麻烦，而且需要一定的仪器设备，故应用不太广泛。但是电位滴定也有其优点：①准确度比直接电位法高，与一般容量分析准确度相当；②能应用于缺乏合适指示剂、溶液颜色深、浑浊、胶体状态等情况下的滴定；③可用于某些物理化学常数的测定，如弱酸、弱碱的电离常数，配合离子的稳定常数等；④便于连续滴定和自动滴定。

### （一）电位滴定的原理

进行电位滴定时，在待测溶液中插入一支指示电极和一支参比电极组成一个工作电

池。随着滴定剂的加入，待测离子或与之有关的离子浓度不断变化，指示电极的电位也发生相应的变化，而在化学计量点附近离子浓度发生突跃从而引起电位突跃，因此，测量电池电动势的变化，就能确定滴定终点。它并不用电极电位数值直接计算离子的活（浓）度，因此，同直接电位法相比，受液体接界电位、不对称电位和离子活度系数的影响要小的多。用于电位滴定的被测试液浓度不宜太低，一般应大于 $10^{-3}$mol/L。

### （二）确定滴定终点的方法

电位滴定法中，滴定终点可根据工作电池的电动势与加入滴定剂体积的关系来确定，通常的方法有下列三种，现利用表 5－2 中的数据具体讨论这几种确定终点方法。在滴定过程中，每加一次滴定剂，测量一次电动势，直到超过化学计量点为止。在化学计量点附近，应每加 0.1～0.2ml 滴定剂测量一次电动势。

**表 5－2　0.10mol/L $AgNO_3$ 标准溶液滴定 $Cl^-$ 离子数据**

| 滴定剂体积 $V$，ml | 电位计读数 $E$，V | $\Delta E$ | $\Delta V$ | $\Delta E/\Delta V$ V/ml | 平均体积 $\overline{V}$，ml | $\Delta(\Delta E/\Delta V)$ | $\Delta^2E/\Delta V^2$ |
|---|---|---|---|---|---|---|---|
| 5.00 | 0.062 | | | | | | |
| | | 0.023 | 10.00 | 0.002 | 10.00 | | |
| 15.00 | 0.085 | | | | | | |
| | | 0.022 | 5.00 | 0.004 | 17.50 | | |
| 20.00 | 0.107 | | | | | | |
| | | 0.016 | 2.00 | 0.008 | 21.00 | | |
| 22.00 | 0.123 | | | | | | |
| | | 0.015 | 1.00 | 0.015 | 22.50 | | |
| 23.00 | 0.138 | | | | | | |
| | | 0.008 | 0.50 | 0.016 | 23.25 | | |
| 23.50 | 0.146 | | | | | | |
| | | 0.015 | 0.30 | 0.050 | 23.65 | | |
| 23.80 | 0.161 | | | | | | |
| | | 0.013 | 0.20 | 0.065 | 23.90 | | |
| 24.00 | 0.174 | | | | | | |
| | | 0.009 | 0.10 | 0.090 | 24.05 | | |
| 24.10 | 0.183 | | | | | | |
| | | 0.011 | 0.10 | 0.110 | 24.15 | | |
| 24.20 | 0.194 | | | | | 0.28 | 2.8 |
| | | 0.039 | 0.10 | 0.390 | 24.25 | | |
| 24.30 | 0.233 | | | | | 0.44 | 4.4 |
| | | 0.083 | 0.10 | 0.830 | 24.35 | | |
| 24.40 | 0.316 | | | | | −0.59 | −5.9 |
| | | 0.024 | 0.10 | 0.240 | 24.45 | | |
| 24.50 | 0.340 | | | | | −0.13 | −1.3 |
| | | 0.011 | 0.10 | 0.110 | 24.55 | | |
| 24.60 | 0.351 | | | | | −0.04 | −0.4 |
| | | 0.007 | 0.10 | 0.07 | 24.65 | | |
| 24.70 | 0.358 | | | | | | |
| | | 0.015 | 0.30 | 0.050 | 24.85 | | |
| 25.00 | 0.373 | | | | | | |
| | | 0.012 | 0.50 | 0.024 | 25.25 | | |
| 25.50 | 0.385 | | | | | | |

1. $E-V$ 曲线法

如果滴定曲线对称而且电位突跃部分陡直，可直接用此法来确定滴定终点。图 5－11 所示为用测定结果绘制的 $E-V$ 曲线，$V$（横轴）代表所加入滴定剂的毫升数，$E$（纵轴）代表电位计的读数，所得曲线的拐点即为滴定终点。作两条与滴定曲线相切的 45°倾斜的直线，它们的等分线与曲线的交点即是拐点。

2. $\Delta E/\Delta V-\overline{V}$ 曲线法（一级微商法）

如果 $E-V$ 曲线图电位突跃不陡又不对称，则滴定终点就难以确定，我们可以用 $\Delta E/\Delta V-\overline{V}$ 曲线法。$\overline{V}$ 代表平均体积，$\Delta E/\Delta V$ 代表 $E$ 的变化值与相应的加入滴定剂体积的增量 $\Delta V$ 的比，它是 $dE/dV$ 的估计值，用表 5－2 中的 $\Delta E/\Delta V$ 值和 $\overline{V}$ 值绘曲线，如图 5－12 所示。由数学原理知，一条曲线的转折点即为一级微商的极大点，因此，$\Delta E/\Delta V-\overline{V}$ 曲线的最高点所对应的体积即为滴定终点，曲线的一部分是用外延法绘出的。

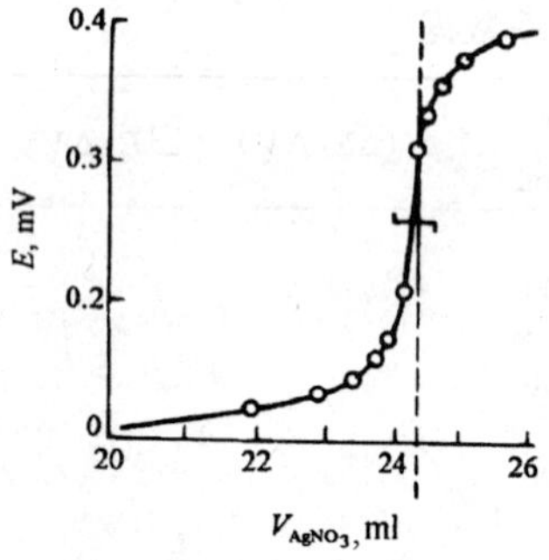


图 5－11　$E-V$ 曲线

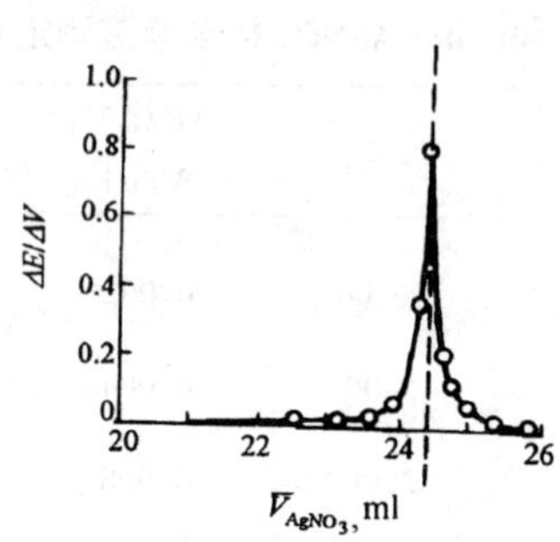


图 5－12　$\Delta E/\Delta V-\overline{V}$ 曲线

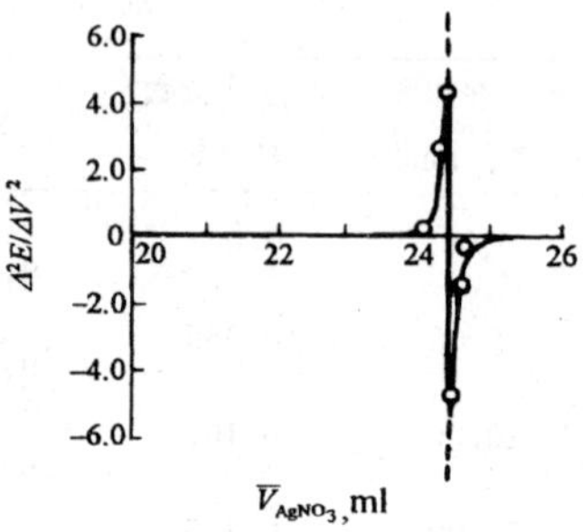


图 5－13　$\Delta^2E/\Delta V^2-V$ 曲线

3. 二级微商法

$\Delta E/\Delta V-\overline{V}$ 曲线的最高点是由实验点的连线外推得到的，所以也会引起一定误差，如果以二级微商法来确定终点就更为准确。

这种方法基于 $\Delta E/\Delta V-\overline{V}$ 曲线的最高点正是二级微商 $\Delta^2E/\Delta V^2$ 等于零处。可以通过绘制二级微商曲线图或通过计算求得终点，这实际工作中常用计算的方法。如上例中，对应于 24.30ml，$\Delta^2E/\Delta V^2$ 出现正最大值为

$$\Delta^2E/\Delta V^2=\Delta(\Delta E/\Delta V)/\Delta V=(0.83-0.39)/0.1=+4.4$$

对应于 24.40ml，$\Delta^2E/\Delta V^2$ 出现负最大值为

$$\Delta^2E/\Delta V^2=(0.24-0.83)/0.1=-5.9$$

由于二级微商等于零处为终点，故滴定终点在 $\Delta^2E/\Delta V^2$ 等于 +4.4 和 －5.9 所对应的毫升数之间，也即在 24.30ml 和 24.40ml 之间。用内插法可以算出对应于 $\Delta^2E/\Delta V^2$ 等于零的体积。

$$V=24.30+0.1\times4.4/(4.4+5.9)=24.34\ (ml)$$

这就是滴定法终点时硝酸银溶液的消耗量。

也可用 $\Delta^2E/\Delta V^2$ 对 $V$ 作图，得到 $\Delta^2E/\Delta V^2-V$ 图，见图 5－13，当 $\Delta^2E/\Delta V^2$ 为零时，所对应的 $V$ 值即为滴定终点时标准溶液的消耗量。

# 第四节　应　　用

例 1：血清游离钙浓度的测定

（1）绘制标准曲线　分别取钙离子贮备液 1.00、2.50、5.00、10.00、15.00ml 于 100ml 容量瓶中，各加入 Tris（三羟甲基氨基甲烷）缓冲贮备液 20ml，混合离子贮备液 10ml，混均后加水稀释至刻度，用 PVC（聚氯乙烯）膜钙离子选择性电极和饱和甘汞电极置于钙离子标准溶液中组成原电池，分别测得电动势（mV），然后用钙离子浓度的负对数 $pCa^{2+}$ 为横坐标，测得的电动势为纵坐标，绘制标准曲线。25℃ 时，理论曲线斜率为 29.2mV/pCa。

（2）稀释血清中游离钙浓度的测定　取血清样品 0.20ml 于小烧杯中，加入稀释应用液 0.80ml 混匀，测电动势（mV），然后在标准曲线上查出游离钙浓度 $[Ca^{2+}]_{稀}$，再乘以稀释系数，即得原血清中游离钙含量。

例 2：尿中钾、钙、氯的测定

尿中钾、钙、氯可同时分别测定，不需分离等预处理，其测定方法相似，现以尿钾测定实例说明。

精密取尿液 5ml，加入 1.0mol/L 三乙醇胺和 1.0mol/L 盐酸的混合液 5ml，置 50ml 容量瓶中，用水稀释至刻度，摇匀后，冷却，倒入 150ml 烧杯中，恒速搅拌，插入钾电极和双液接饱和甘汞电极（外套管为 0.5mol/LLiCl－3% 琼脂），搅拌半分钟后停止，测定其电动势 $E_1$，然后加入 0.5mol/L 氯化钾标准溶液 0.5ml，搅拌 1～2min，测定电动势 $E_2$，最后加入 0.1mol/L 三乙醇胺－0.5mol/L 盐酸溶液 50ml，再搅拌 1～2min，测定电动势 $E_3$，按下式计算 $c_{K^+}$（mol/L）。

$$c_{K^+}=\frac{\Delta c\times 10}{\text{antilg}\,\dfrac{0.301\times|E_1-E_2|}{|E_2-E_3|}-1}$$

式中 $|E_2-E_3|/0.301=\Delta E/\lg 2=S$，即 0.301 为当稀释倍数为 2 时的对数。

尿中钾的含量（mmol/24h 尿量）$=c_{K^+}\times$ 24h 尿量（L）$\times 10^3$

本操作简便，适用于常规分析。

## 思考与练习

1. 何谓指示电极、参比电极？各有何要求？
2. 何谓不对称电位？不对称电位产生的原因是什么？如何消除或减小不对称电位？
3. 离子选择性电极有哪几种类型？
4. 为什么离子选择性电极对待测离子具有选择性？如何估量这种选择性？
5. 使用离子选择性电极测定待测离子浓度时，在试样和标准溶液中加入“总离子强度调节缓冲剂”的作用是什么？
6. 直接电位法的依据是什么？直接电位法的主要误差来源有哪些？应如何避免？
7. 当下列电池中的溶液是 pH 等于 4.00 的缓冲液时，在 25℃ 使用毫伏计测得电池的电动势为 0.209V：

玻璃电极|$H^+$ （$a=x$）‖饱和甘汞电极

当缓冲液由三种未知溶液代替时，测得电池电动势分别为（a）0.312V；（b）0.088V；（c）0.017V，试计算每个未知溶液的 pH 是多少？

（a. pH = 5.75，b. pH = 1.95，c. pH = 0.17）

8. 用 pH 玻璃电极测定 pH = 5.00 的溶液，其电位为 0.0435V；测定另一未知试液时，电位为 0.0145，电极响应斜率为 58.0mV/pH。求未知溶液的 pH?

（pH = 5.50）

9. 用氟离子选择性电极测定水样中氟。取水样 50ml，加总离子强度调节缓冲液 50.00ml，测得其电位值为 137.2mV，再加 $1.00\times10^{-3}$mol/L$F^-$ 离子标准溶液 1.00ml，测得其电位值为 117.0mV，氟电极的响应斜率为 58.0mV/pF。求水样中 $F^-$ 离子浓度?

（$1.626\times10^{-5}$mol/L）

10. 某种钠敏感玻璃电极的选择常数 $K_{Na^+,H^+}$ 为 30，如用这种电极测定 pNa 为 3 的钠离子溶液，并要求测定误差小于 30%，问试液的 pH 必须大于多少?

（pH>7）

11. 某滴定反应，当滴定接近化学计量点时，得下列电动势数据：

| 滴定剂体积，ml | 11.25 | 11.30 | 11.35 | 11.40 | 11.45 |
|---|---|---|---|---|---|
| 电动势，mV | 225 | 238 | 265 | 291 | 306 |

计算到终点时，消耗滴定剂体积是多少?

（11.35ml）

（王菊香　龚道元）

# 第六章　极谱分析法

## 第一节　概　　述

极谱分析法（polarographic analysis）是根据溶液中被测物质在滴汞电极（dropping amalgam electrode）上进行电解时，所测得的电流－电压曲线来进行定性定量分析的方法，简称极谱法。极谱分析是一种在特殊条件下进行的电解分析。极谱分析法是1922年捷克化学家海洛夫斯基（J·Heyrousky）创立的。由于海洛夫斯基对创立和发展极谱分析的杰出贡献，1959年他被授予诺贝尔化学奖。

极谱分析的特点是：

（1）灵敏度高，检出限低　经典极谱分析的检出限是$10^{-3}$～$10^{-6}$mol/L，富集极谱的检出限可达$10^{-10}$～$10^{-12}$mol/L。

（2）精密度好，准确度高　常规极谱分析的相对标准偏差一般为3%～5%，相对误差一般为2%～5%。

（3）分析所需试样量少，分析速度快　分析时，只需取少量试样，几分钟便可完成测定。有些离子共存时，可不经分离，而在同一溶液中连续测定，如$Cu^{2+}$、$Ni^{2+}$、$Zn^{2+}$、$Cd^{2+}$、$Mn^{2+}$等混合离子。

（4）样品能重复使用　电解时通过电流很小（<100μA），分析后的样品浓度变化很小，因此可以重复使用。

（5）应用范围广　凡在滴汞电极上可起氧化还原反应的组分大都可以测定。

由于以上优点，所以极谱分析法发展很快，是仪器分析中常用的方法之一。

## 第二节　基　本　原　理

### 一、极谱分析的基本装置

极谱分析的基本装置如图6－1所示。

电解池内的阴极（工作电极）是滴汞电极，它由贮汞瓶、塑料管和内径约0.05mm左右的毛细管组成。贮汞瓶中的汞通过塑料管进入毛细管，然后由毛细管一滴滴地、有规则地滴入电解池的溶液中。它的表面积很小，约为$10^{-2}cm^2$数量级。池内的阳极（参比电极）通常是甘汞电极，电极的表面积较大，约2～4$cm^2$。$E$为外电源，$AD$为一滑线电阻，加在电解池两极上的电压可通过移动接触点$C$来调节，并由伏特计$V$读出。$G$为灵敏检流计，用以测量电解过程中线路上通过的微弱电流。

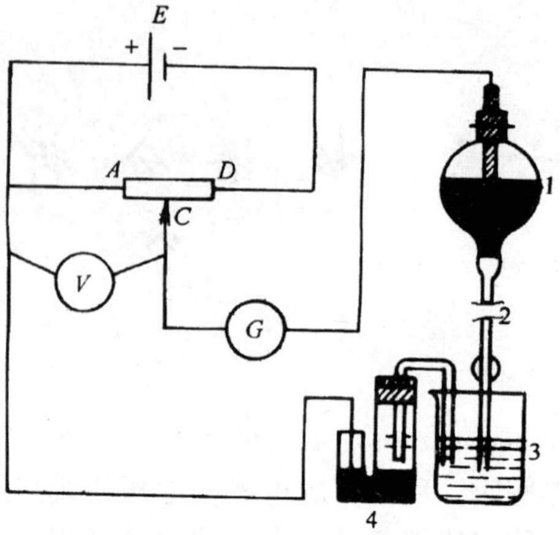


图 6-1 极谱分析的基本装置

1. 贮汞瓶；2. 滴汞电极；3. 电解池；4. 甘汞电极

## 二、极谱法分析过程

现以测定镉为例，说明极谱法的分析过程。设试液为 $CdCl_2$ 溶液，浓度约为 $5\times10^{-4}$ mol/L。将它加入到电解池中，然后加入 KCl 溶液，使其浓度为 0.1mol/L，该 KCl 称为支持电解质（supporting electrolyte）。再加入 0.5% 的动物胶溶液 0.2ml，该动物胶溶液称为极大抑制剂（maximum suppressor）。通入氮气或氢气除去溶解在溶液中的氧气。调节贮汞瓶高度，使汞滴以每秒 2～3 滴的速度滴下。移动接触点 $C$，使两极间的外加电压自零逐渐增加，此时电流也在不断变化，记录在各个不同外加电压下相应的电流值，以电压为横坐标，以电流为纵坐标，绘制电压－电流曲线，结果如图 6－2 所示。通常称该曲线为极化曲线，或称极谱波（polarographic wave）。通过对极谱波的分析和测量，即可求算溶液中相应离子浓度。

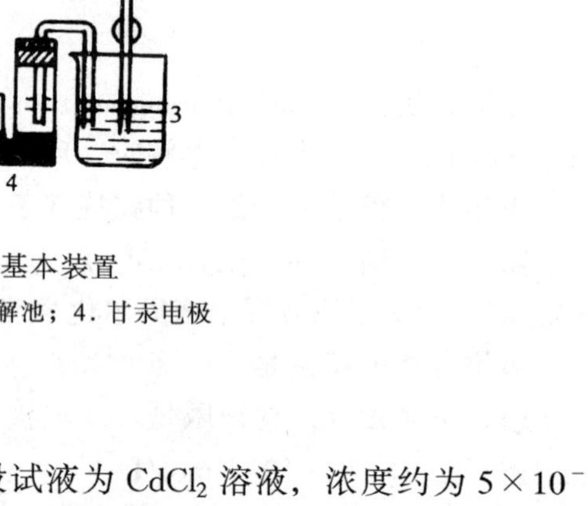


图 6－2 $Cd^{2+}$ 离子的极谱图

从曲线上还可以看出，当外加电压未达到分解电压之前，溶液中只有微小电流通过，称残余电流（residual current），以 $I_r$ 表示。当外加电压增加到 －0.5V（相对 SCE）时，即达到镉离子的分解电压，镉离子开始被电解，此时在滴汞电极上镉离子被还原为金属镉，并随之与汞生成汞齐。

$$Cd^{2+}+2e+Hg=Cd\ (Hg)$$

同时在甘汞电极上，汞被氧化成 $Hg_2^{2+}$，并与溶液中的 $Cl^-$ 离子生成 $Hg_2Cl_2$。

$$2Hg-2e+2Cl^-=Hg_2Cl_2$$

超过分解电压以后，外加电压稍许增加，电流就迅速升高，即图 6－2 中 $bd$ 段电流称为扩散电流（*diffusion current*），当外加电压增加到一定数值后，电流不再随外加电压的增加而增大，而达到了一个极限值，此电流称为极限电流（limiting current），以 $I_l$ 表示，它是由残余电流和扩散电流所组成，故极限电流减去残余电流即为扩散电流，以 $I_d$ 表示。扩散电流大小与溶液中镉离子的浓度成正比，这是极谱法定量分析的基础。电流等于极限扩散电流一半时相对应的滴汞电极电位叫半波电位（half－wave potential），以 $\varphi_{1/2}$表示。在一定条件下，它是离子的特性常数，而与离子浓度无关，不同离子具有不同的 $\varphi_{1/2}$，因此，它是极谱定性分析的依据。

当试液中含有数种可还原或氧化的组分时，每种组分都产生相应的极谱波。例如在支持电解质 KCl 存在下，$Pb^{2+}$，$Cd^{2+}$、$Zn^{2+}$ 可得到连续的极谱波。第一个波为铅离子的还原，第二个波为镉离子的还原，第三个波为锌离子的还原。

## 三、滴汞电极电位与外加电压

在极谱分析中，外加电压 $U$ 与滴汞电极电位 $\varphi_{de}$关系为

$$U = \varphi_{SCE} - \varphi_{de} + IR \tag{6-1}$$

式中：$I$——通过电解池的电流；

$R$——电解线路中总电阻。

由于通过电解池的电流很小，电解液中因加入了大量支持电解质，故线路中 $R$ 值也很小，所以 $IR$ 项可忽略不计。因此，

$$U = \varphi_{SCE} - \varphi_{de} \tag{6-2}$$

因为饱和甘汞电极的电极电位实际为恒定值，当滴汞电极的电极电位以饱和甘汞电极为标准计算时，则

$$U = -\varphi_{de}\ （相对于\ SCE） \tag{6-3}$$

由此可见，滴汞电极的电极电位受外加电压控制，外加电压愈大，滴汞电极的电位为负数，其绝对值愈大。这样，便可通过调节外加电压来控制滴汞电极的电位，从而使各种离子可以在各自所需电极电位析出。离子的 $I-\varphi_{de}$曲线，称该离子的极谱波。因为 $U=-\varphi_{de}$，故同一离子的极谱波和其电流－电压曲线实际上是相同的。

## 四、扩散电流与被测离子浓度的关系

前面已经指出，极谱方法是以测量滴汞电极上的扩散电流为基础的。现仍以镉离子的测定为例进行讨论，它在滴汞电极上的反应为：

$$Cd^{2+} + 2e + Hg = Cd\ (Hg)$$

假定此反应可逆并遵守 Nernst 方程式，则

$$\varphi_{de} = \varphi + \frac{RT}{nF}\ln\frac{c_0}{c_d} \tag{6-4}$$

式中：$c_0$——滴汞电极表面 $Cd^{2+}$ 离子浓度；

$c_d$——镉原子在滴汞电极表面汞齐中的浓度。

由于在极谱分析中，电解液不搅拌而处于静止状态，因而随着电极反应的发生，电极表面的镉离子浓度 $c_0$ 将小于本体溶液的镉离子浓度，使滴汞电极的电位偏离平衡值。这种由

于电解过程中电极表面溶液和本体溶液的浓度发生差别，因而使电极电位偏离其原来的平衡电位的现象叫浓差极化。这种浓度差别的存在促使本体溶液中的镉离子向电极表面扩散而形成了一个扩散层（其厚度约0.05mm），如图6－3所示。在扩散层内紧靠电极一端的溶液中的镉离子浓度为 $c_0$；在扩散层外面，溶液中镉离子浓度等于本体溶液中的镉离子浓度 $c$；在扩散层中镉离子浓度从小到大，浓度变化如图6－4所示。镉离子的扩散速度正比于浓度差，因而电解电流也正比于浓度差，即

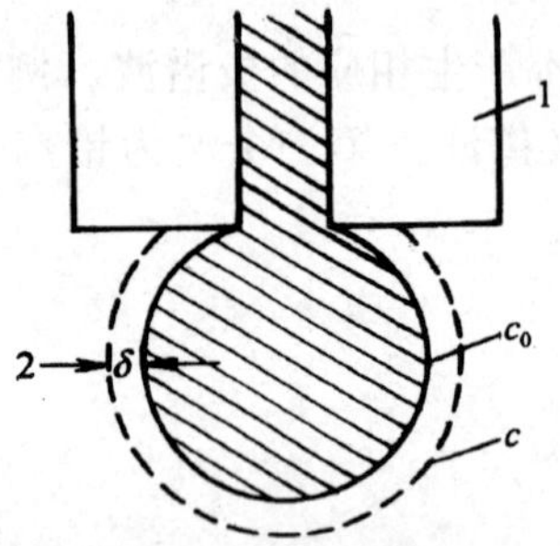


图6－3　汞滴周期的浓差极化

1. 毛细管；2. 浓度梯度

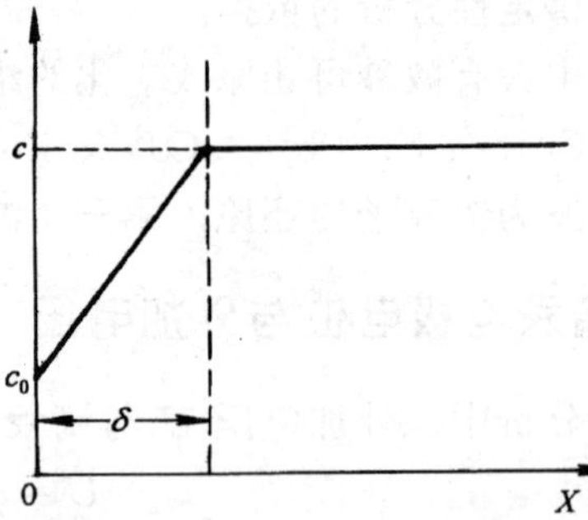


图6－4　扩散层中的浓度变化

X. 离开电极表面的距离；δ. 扩散层厚度

$$I = K\ (c - c_0) \tag{6-5}$$

式中 $K$ 为比例常数。当外加电压不断增加使滴汞电极的电位变得更负时，电极表面浓度 $c_0$ 将趋于零，此时

$$I = I_d = Kc \tag{6-6}$$

扩散电流正比于溶液中镉离子浓度而达到极限值，不再随外加电压的增加而变化。

在滴汞电极上，比例常数 $K$ 称为伊尔科维奇（Ilkovic）常数，

$$K = 607ZD^{1/2}m^{2/3}t^{1/6}$$

故

$$I_d = 607ZD^{1/2}m^{2/3}t^{1/6}c \tag{6-7}$$

式中：$Z$——电极反应中电子转移数；

$D$——电极上起反应的物质在溶液中的扩散系数，$cm^2/s$；

$m$——滴汞速度，mg/s；

$t$——在测量 $I_d$ 的电压下的滴汞周期（s）；

$c$——在电极上起反应的物质的浓度（mmol/L）；

式6－7为扩散电流方程式，或称为伊尔科维奇公式。

## 第三节　干扰电流及其消除方法

在极谱分析中，除扩散电流外，还有一些其他原因所引起的电流，称为干扰电流。这些电流与被测物质的浓度无关，将干扰极谱的定量测定，常见的有：残余电流、迁移电

流、极大现象、氧波、氢波等，在极谱分析中必须设法消除。

## 一、残余电流

在进行极谱分析时，外加电压虽未达到被测物质的分解电压，但仍有微小的电流通过电解池，这种电流称为残余电流。残余电流包括电解电流和电容电流两部分。电解电流又叫 Faraday 电流，它是在滴汞电极上由溶液中微量的易还原的杂质所引起的。例如，溶解在溶液中的微量氧，普通蒸馏水中的微量铜，试剂中的微量铁，或汞电极溶解后生成的亚汞离子及汞离子等，如果所用的蒸馏水和试剂很纯，这部分电流则十分微小。

电容电流又叫充电电流，是残余电流的主要组成部分（图 6－5）。它来源于对滴汞电极同溶液界面上的双电层的充电过程。

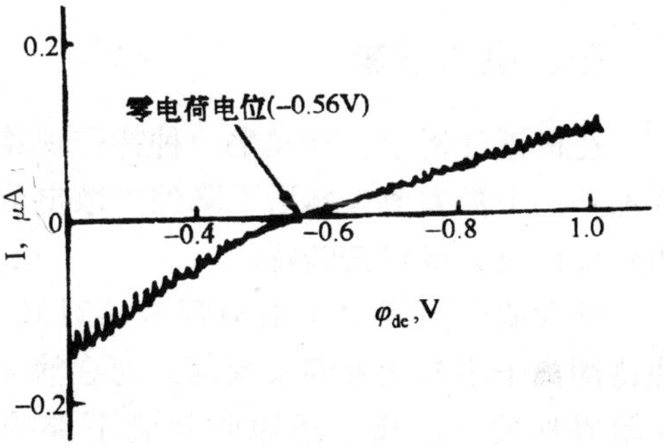


图 6－5 0.1mol/LKCl 溶液的残余电流

进行极谱分析时，用甘汞电极和滴汞电极组成电解池，滴汞电极断路时，汞滴的电位和溶液的电位相同，因此汞滴不带电荷。当电解池接上极谱装置而使外加电压为零，此时，滴汞电极和甘汞电极短路。由于甘汞电极上汞的表面带正电荷，当与滴汞电极短路时，甘汞电极就向滴汞电极充正电，使汞滴表面带正电荷，且吸引溶液中的阴离子而形成双电层。如果汞滴不落而是悬汞，则这一充电过程是瞬时的，当滴汞电极充电到具有甘汞电极的电位时，甘汞电极上的正电荷便停止流入。但是，滴汞电极的汞滴面积不断改变，即汞滴不断长大，不断滴落，所以必须继续不断地向滴汞电极充电，这样，便形成了连续不断的充电电流，此时该电流方向与还原电流方向相反，电流为负值，即阳极电流。当外加电压由零逐渐增大时，由于滴汞电极与外加电压的负极相连，汞滴从外加电压取得负的电荷抵消了部分正电荷，汞滴的正电荷减小，充电电流便逐渐减小。当外加电压达－0.56V（相对 SCE）时，汞滴上的正电荷完全消失，汞滴就不带电荷，即达到零电点，此时充电电流为零。当外加电压继续增大时，汞滴上带负电荷，此时产生正号电流，即阴极电流。此后，外加电压愈大，充电电流也相应地增加。通常充电电流达到 $10^{-7}$A 的数量级，在测定 $10^{-5}$～$10^{-6}$mol/L 的物质时，对测定影响很大。充电电流的存在是提高极谱分析灵敏度的主要障碍，大多数情况下极谱法可测到 $10^{-5}$～$10^{-2}$mol/L。

残余电流常采用切线作图法扣除，也可用极谱仪设计的补偿装置进行补偿。

## 二、迁移电流

迁移电流来源于电解池的正极和负极对被分析离子的静电吸引力或排斥力。例如，$Cd^{2+}$在滴汞电极上还原，由于浓差极化，使得溶液中的 $Cd^{2+}$ 受扩散力的作用而向电极表面附近扩散，产生扩散电流。但是 $Cd^{2+}$ 向电极表面的移动除了受扩散力作用外，还受到电场的库仑引力作用。在滴汞电极电位对参比电极电位为负时滴汞电极对阳离子起静电吸引作用。由于这种吸引力，使得在一定时间内，有更多的 $Cd^{2+}$ 趋向滴汞电极表面而被还原，因而观察到的电流比只有扩散电流时为高。这种由于静电吸引力而产生的电流叫迁移电流，它与被测物质的浓度并无一定的比例关系，故应设法消除。

如果向电解池中加入大量的电解质，它们在溶液中电离为阳离子和阴离子，因负极对所有阳离子都有静电吸引力，所以加入大量的电解质后，作用于待测离子的静电吸引力就大大地减弱了，以致于由静电引起待测离子的迁移电流趋近于零，从而达到消除迁移电流的目的。加入的电解质称为支持电解质，它是一些能导电但在该条件下不能起电极反应的所谓惰性电解质，如 KCl、$NH_4Cl$、HCl、$H_2SO_4$ 等。一般支持电解质的浓度要比被测物质的浓度大 100 倍以上。

## 三、极大现象

在极谱分析中，常发生一种特殊现象，即在电解开始时，电流随电压的增加而迅速地增加到一个极大值，然后下降到扩散电流的数值以后电流保持不变（图 6－6），这种现象叫做极谱极大或极谱畸峰。

极大的产生是由于毛细管末端对滴汞颈部有屏蔽效应，使待测离子不易接近滴汞颈部，而在滴汞下部待测离子可以无阻碍地接近。离子还原时汞滴下部的电流密度较上部为大。这种电荷分布的不均匀会造成滴汞表面张力的不均匀。表面张力小的部分要向表面张力大的部分运动。这种切向运动会搅动溶液，加速待测离子的扩散和还原，形成极大电流。由于待测离子的迅速消耗，电极表面附近的浓度已趋于零，达到完全浓差极化，电流立即下降到扩散电流。

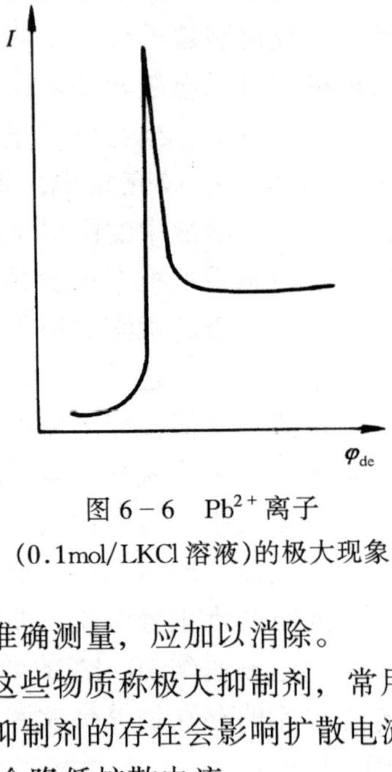

图 6－6 $Pb^{2+}$ 离子（0.1mol/LKCl 溶液）的极大现象

极谱极大是极谱分析中常见现象，大多数离子的极谱波都会出现极大，只有那些半波电位接近于汞的零电荷电位（－0.56V）的离子才没有极大产生。极大具有重现性，无论电位由正到负或由负到正，极大总是在一定电位内出现，电流的大小也是固定的。极大的高度与待测物质的浓度有关，但它不是简单的关系，因此，它影响扩散电流和半波电位的准确测量，应加以消除。

可在溶液中加入极少量的表面活性物质消除极大现象，这些物质称极大抑制剂，常用的有动物胶、聚乙烯醇、羧甲基纤维素等。但必须注意极大抑制剂的存在会影响扩散电流的大小，使用时用量要少。例如动物胶浓度大于 0.01％时就会降低扩散电流。

## 四、氧波

在室温时，氧在溶液中的溶解度约 8mg/L。当进行电解时，氧在滴汞电极上也被还原而产生两个极谱波：

第一个波：$O_2 + 2H^+ + 2e \rightarrow H_2O_2$

第二个波：$H_2O_2 + 2H^+ + 2e \rightarrow 2H_2O$

它们的半波电位分别约为－0.2V 及－0.8V。这两个还原波延伸范围较宽；氧波重叠在待测物质的极谱波上，故有干扰作用，应设法消除。

除氧方法主要有三种：

（1）通入惰性气体 10～20min，可将溶液中的氧驱除干净，从而消除氧波。常用的惰性气体有 $H_2$、$N_2$ 及 $CO_2$（$CO_2$ 仅适用于酸性溶液）。

（2）在中性和碱性溶液中，可加入少量亚硫酸钠：

$$2SO_3^{2-} + O_2 \rightarrow 2SO_4^{2-}$$

但当溶液为酸性时，$SO_3^{2-}$ 离子也可在电极上还原产生极谱波，故不适用。

（3）在酸性溶液中，加入 $Na_2CO_3$ 而生成大量 $CO_2$，或加入铁粉与酸作用产生大量的氢气，可除去溶液中的氧。

### 五、氢波

极谱分析一般都是在水溶液中进行的，溶液中的氢离子在足够大的负电位时，会在滴汞电极上析出而产生氢波。如果待测物质的极谱波与氢波相近，则氢波对测定有干扰。在酸性溶液中，氢离子在 -1.2～-1.4V 处开始析出。故半波电位绝对值比 1.2V 大的物质就不能在酸性溶液中测定。在中性或碱性溶液中，氢离子浓度大为降低，氢离子在绝对值更大的负电位下才开始起波，且波高也小得多，因而氢波的干扰作用大为减小。

## 第四节　定量分析方法

用极谱法定量分析时，由扩散电流的大小直接根据伊尔科维奇公式计算浓度是困难的。因为影响扩散系数的因素很多，难以准确测量，所以，在实际工作中都采用相对法定量，即通过测量待测溶液和标准溶液极谱波的波高，然后进行比较，就可求出待测物质的含量。

### 一、波高的测量

极谱图上的波高代表极限扩散电流，扩散电流的测量即是极谱波高的测量。一般只需测量相对波高（以毫米或记录纸格子数表示），而不必测量扩散电流的绝对值。正确地测量波高可以减小分析误差。测量波高的方法很多，下面介绍两种主要的方法。

#### 1. 平行线法

当波形良好时，通过极谱波上残余电流部分和极限电流部分作两条相互平行的直线，两线间的垂直距离即为所求的波高。由于极谱波呈锯齿形，故在作直线时应取锯齿形的中值（图 6-7）。在实际工作中，极谱波的残余电流和极限电流部分往往不平行，此时，可采用三切线法。

#### 2. 三切线法

在极谱波上通过残余电流、极限电流和扩散电流分别作出 *AB*、*CD* 及 *EF* 三条切线，*EF* 与 *AB* 相交于 *O* 点，*EF* 与 *CD* 相交于 *P* 点（图 6-8），通过 *O* 与 *P* 作两条相互平行的平行线，此平行线之间的垂直距离即为所求波高。

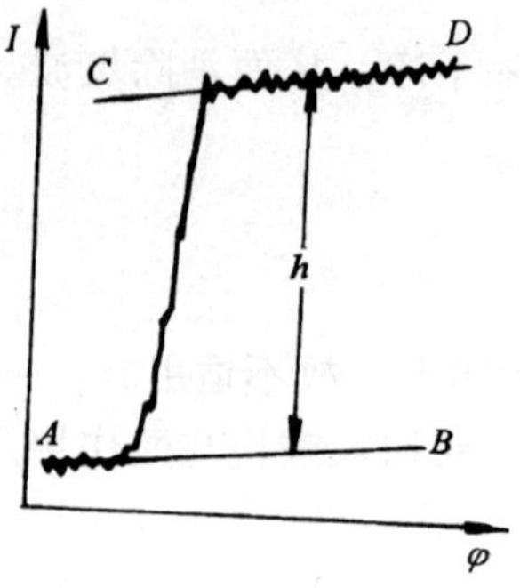


图 6-7　平行线法测量波高

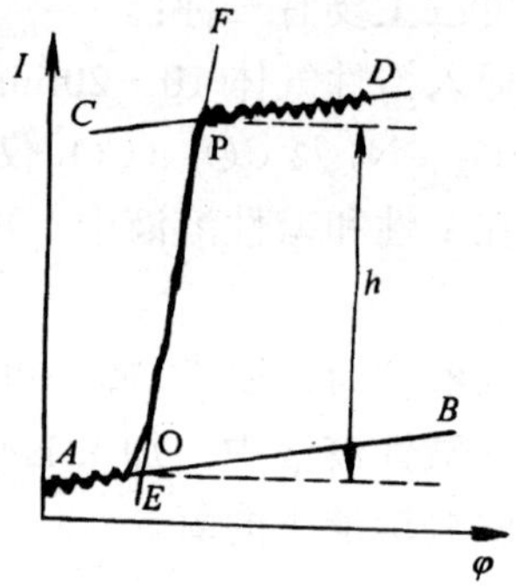


图 6-8　三切线法测量波高

## 二、定量方法

1. 标准曲线法

当分析同一类的大批试样时，采用标准曲线法较为方便。其方法是配制一系列标准溶液，在相同的实验条件下制作极谱图，分别测量其波高，将波高与相应的浓度绘制标准曲线。然后在相同实验条件下测试液的波高，再从标准曲线上找出相应的浓度。

2. 标准对比法

在同一实验条件下，将浓度为 $c_s$ 的标准溶液和浓度为 $c_x$ 的试样溶液，分别制作极谱图并测得其波高 $h_s$ 与 $h_x$，然后根据两者的波高及标准溶液的浓度，即可求出试样溶液的浓度。因为极谱波的波高（极限扩散电流）与被还原（或氧化）的离子浓度成正比，即

$$h_s = Kc_s$$

$$h_x = Kc_x$$

$$h_s/h_x = c_s/c_x$$

$$c_x = c_s h_x/h_s \tag{6-8}$$

采用本法时，标准溶液的组成与样品溶液的组成（包括支持电解质的种类及浓度，极大抑制剂的浓度等）应尽可能保持一致，并且应在相同的实验条件下进行实验。

3. 标准加入法

当分析个别试样时，常采用标准加入法。该方法是先取一定体积（$V_x$）未知溶液测其极谱波高（$h_x$），然后加入一定体积（$V_s$）的相同物质的标准溶液（$c_s$），在同一实验条件下再测定其极谱波高（$H$），由波高的增加计算出被测物的浓度。由扩散公式得：

$$h_x = Kc_x$$

$$H = K\left(\frac{V_x c_x + V_s c_s}{V_x + V_s}\right)$$

合并以上两式即可求得被测物浓度（$c_x$）：

$$c_x = \frac{c_s V_s h_x}{H\ (V_x + V_s)\ - h_x V_x} \tag{6-9}$$

用标准加入法进行极谱分析时，因为加入标准溶液的量很少，加入标准溶液前后的实

验条件基本一致，故所引起底液浓度的改变可以忽略不计，准确度高。

## 第五节　应　　用

由于极谱分析法具有灵敏、准确、快速、分辨能力高等优点，因此，它广泛应用于冶金、地质、化学化工、环境监测、食品分析、生物化学、医药卫生及医学检验中。凡能在滴汞电极上起氧化还原反应的物质，都可以用极谱法直接测定，某些不起氧化还原反应的物质也可间接测定。

在整个周期表上除少数元素不起电极反应外，大多数元素均可用极谱法测定。其中最为常见的有：Cu、Cd、Zn、Pb、Sn、In、Ti、Co、Ni、Fe、Mn、Cr、As、Sb、Bi 等金属，非金属元素如 $Cl^-$、$Br^-$、$I^-$、$CN^-$、$S^{2-}$、$S_2O_3^{2-}$、$OH^-$ 等阴离子可用汞溶解的氧化波来测定。凡能在电极上被还原的有机物，如硝基、亚硝基、偶氮化合物、偶氮羟基化合物、醛、酮、醌类化合物、不饱和化合物、杂环化合物、卤化物、过氧化合物、含硫化合物及砷化物等，以及能在电极上被氧化的有机物如氢醌类化合物、维生素 C 等，都可用极谱法分析。

例：极谱法测定超氧化物歧化酶的活性

超氧化物歧化酶（简称 SOD）广泛存在于生物体内，它能特异性地催化超氧离子（$O_2^-$）的歧化反应，因此，SOD 对超氧离子所导致的疾病如炎症、放射病、免疫疾病等都有较好的疗效。目前认为 SOD 是具有较高临床价值的药用酶。

在三苯基氧化磷（TPO）存在下，由于 SOD 能催化 $O_2^-$ 生成 $O_2$ 和 $H_2O_2$，从而增加了反应中 $O_2$ 的浓度，使极谱波增高，根据波高的增值，可以计算出 SOD 的活性。该法灵敏度较高，重现性较好，不受血清干扰。

测定时，以含有 $1.8\times10^{-3}$mol/LTPO 8%甲醇和 0.025mol/L 硼砂缓冲液为底液，并调 pH 为 9.5，以滴汞电极为指示电极（阴极），甘汞电极为参比电极（阳极），在 0～1.7V 范围内进行扫描，测量波高作为空白值。精密移取 55U/ml 的 SOD 标准溶液 0.025、0.075、0.100、0.125、0.150ml，分别加在硼砂缓冲液中，在上述条件下扫描。以其极谱波高减去空白波高，所得值记为 Y，以 $Y^2$ 为纵坐标，以 SOD 活性为横坐标，绘制标准曲线。在同样条件下测定被测试样的极谱波高，以其 $Y^2$ 值在标准曲线上查出相应的 SOD 活性。

### 思考与练习

1. 什么是扩散电流方程式？在什么条件下平均极限扩散电流与被测离子的浓度成正比？
2. 什么叫残余电流？它是怎样产生的？如何扣除残余电流？
3. 什么叫迁移电流？如何消除迁移电流对极谱分析的影响？
4. 在极谱分析中为什么要加入大量支持电解质？常用的支持电解质有哪些？
5. 什么叫浓差极化？在极谱分析中有哪些条件有利于浓差极化的形成？
6. 溶解 0.2000g 含镉试样，测得其极谱波高 41.7mm，在相同条件下测得含镉 150、

250、350及500$\mu g$的标准溶液的波高分别为19.3、32.1、45.0及64.3mm。计算试样中镉的百分含量。

(0.162%)

7. 用极谱法测定未知铅溶液。取25.00ml的未知铅溶液，测得扩散电流为1.86$\mu A$。然后在同样实验条件下，加入$2.12\times10^{-3}$mol/L的铅标准溶液5.00ml，测得其混合溶液的扩散电流为5.27$\mu A$。计算未知铅溶液的浓度。

($1.77\times10^{-4}$mol/L)

(杨瑞芬　王建华)

# 第七章 电泳分析法

## 第一节 概 述

### 一、电泳的概念

在电场作用下，带电粒子向着与其电性相反的电极移动的现象称为电泳（electrophoresis)。利用各种带电粒子电泳速度不同，对物质进行分离，然后对物质进行定性和定量的分析方法叫电泳分析法，也叫电泳技术。

### 二、电泳的分类

(1) 按电泳电压的高低，分为常压电泳（100～500V）和高压电泳（500V以上)。

(2) 按是否使用支持介质，分为自由界面电泳和区带电泳。自由界面电泳不用支持介质，电泳在溶液中进行，如悬浮在溶液中的细胞或生物大分子的电泳。使用支持介质作载体，被分离的物质经电泳后在支持介质上形成区带称为区带电泳。区带电泳是目前应用最广泛的一种电泳技术。区带电泳根据支持介质物理性状不同又分为滤纸电泳、醋酸纤维薄膜电泳、粉末电泳、琼脂糖凝胶电泳以及聚丙烯酰胺凝胶电泳等。

(3) 按支持物装置形式不同，分为水平式电泳、垂直板式电泳和垂直柱状电泳（如圆盘电泳)。

(4) 按电泳系统的组成是否均一，分为连续电泳和不连续电泳两大类。连续电泳也叫均相电泳，整个电泳系统使用相同的介质和缓冲液。不连续电泳也叫多相电泳，电泳系统使用不同的支持介质（包括凝胶的浓度与孔径等的不同）和不同的缓冲液（包括缓冲液的组成与 pH 等的不同)。

## 第二节 基 本 原 理

### 一、电泳迁移率

在一定 pH 条件下，若某质点能吸附其他带电粒子或本身带有可解离基团的物质颗粒(如蛋白质、氨基酸等)，在直流电场中必然会受到电性相反的电极吸引而发生移动。若带电颗粒为球形，根据 Stoke 定律，其电泳速度（$v$）与颗粒带电量（$Q$）及电场强度（$E$）成正比，而与粒子半径（$r$）和介质粘度（$\eta$）成反比。即

$$v = \frac{QE}{6\pi r\eta} \tag{7-1}$$

不同物质具有不同电泳速度，这一特性通常用电泳迁移率（$\mu$）表示。电泳迁移率（electrophoresis mobility）是指带电粒子在单位电场强度作用下的移动速度，即在每厘米电压下降1V的电场强度下带电粒子每秒钟内移动的距离（cm/s），单位为 $cm^2$/（V·s）可用式7－2表示

$$\mu = \frac{v}{E} = \frac{Q}{6\pi r\eta} \tag{7-2}$$

迁移率大小与物质所带电量、颗粒大小和形状及介质粘度有关。一种物质在一定条件下所测得的迁移率是一物理常数。另外，式7－2仅适用于球形粒子，许多生物大分子，如蛋白质其质点在溶液中并非球形，因而实际测得的迁移率比按式7－2算得的值小。

若两电极间距离为 $L$（cm）时的电位差是 $\Delta U$（V），则 $E = \Delta U/L$；经时间 $t$（s）后粒子移动距离为 $d$（cm），则 $v = d/t$，式7－2又可写成

$$\mu = \frac{v}{E} = \frac{d/t}{\Delta U/L} = \frac{dL}{t\Delta U} \tag{7-3}$$

电泳分析法就是利用组分电泳迁移率的差别使混合物得到分离。在同一电场中，在相同时间内，物质 $A$ 与物质 $B$ 的迁移距离分别是 $d_A$ 和 $d_B$，两者移动距离之差为 $\Delta d$，则

$$\Delta d = d_A - d_B = (\mu_A - \mu_B)\frac{t\Delta U}{L} \tag{7-4}$$

从式7－4可知，物质A、B能否分离决定于两者的迁移率的差异。

## 二、影响电泳迁移率的因素

### 1. 样品

被分离物的电泳速度与所带电荷多少成正比。此外，若被分离的物质带电量相同，分子量大小与电泳速度成反比。球形分子的电泳速度比纤维状分子快。

### 2. 电场强度

电场强度是指单位长度的电位降，即电位梯度。电场强度愈大，则带电粒子的移动速度愈快。

### 3. 电流与电阻

电泳时必须是恒定的直流电源。如果电压固定，电流的大小是由缓冲液的离子强度和电极间距离来决定。总电流则随支持介质宽度（如醋酸纤维膜条数）的增加而增大。一般情况下，电泳速度与电流强度成正比。

电泳速度与电阻成反比。电阻大小与支持介质的长度成正比，与支持介质的宽度和缓冲液的离子强度成反比。

### 4. 缓冲液的pH和离子强度

缓冲液是电泳系统重要组成部分，其作用是维持电泳介质的pH恒定，并起导电作用。

（1）缓冲液的pH　缓冲液的pH决定了电泳物质的离解程度，也决定了颗粒净电荷的多少。缓冲液的pH偏离蛋白质、氨基酸等两性电解质的等电点越远，质点所带电荷越

多，电泳速度越快。因此，当分离蛋白质混合液时，应尽量选择能使各种蛋白质所带净电荷量的差异增大的 pH，以利于分离。

由于电泳过程中伴有水的电解过程，正极缓冲液的 pH 会略有降低，而负极缓冲液的 pH 则略有升高，为了减少这种影响，经过 2～4 次电泳后可将正负极交换一下，也可以在使用 10 次以上后将缓冲液全部倒出，混匀过滤后再用。若 pH 改变较大，则应更换新的缓冲液。

（2）缓冲液的离子强度　缓冲液的离子强度越高，溶液的缓冲能力越大，pH 越稳定，但缓冲液所载的分电流也随之增加，而样品所载的电流相应减小，因而电泳速度减慢，但区带分离却较清晰。由于缓冲液的导电能力增大，产热增加，对电泳不利。另外，离子强度过高，将降低胶体质点带电量，甚至破坏胶体，使之不能泳动；反之，离子强度低，可加快电泳速度。如果离子强度过低，样品在支持物上扩散严重，分辨率明显降低，同时离子强度小，缓冲能力弱，pH 不稳定。所以，缓冲液离子强度必须选择最佳数值，一般在 0.02～0.2mol/L 之间为好。

5．支持介质

对支持介质的基本要求是具有化学惰性，不导电，吸液量多而稳定，不带电荷，没有电渗，不吸附蛋白质等其他电泳物质，热传导度大，结构均一而稳定，分离后样品易析出等。支持介质对电泳迁移率的影响主要有两方面：

（1）吸附　支持介质的表面对被分离的物质具有一定的吸附作用，使被分离样品滞留而降低电泳速度，造成样品拖尾使电泳的分辨率降低。

（2）电渗　在电泳过程中，液体对固体支持物的相对移动称为电渗。电渗作用实际上是电泳材料表面的电荷引起水的定向运动。若电泳材料表面带有负电荷，如琼脂上的硫酸根，则与其接触的水溶液带正电荷（$H_3O^+$），在电场作用下水层溶液向负极移动。在区带电泳中，电渗与电泳同时存在，电渗对所有组分的影响是相同的。质点电泳速度是其固有电泳速度和由电渗携带移动速度两者的代数和。因此，电渗作用只影响电泳速度而不影响其分辨率。

电渗作用的大小和方向可以用不带电荷的有色颜料或有色葡聚糖来进行鉴定。把这些物质点加在支持物中间区域，通电后可观察到电渗移动的方向和距离。

另外，缓冲液的粘度、缓冲液与带电质点的相互作用、以及电泳时温度变化、电压不稳等因素也影响电泳速度。

## 第三节　电　泳　仪

电泳仪是进行电泳分析的仪器，主要由电源和电泳槽两部分组成。

### 一、电源

电源是产生电泳电场的装置，常为可调式直流电源。一般都用交流电源经过整流、滤波后获得，主要部分是一个整流器，可用晶体管、电子管或可控硅整流。多数装有稳压装置，用电压表和电流表指示输出电压及电流的大小。

### 二、电泳槽

电泳槽是用来盛装缓冲液和进行电泳的场所，多用透明塑料膜压或用有机玻璃胶合而成。电泳槽外形有水平式、垂直式和圆盘式等多种，其中水平式电泳槽一般由电极、缓冲液槽、电泳介质支架和一个透明的绝缘盖等几部分组成。电极分别装在两个缓冲液槽内。电极应具有良好的导电性、抗腐性和抗电解作用，常用铂丝或镍铬合金丝等材料。

支持介质放在两个支架上，其两端与电泳液接通而形成盐桥。通电后，电流只能在支持介质体上通过，电泳物质在其上泳动。绝缘盖起防止缓冲液蒸发以及防触电的保护作用。有些电泳槽有冷却装置以保证电泳介质的温度不至过高。

电泳操作一般有支持介质的制备或饱和，加样，电泳分离样品、染色及洗脱比色或光密度扫描定量等步骤。

## 第四节 分析方法

### 一、滤纸电泳

滤纸电泳是最早应用的一种电泳技术，其优点是滤纸价廉易得，使用、操作方便，有一定机械强度。不足之处是电泳时间太长，滤纸的吸附和电渗作用比较严重，造成严重的拖尾现象而降低了分辨率，现已较少应用。

### 二、醋酸纤维薄膜电泳

醋酸纤维薄膜电泳（cellulose acetate electrophoresis，CAE）是目前常用的电泳分析技术之一。醋酸纤维素是将纤维素分子中葡萄糖单体上的 2 个羟基乙酰化成二醋酸纤维素，然后溶解在丙酮和水的混合溶剂中而涂成均匀薄膜，等溶剂挥发后即形成醋酸纤维薄膜。膜的厚度一般为 0.15mm 左右，浸湿后有较大的抗拉能力和柔软性。醋酸纤维薄膜可以用 7 份 95% 乙醇和 3 份冰醋酸的混合液进行透明，以便用光密度计扫描定量和照像。

醋酸纤维薄膜电泳与滤纸电泳相比具有快速，吸附作用和电渗小，分离区带清晰，分辨率高，样品用量少和操作简便等特点。由于醋酸纤维薄膜不吸附染料，蛋白质区带周围的染料能完全漂洗掉，检测灵敏度较高。其不足之处是吸水性较差，限制了样品的用量。

醋酸纤维薄膜电泳已广泛用于血清蛋白、血红蛋白、脂蛋白、同工酶等的分离和测定。血清蛋白电泳时，可电泳分离出 5 条蛋白区带：最前面的为血清白蛋白，其余依次为 $\alpha_1$、$\alpha_2$、$\beta$、$\gamma$ 球蛋白。用染料染色，可经洗脱比色定量或用光密度计扫描定量。图 7－1 为正常人血清电泳图谱和光密度计扫描曲线。

### 三、琼脂或琼脂糖凝胶电泳

琼脂凝胶电泳具有以下优点：①琼脂含液体量大，占 98%～99%，其疏松的网状结构允许分子量大于 100 万的大分子自由通过，近似自由电泳。而扩散又较自由电泳小，琼脂对蛋白吸附极弱；②琼脂作为支持物较均匀，区带整齐，分辨率高，重现性好；③液相和固相无明显分界，电泳速度快；④透明度好，能透过紫外可见光，可直接用紫外检测仪作定量测定；⑤区带易染色，样品易洗脱，利于制备；⑥干膜可长期保存。

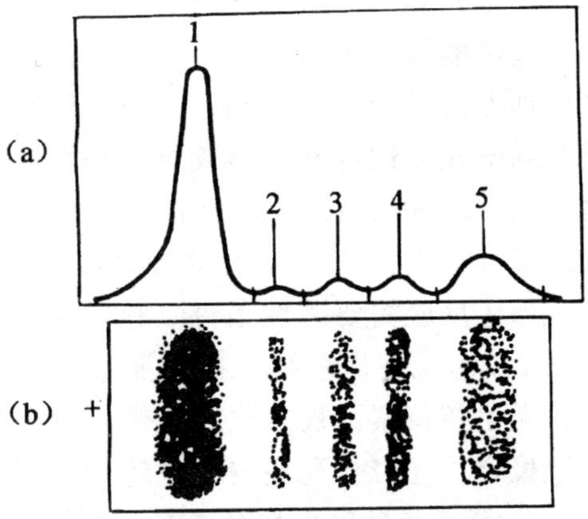


图 7－1 正常人血清蛋白电泳示意图

a. 光密度计扫描曲线；b. 电泳后染色图谱

1. 血清白蛋白；2. $\alpha_1$ 球蛋白；

3. $\alpha_2$ 球蛋白；4. β 球蛋白；5. γ 球蛋白

由于琼脂是多聚半乳糖的硫酸酯，含硫酸根及羟基，因而产生较强的电渗作用，并可和染料结合，加深凝胶板的底色。硫酸根能与脂蛋白的阳离子结合，使蛋白移动较慢，影响分离效果。因此，目前已广泛用琼脂糖作支持介质，称为琼脂糖凝胶电泳（agarose gel electrophoresis，AGE）。

琼脂糖是从琼脂中去掉杂质和能沉淀脂蛋白的琼脂果胶后所得，电渗和对蛋白吸附作用小，分辨率和重现性较好，电泳图谱清晰。琼脂糖凝胶电泳特别适用于免疫电泳。

## 四、聚丙烯酰胺凝胶电泳

聚丙烯酰胺凝胶电泳（polyacrylamide gel electrophoresis，PAGE）是以聚丙烯酰胺凝胶作为支持物的一种区带电泳。这种凝胶电泳的主要特点是凝胶具有电泳支持体及分子筛的双重作用，大大提高了分辨能力。它是目前分辨能力最高的电泳支持体之一。因此，聚丙烯酰胺凝胶电泳能精细分离各种蛋白质组分，既适用于少量样品的分离鉴定，又适用于较大试样的分离制备。还可测定蛋白质或核酸分子量、核酸的序列分析等，特别用于基因变异或同工酶的研究，应用广泛。

1. 聚丙烯酰胺凝胶电泳优点

(1) 具有分子筛作用，分离效果好。

(2) 不带电荷，几乎没有电渗作用。

(3) 化学稳定性高，由于分子结构中富有酰胺基，它是一种稳定的亲水胶体。

(4) 机械强度好，有弹性，在一定浓度范围内为无色透明，便于电泳后的各种处理。

(5) 可通过控制单体浓度或单体与交联剂的相对比例来调节凝胶的孔径，以适合不同分子量样品的分离。

不足之处是聚丙烯酰胺凝胶单体对神经系统及皮肤有毒性作用，但聚合后就没有毒性了。此外，聚合时易受各种因素干扰。

2. 聚丙烯酰胺凝胶的聚合

聚丙烯酰胺凝胶是人工合成的。它由丙烯酰胺（acrylamide，Acr）和亚甲基双丙烯酰胺（n，n′－methylene－bisacrylamide，Bis）通过化学催化或光催化聚合而成。聚合时，作为单体的丙烯酰胺（ $CH_2{=}CH{-}CO{-}NH_2$ ）的双键打开，通过加成反应形成含有酰胺基侧链的脂肪族长链，相邻的两条链通过交联剂亚甲基双丙烯酰胺以亚甲基桥方式交联起来，形成具有三维网状结构的高聚物。

过硫酸铵（AP）-四甲基乙二胺（TEMED）为化学催化系统。当在 Acr 和 Bis 的溶液中加入这种催化系统后，TEMED（加速剂）先促使 AP（引发剂）形成游离基，它可使丙烯酰胺双键打开，形成自由基丙烯酰胺而活化，从而引发聚合作用。聚合的速度与温度成正比，如温度过低，或溶液体系内有氧分子及不纯物质都会延缓凝胶的聚合。为了防止溶液气泡中含有氧分子而妨碍聚合，在聚合前最好先将溶液分别抽气除氧，再混合配制。催化反应需要碱性条件。化学聚合凝胶孔径较小，且各次制备重复性好。核黄素-TEMED 为光催化系统，在光照下核黄素部分被还原成无色核黄素，在有痕量氧的条件下，无色核黄素又被氧化成为带有自由基的核黄素，从而引发聚合反应，加入 TEMED 可加速聚合。光聚合孔径较大且随时间延长而逐渐变小。

3. 聚丙烯酰胺凝胶的孔径与机械强度

聚丙烯酰胺凝胶的机械强度、弹性、透明度和孔径大小都受凝胶总浓度（$T$）和交联度（$C$）控制。$T$ 表示 100ml 凝胶中 Acr 和 Bis 的总质量（g/dl）。$C$ 则表示交联剂 Bis 占 Acr 与 Bis 总质量的百分比。

凝胶孔径主要受 $T$ 的控制，也与 $C$ 有关。$T$ 值越大，孔径越小；$C$ 值越大，孔径越小。当 $T$ 值固定不变时，$C$ 值在 5% 时，凝胶的孔径最小，高于或低于 5% 时，孔径都会增大。凝胶孔径在电泳分离中是一个重要因素，它往往对分离效果起决定作用。常用的标准凝胶是指 $T$ 为 7.5% 的凝胶，其孔径约为 5nm。大多数生物体内的蛋白质（分子量 $10^4$～$10^6$）在此胶中电泳都能得到满意的分离效果。

凝胶的机械强度、弹性、透明度和粘着度主要取决于凝胶总浓度 $T$ 及 Acr 与 Bis 的比值。通常 $T$ 值越大，机械强度增强，其中 Acr 与 Bis 的比值尤为重要。

4. 聚丙烯酰胺凝胶电泳的分类

根据凝胶的形状，聚丙烯酰凝胶电泳可分为圆柱型和平板型两类，其中平板型又可分为水平式和垂直式两种。根据凝胶系统和缓冲液的组成则可分为连续和不连续凝胶电泳。其中，垂直板不连续电泳应用较广。

5. 不连续聚丙烯酰胺凝胶垂直板电泳的分离原理

不连续聚丙烯酰胺凝胶垂直板电泳的支持体一般由上层浓缩胶和下层分离胶组成（图 7-2）。浓缩胶的浓度一般 $T=2\%\sim3\%$，缓冲液为 Tris-HCl，pH6.7；分离胶的浓度 $T=5\%\sim10\%$，缓冲液也是 Tris-HCl，pH8.9。样品在浓缩胶的上面，电极槽缓冲液为 Tris-甘氨酸，pH8.3。上面槽接电源负极，下面槽接电源正极。这样形成的不连续凝胶电泳系统包括：①上下层胶的浓度和孔径大小不同；②电极槽及两层胶中使用 pH 和缓冲液不同。其高分辨率主要归结于以下三种效应：

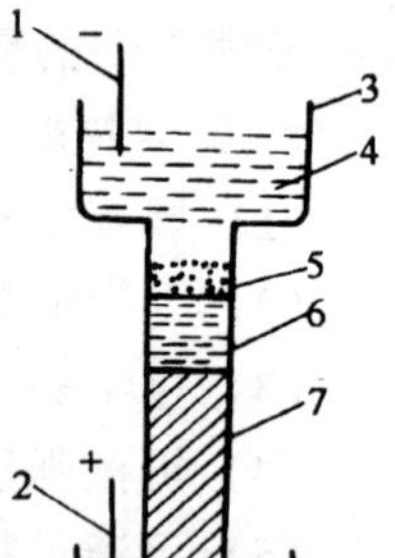

图 7-2 不连续聚丙烯酰胺凝胶垂直板电泳示意图
1. 上电极；2. 下电极；3. 上电极槽；4. 缓冲液；5. 样品；6. 浓缩胶；7. 分离胶

（1）样品的浓缩效应 样品在电泳开始时，通过浓缩胶被浓缩成高浓度的样品薄层（一般能浓缩几百倍），然后再被分离。其机理是：通电后，浓缩胶中的 HCl 解离度最大，摩擦力最小，故 $Cl^-$ 迁移率最大，被称为先导离子；电极缓冲液中的甘氨酸离子在电泳后进入浓缩胶，由于 pH 由 8.3 降为 6.7，甘氨酸离子的负电荷大大减少，解离度最小（甘氨酸的等电点 pI 为 6.0），电泳迁移率最低，称为慢离子；样品中的蛋白质在 pH6.7 时带有较多负电荷，其电泳迁移率大于甘氨酸离子而小于 $Cl^-$。因此，当电泳时，在浓缩胶中，在快速移动的 Cl－后面形成低离子浓度区，即低电导区。因为电导与电位梯度成反比，因而可产生较高的电位梯度，这种高电位梯度使蛋白质和慢离子加速移动，从而使蛋白质样品压缩成薄层。由于浓缩胶 $T$ 较小，孔径大，故分子筛效应非常小。

（2）分子筛效应　各种离子从浓缩胶进入小孔径分离胶以后，由于 pH 从 6.7 上升为 8.9，凝胶孔径变小，甘氨酸的电离度加大而带较多负离子，同时因分子量远远小于蛋白质，所受阻力小，故其迁移率很快超过蛋白质的迁移率，高电位梯度也随之消失。在均一电位梯度和 pH 的小孔径分离胶中，不同分子量大小或形状不同的蛋白质通过凝胶时受到的阻滞程度不同，小分子走在前面，大分子走在后面。因此，即使蛋白质的电荷和电泳迁移率相同，也因受到不同阻力而相互分开。这种作用称为分子筛效应。

（3）电荷效应　这一效应与其他电泳相同，带电多的粒子，电泳迁移率大，走在前面；带电少的粒子走在后面。因此，在浓缩胶中，以浓缩效应为主，电荷效应为次，分子筛效应很小。在分离胶中，主要是分子筛效应和电荷效应。

## 五、等速电泳

等速电泳是基于自由界面电泳原理而建立起来的利用电位梯度分离测定离子化合物的高效分离分析方法。在电泳过程中，由于混合物各组分离子达到平衡后以等速泳动，故称等速电泳。它具有分辨率高、分析速度快、重复性好、便于自动化等特点。

等速电泳中采用两种不同的电介质，一种是迁移率较高的先导离子电介质溶液，一种是迁移率较低的尾随离子电介质溶液，试样引入二者之间。因此等速电泳中的电泳溶液不是均一连续性的。现举例简要说明等速电泳分离阴离子的原理。设先导离子 $L^-$ 是 Tris－$Cl^-$ 中的 $Cl^-$；结尾离子 $T^-$ 是 Tris－甘氨酸中的甘氨酸阴离子，Tris 是配对离子；$A^-$、$B^-$ 和 $C^-$ 为待分离组分，其迁移率的次序是 $Cl^-$ ＞$A^-$＞$B^-$＞$C^-$＞甘氨酸，如图 7－3a 所示。当电泳开始后，由于各种离子迁移率不同，向正极运动有快有慢，故电泳过程中，电泳池内电介质溶液将形成离子浓度梯度，由负极到正极增加。因为电位梯度与电导率成反比，故低浓度离子区即低电导区有较高的电位梯度，因此电泳池内电介质溶液的电位梯度由负极向正极减少。由于离子的迁移速率与电位梯度即电场强度成正比，故在电泳中 $A^-$ 的迁移率逐渐减慢，而 $C^-$ 则逐渐加快。随着电泳的进行，$A^-$、$B^-$、$C^-$ 三种离子必将以相等的速率泳动，即进入等速状态，此时形成紧紧相邻的 $A^-$、$B^-$、$C^-$ 三个单组分区带，各区带彼此完全分离，如图 7－3b 所示。等速电泳常用标准曲线法定量，即用已知浓度标准试样测其

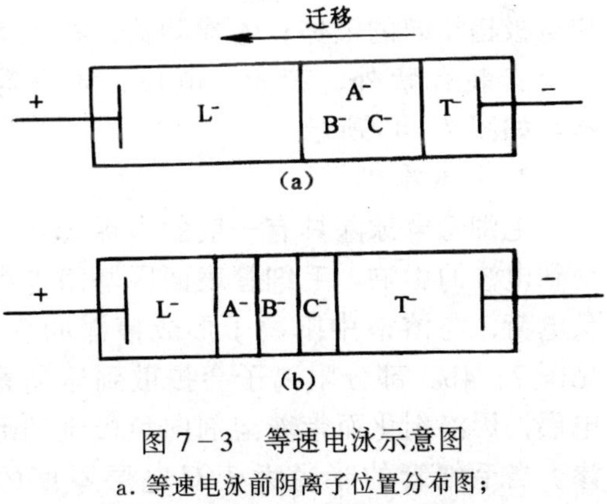


图 7－3　等速电泳示意图
a. 等速电泳前阴离子位置分布图；
b. 等速电泳后阴离子位置分布图

区带长度，绘制区带长度－浓度标准曲线，然后在同一条件下测定试样区带长度，由标准曲线查出试样浓度。

等速电泳可用于临床试样中蛋白质、氨基酸、核酸、金属离子、无机离子和有机离子的分析，还可用于制备纯物质等。由于等速电泳的分离效率较高，某些复杂的试样可以不经预处理而直接分析，所以，等速电泳在医学检验中有广阔的应用前景。

## 六、毛细管电泳

### （一）概述

毛细管电泳（capillary electrophoresis，CE）是 20 世纪 80 年代初发展起来的一类高效快速分离分析方法。具有分辨率高、选择性好、定量准确、微量和易自动化等特点。毛细管电泳将电泳载体移到毛细管中，克服了传统电泳的热扩散和试样扩散的缺点，大大提高了分析灵敏度。毛细管电泳按分离模式分为毛细管区带电泳、凝胶电泳、等速电泳、等电聚焦和胶束电动力学毛细管色谱等类型。以毛细管区带电泳应用最为广泛。

### （二）毛细管区带电泳

毛细管区带电泳是近年发展起来的一种高效快速的液相分离分析技术，它具有原理简单、操作简便、耗费低、易自动化等优点。主要用于蛋白质的分离、药物的分离和检测等方面。

1. 仪器装置

毛细管区带电泳是以具有 pH 缓冲能力的电介质溶液为载体，以毛细管为分离室的一种高压区带电泳。其仪器主要由下列几个基本部分组成：①直流高压电源；②两个电极槽；③石英毛细管，分别浸在两个电极槽中，并充满和电极槽相同的液体；④检测器，在毛细管的一端安装有紫外、荧光、电位、质谱等检测器。如图 7－4a 所示。

2. 基本原理

毛细管电泳除具有一般的电泳迁移外，还受到电渗的影响。毛细管表面因基团电离而带负电荷，与溶液中阳离子形成停滞的双电层，见图 7－4b。部分阳离子会扩散到运动着的双电层，因溶剂化而带着溶剂向负极流动形成电渗。当毛细管的半径大于双电层厚度的 7 倍时，毛细管中的电渗就形成平流，如图 7－4c 所示。

试样引入后，正离子迁移方向与电渗方向一致，所以正离子在毛细管内的迁移速度加快。负离子迁移方向与电渗方向相反。离子的

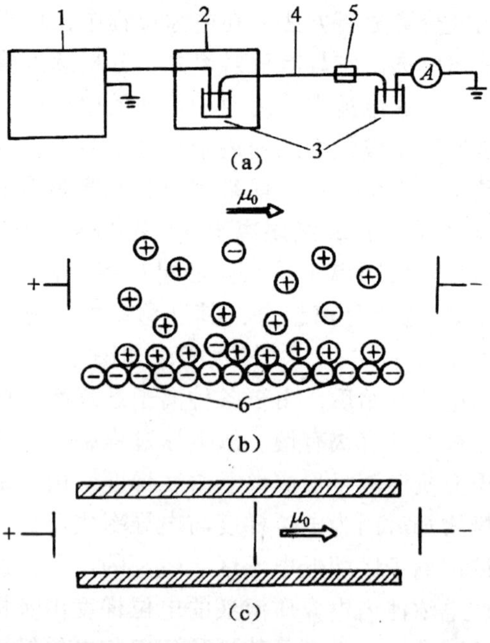


图 7－4 毛细管电泳装置和区带电泳基本原理
a. 电泳装置；b. 毛细管壁－溶液的界面上的离子示意图；c. 毛细管中的电渗流动示意图
1. 直流高压电源；2. 有机玻璃外壳；3. 电极槽；4. 毛细管；5. 检测器；6. 毛细管表面

迁移方向和速度，决定于泳动速度和电渗作用大小。由于电渗流一般远大于泳动流速，因此在毛细管中，负离子也总是向负极移动。中性粒子的泳动速度为零，所以中性粒子也随电渗而行。以中性物质的速度可以测定电渗作用。因此，在毛细管电泳中，所有的离子性和非离子性溶质都被电渗携带而向负极运动，对加了电压后毛细管内流体的研究表明，液体在毛细管中的流动呈扁平型的“塞子流”，这种流型导致了毛细管的高效分离。

## 第五节 应 用

电泳分析法在医学检验中应用十分广泛，可用于氨基酸、多肽、蛋白质、酶、脂类、核酸，甚至病毒、细胞等的分离、纯化和鉴定以及定性和定量分析，成为医学检验的一种重要分离分析技术。目前，毛细管电泳已广泛用于氨基酸分析、蛋白质高效分离，指纹图谱研究、分离合成寡核苷酸、DNA 酶切段及 PCR 产物分析鉴定、DNA 顺序测定等，在生物大分子和小分子的分离分析及临床检测等多方面有广阔的应用前景。

例：聚丙烯酰胺凝胶电泳法测定 $HbA_2$

(1) 凝胶管的制备　取 30.8g/dl 丙烯酰胺凝胶液 2.5ml，Tris - EDTA - 硼酸钠(TEB) 缓冲液 (pH8.28，0.36mol/L) 1.25ml，蒸馏水 5.6ml，1g/dl TEMED0.5ml，10g/dl 过硫酸铵 0.05ml，充分混合，灌入玻璃管内，置室温 1h 备用。

(2) 加样　吸取 Hb 样液 20μl，沿管壁加入到凝胶柱上。

(3) 电泳　电泳槽内加入 pH8.28 的 TEB 缓冲液，调节电流为 3mA，通电 15min 后，电流增至 10mA，电泳 3h。

(4) 用光密度仪扫描，做定量分析。

### 思考与练习

1. 何谓电泳及电渗？电泳法分哪几类？区带电泳分哪几类？
2. 试述电泳法的基本原理？影响电泳的因素有哪些？
3. 简述聚丙烯酰胺凝胶垂直板电泳分离蛋白质的基本原理？
4. 比较各类电泳法的特点。

（龚道元　王菊香）

# 第八章　液相色谱法

## 第一节　概　述

色谱法（chromatography）又称层析法或色层法，是一类重要的物理化学分离分析方法。这种方法与适当的检测手段相结合，已应用于分析化学各个领域。

1906年，俄国植物学家茨维特（M. Tswett）将植物色素提取液加到装有碳酸钙微粒的玻璃柱子上部，继而以石油醚淋洗柱子，结果使不同的色素在柱中得到分离而形成不同颜色的谱带。混合色素通过碳酸钙微粒被分离成不同色带的现象，象一束光线通过棱镜时被分成不同色带的光谱现象一样，色谱法由此得名。

在上述实验中，起分离作用的柱子称为色谱柱（column），柱内的填充物碳酸钙称为固定相（stationary phase），沿柱流动的液体石油醚称为流动相（mobile phase）。固定相可以是固体也可以是液体；流动相可以是液体也可以是气体。现在色谱法已得到迅速发展，分离对象早已不限于有色物质，但色谱一词却沿用至今。

色谱法的实质是分离。它是根据混合物各组分在固定相和流动相中吸附、脱附、溶解、析出或其他亲和力和渗透性的差异，使各组分在色谱柱中的迁移速度不同而获得分离。

色谱法是近代分析化学中发展最迅速的技术之一，目前已有多种类型的色谱分析法，同时亦有多种分类方法。

### 一、按两相所处的状态分类

用液体作为流动相，称为液相色谱法（liquid phase chromatography，LC）；用气相作为流动相，称为气相色谱法（gas chromatography，GC）。所以色谱法按两相所处的状态可以分为以下几类：

1. 液相色谱法

（1）液－固色谱法（LSC）　流动相为液体，固定相为固体吸附剂。

（2）液－液色谱法（LLC）　流动相为液体，固定相也为液体。

2. 气相色谱法

（1）气－固色谱法（GSC）　流动相为气体，固定相为固体吸附剂。

（2）气－液色谱法（GLC）　流动相为气体，固定相为液体（涂在固体载体上或毛细管壁上）。

### 二、按分离机理分类

（1）吸附色谱法　吸附色谱法（adsorption chromatography）包括气－固吸附色谱、

液－固吸附色谱。其固定相多为具有大比表面积的多孔吸附剂。试样的分离主要是基于固定相对不同组分吸附性能的差异实现的。

（2）分配色谱法 分配色谱法（patition chromatography）包括气－液分配色谱和液－液分配色谱。试样的分离主要是基于不同组分在流动相和固定相之间的溶解分配能力的差异实现的。

（3）离子交换色谱法 离子交换色谱法（ion－exchange chromatography）使用具有离子交换功能团的材料作固定相，简称离子色谱法。试样的分离主要是利用各组分与固定相进行离子交换能力的差异实现的。

（4）分子排阻色谱法 分子排阻色谱法（moleculer exclusion chromatography）又称凝胶色谱法或称空间排阻色谱法，试样的分离是利用各组分分子的大小不同而在凝胶上产生的阻滞作用不同实现的。

### 三、按操作形式分类

（1）柱色谱法 柱色谱法（column chromatography）是将固定相装于柱内，使样品沿一个方向移动而达到分离。

（2）纸色谱法 纸色谱法（paper chromatography）是以滤纸作为载体，以其上面吸附的水作为固定相，点样后，用流动相展开，以达到分离鉴定的目的。

（3）薄层色谱法 薄层色谱法（thin layer chromatography）是将吸附剂涂铺在平板（如玻璃板）上制成薄层作固定相，然后用与纸色谱相同的操作方法进行分离鉴定。

20 世纪初提出的柱色谱法、30 年代发展的纸色谱法和 40 年代出现的薄层色谱法，都是以液体作为流动相，统称为经典液相色谱法。这类分析方法速度慢，分离效率低，重复性差，定量困难，又不易实现自动化，因此发展较缓慢。50 年代气相色谱出现后，色谱技术才有了突破，分析速度和分离效率大大提高，并实现了仪器化。在此基础上，于 60 年代末发展了高效液相色谱法。我们将在第九章讨论气相色谱法，第十章讨论高效液相色谱法。

经典液相色谱法是现代色谱学的基础，其设备简单、操作方便、能分离复杂的混合物。所以经典液相色谱在分析化学上仍占有一定的地位，本章着重介绍经典液相色谱基本理论及技术。

## 第二节 柱 色 谱

柱色谱法按其作用原理又可分为吸附柱色谱、分配柱色谱、离子交换柱色谱和凝胶柱色谱。

### 一、液－固吸附柱色谱

吸附色谱法是最早建立的色谱法。吸附色谱法的若干概念对其他类型的色谱法也适用，因此我们首先讨论吸附色谱法。

1. 分离原理

吸附是指溶质在液－固或气－固两相的交界面上集中浓缩的现象，它发生在固体的表面上。这种固体称为吸附剂，是一些多孔性物质，如氧化铝、硅胶等。吸附剂的吸附作用，主要依靠吸附剂表面的吸附点位（或称为吸附中心）起作用。硅胶的吸附点位就是硅胶表面的硅醇基。所以吸附色谱法是利用吸附剂对混合物中各组分吸附能力的差异、各组分在柱上迁移速度不同而达到分离的方法。

例如，偶氮苯存在二种立体异构体，即顺式和反式偶氮苯。这二种异构体的性质很接近，用沉淀、萃取等方法分不开，如用吸附色谱法就能较容易地加以分离。其操作方法是：取一根装有氧化铝吸附剂的色谱柱，将顺、反式偶氮苯的混合物用少量石油醚溶解，加到氧化铝顶端，两种偶氮苯被吸附在柱的顶端，见图 8－1a，然后用含 20％乙醚的石油醚通过柱子，很快就会发现在白色氧化铝上出现两个色带，见图 8－1b。继续这一操作，两个色带就会依次从柱中流出来，从而达到分离，见图 8－1c。

因为，当流动相流过时，已被吸附在柱上的两种偶氮苯又重新溶解于流动相中而解吸，随着流动相向前移动，已解吸的组分遇到新的吸附剂颗粒，又再次被吸附。这样组分在色谱柱上不断发生吸附、解吸、再吸附、再解吸的过程。虽然二种异构体的理化性质的差异并不大，反映在氧化铝表面吸附能力的差异也不大，但是经过成千上万次重复的结果，使微小的差异积累成较大差异，因而大大提高了分离效率，吸附能力弱的组分在柱中迁移速度快，先流出色谱柱；吸附能力强的组分在柱中迁移速度慢，后流出色谱柱。

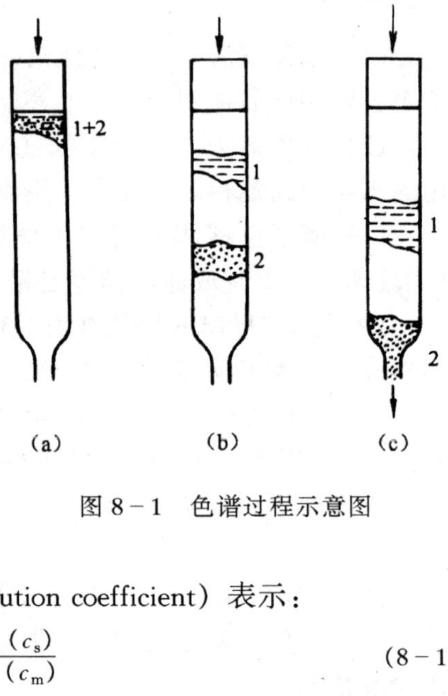


图 8－1　色谱过程示意图

在色谱分离中，各组分以不同的程度分布在两相中，溶质既可进入固定相，也可进入流动相，这个过程叫分配过程。不论色谱机理属于哪一种，分配过程都存在。分配过程进行的程度，以分配系数 $K$（distribution coefficient）表示：

$$K=\frac{\text{溶质在固定相中的浓度}（c_s）}{\text{溶质在流动相中的浓度}（c_m）} \tag{8-1}$$

分配系数与温度有关，温度提高 30℃，分配系数约下降一半。一般来说，在低温度时，$K$ 为常数。

溶质组分在柱中移动的速率决定于组分分配系数 $K$ 值的大小。如果组分的 $K$ 值小，$c_s$ 小，在固定相上保留作用弱，运动速度快，因此，先流出色谱柱。反之，组分的 $K$ 值大，$c_s$ 大，在固定相上保留作用强，运动速度慢，则该组分后流出色谱柱。

2. 吸附剂的选择

吸附色谱主要利用吸附剂对不同物质吸附力的差异进行分离。因此，吸附剂和流动相的选择是实验的关键。

吸附剂应具有较大的吸附表面和一定的吸附能力，颗粒应有一定的细度而且粒度要均匀。常用的吸附剂有氧化铝、硅胶、聚酰胺、活性炭等。

硅胶呈微酸性，用于分离酸性和中性物质，如有机酸、氨基酸、甾体等。硅胶具有多孔性的硅氧交联（$-\overset{|}{\underset{|}{Si}}-O-\overset{|}{\underset{|}{Si}}-$）结构，其骨架表面有许多硅醇基（$-\overset{|}{\underset{|}{Si}}-OH$）其吸附性能决定于硅胶表面的硅醇基，硅醇基作为质子给予体，通过氢键的形式将溶质吸附在硅胶表面。与其他吸附剂相比，硅胶具有对样品无催化作用，有较大的线性容量和较高的柱效等优点，为首选吸附剂。水能与硅胶表面的羟基结合形成水合硅醇基（$-\overset{|}{\underset{|}{Si}}-OH\cdot H_2O$）而使硅醇基失去活性，不具有吸附性能。硅胶表面吸附的水为“自由水”，加热到 100℃左右，能可逆地除去。利用这一原理可对吸附剂进行活化（去水）和去活性（加水）处理。通常将硅胶在 105℃～110℃活化。如果将硅胶加热至 500℃，硅醇基变成硅氧烷，则吸附性能显著下降。

氧化铝有碱性、中性和酸性三种，吸附能力略高于硅胶，以中性氧化铝使用最多。碱性氧化铝适用于碱性和中性化合物的分离。中性氧化铝适用于分离生物碱、甾体、苷类、醛、酮、醌、酯和内酯等化合物。凡是酸性、碱性氧化铝可分离的物质都可用中性氧化铝分离。酸性氧化铝适用于分离酸性化合物，如酸性色素、氨基酸及对酸稳定的中性物质。

硅胶和氧化铝的活性可分为五级（表 8－1），含水量越少，活度越大，其吸附能力越强。

Ⅰ级吸附剂活度最大，Ⅴ级吸附剂活度最小。分离极性小的物质，一般选用活度大些的吸附剂，以免保留程度太小，难以分离。分离极性大的物质，宜选用活度小些的吸附剂，以免吸附过牢，不易洗脱下来。常用硅胶和氧化铝的活度为Ⅱ～Ⅲ级。在一定温度下，加热除去水分，可降低活度级数，增加活度，反之加入一定量的水可使活度级数增加，活度降低。

**表 8－1　硅胶、氧化铝的含水量与活性关系**

| 活性级别 | 硅胶含水量，% | 氧化铝含水量，% |
|---|---|---|
| Ⅰ | 0 | 0 |
| Ⅱ | 5 | 3 |
| Ⅲ | 15 | 6 |
| Ⅳ | 25 | 10 |
| Ⅴ | 38 | 15 |

3．*流动相的选择*

选择流动相应同时考虑以下几方面的因素：

（1）被测物的结构与性质　极性大的物质易被吸附剂较强地吸附，需要极性较大的流动相才能洗脱。被测物质极性取决于它的结构。饱和碳氢化合物一般不被吸附，或吸附得较弱。当其结构中的基团被极性基团取代后，极性增加，则吸附性增强。常见基团的极性由小到大的次序是：

烷烃（ $—CH_3$ 、 $—CH_2—$ ）< 烯烃（ $—CH═CH—$ ）< 醚类（ $—OCH_3$ 、 $—OCH_2—$ ）< 硝基化合物（ $—NO_2$ ）< 酯类（ $—COOR$ ）< 酮类（ $>C═O$ ）< 醛类（ $—CHO$ ）< 胺类（ $—NH_2$ ）< 醇类（ $—OH$ ）< 酚类（ $Ar—OH$ ）< 羧酸类（ $—COOH$ ）。

在判断物质极性大小时，有如下规律可循：当分子基本母核相同，则分子中基团的极性越大，分子的极性也越大，则吸附力增强。当分子中不饱和键多，吸附力强，共轭双键多吸附力增大。分子取代基的空间排列对吸附力也有影响，如同一母核中羟基处于能形成分子内氢键位置时，其吸附力弱于羟基处于不能形成分子内氢键的化合物。

(2) 流动相的极性　一般根据相似相溶原则，极性物质易溶于极性溶剂中，因此分离极性大的物质一般选择极性较大的流动相。反之，对非极性物质则选择极性小的流动相。

常用流动相极性递增的次序是：

石油醚<环己烷<四氯化碳<苯<甲苯<乙醚<氯仿<醋酸乙酯<正丁醇<丙酮<乙醇<甲醇<水。

综上所述，一般用亲水性吸附剂（如硅胶、氧化铝）作色谱分离时，如被测组分极性较大，应选用吸附性较弱的吸附剂，用极性较大的洗脱剂；如被测组分极性较小，应选用吸附性较强的吸附剂，用极性较小的洗脱剂。以上只是一般规则，具体应用时往往需要通过实验寻找最合适的条件。

## 二、液－液分配柱色谱

### 1. 分离原理

有些强极性的化合物，如脂肪酸或多元醇，能被吸附剂强烈吸附，即使用洗脱能力很强的流动相仍很难洗脱。因此，用吸附色谱法分离是困难的。为克服这种困难发展了液－液分配色谱（liquid－liquid partition chromatography，LLC）。

分配色谱法是利用混合物中各组分在两种互不相溶的溶剂中的溶解度不同，即分配系数不同，而实现分离的。在一定温度下，物质同时溶解于两种相接触而不能相溶的溶剂中，其中一种溶剂吸附在载体上作固定相，另一种溶剂作流动相。其分配系数 $K = c_s / c_m$。分离效果决定于各组分分配系数的差异。各组分的分配系数差异越大，分离效果越好。

一般情况下，分配色谱法适用于各种类型化合物。特别适用于亲水物质，能溶于水又稍能溶于有机溶剂的物质。如有机酸、氨基酸的衍生物、糖类及生物碱类等。

### 2. 载体和固定相

载体又称担体，在分配色谱中起着负载固定相的作用。要求载体惰性、纯净、颗粒大小适宜。常用的载体有硅胶、纤维素、多孔硅藻土等。

固定相是液体，涂布或吸附在载体表面，如硅胶可吸附相当于本身重量79%的水分，此时它的吸附性能消失，以吸附的水作为固定相，则硅胶成为载体。常用的固定相除水外，还有稀 $H_2SO_4$、甲醇、甲酰胺等强极性溶剂。

### 3. 流动相

分配色谱中流动相与固定相的极性应相差很大，才能互不相溶。常用的流动相有石油醚、酸类、酮类、酯类、卤代烷烃等有机溶剂。使用之前，流动相需先用固定相饱和（将固定相和流动相同时放在分液漏斗中振摇，使固定相在流动相中溶解，并达到饱和），否则固定相易流失，重现性差。

## 三、离子交换柱色谱

离子交换色谱法（ion - exchange chromatography）是以离子交换树脂为固定相，水为流动相，利用离子交换树脂对不同离子具有不同的亲和力，使各种离子在色谱柱上迁移速度不同来达到分离目的。分离对象为离子型化合物。

### （一）离子交换树脂的种类

离子交换树脂是一高分子聚合物，具有网状立体结构的骨架。树脂的骨架部分一般很稳定，与酸、碱、一般有机溶剂和较弱的氧化剂都不反应，也不溶于流动相中。在网状结构的骨架上有许多可以被交换的活性基团。根据可以被交换的活性基团不同，离子交换树脂可以分成阳离子交换树脂和阴离子交换树脂两大类。

1. 阳离子交换树脂

它是指含有酸性基团的树脂，酸性基团上的 $H^+$ 可以和溶液中的阳离子发生交换作用，如磺酸基（ $—SO_3H$ ）、羧基（ $—COOH$ ）和酚羟基（ $—OH$ ）等就是这种酸性基团。因为磺酸是较强的酸，因此含磺酸基的树脂为强酸型阳离子交换树脂，以 $R-SO_3H$ 表示。R - OH 为弱酸型阳离子交换树脂。强酸型阳离子交换树脂在酸性、碱性和中性溶液中均可使用，交换反应速度快，与无机和有机阳离子都可以交换，因而应用较广。弱酸型阳离子交换树脂的交换能力受外界酸度的影响较大，羟基在 pH＞4 和酚羟基在 pH＞9.5 时才具有离子交换能力，因此其应用受到一定的限制，但选择性较好，可用来分离不同强度的有机碱。

阳离子交换树脂交换反应为

$$nR—SO_3H + M^{n+} \underset{洗脱}{\overset{交换}{\rightleftharpoons}} (R—SO_3)_nM + nH^+$$

反应式中，$M^{n+}$ 为金属离子，当样品溶液进入色谱柱中，金属离子与树脂中的氢离子交换，金属离子进入树脂网状结构中，氢离子进入溶液。由于交换反应是可逆过程，已经交换的树脂，如果以适当的酸溶液处理，反应逆向进行，树脂又恢复原状。这一过程称为再生或洗脱过程。经再生的树脂可重复使用。

2. 阴离子交换树脂

它是指含有碱性基团的树脂，碱性基团上的 $OH^-$ 可与阴离子发生交换反应。如含有季铵基 $—N(CH_3)_3^+$ 的树脂为强碱型阴离子交换树脂，含有伯胺基（ $—NH_2$ ）、仲胺基（ $—NHCH_3$ ）、叔胺基（ $—N(CH_3)_2$ ）的树脂为弱碱型阴离子交换树脂。这些树脂在使用前于水中浸泡溶胀水合，即分别成为 $R—N(CH_3)_3^+OH^-$、$R—NH_3^+OH^-$、$R—NH_2(CH_3)^+OH^-$ 和 $R—NH(CH_3)_2^+OH^-$。其中的 $OH^-$ 能与其他阴离子（例如 $Cl^-$）发生交换。交换反应为

$$R—NH(CH_3)_2^+OH^- + Cl^- \underset{洗脱}{\overset{交换}{\rightleftharpoons}} R—NH(CH_3)_2^+Cl^- + OH^-$$

交换前的树脂又称 $OH^-$ 型阴离子交换树脂。交换后则转变为 $Cl^-$ 型阴离子交换树脂。后者经适当浓度的碱溶液处理，可以使之再生。

各种阴离子交换树脂中，以强碱型的阴离子交换树脂使用最广。

### （二）离子交换树脂的性能

1．交联度

树脂中交联剂的含量称为交联度（degree of cross linking），通常以重量百分比表示。一般树脂是以苯乙烯为单体、二乙烯苯为交联剂聚合而成。二乙烯苯在原料中所占重量百分比即为交联度。交联度与树脂的孔隙大小有关，交联度大，形成的网状结构紧密，网眼小，对于离子进出树脂有阻碍作用，交换速度慢，甚至使体积较大的离子根本不能进入树脂颗粒内部，因而选择性好。一般只要不影响分离，以采用交联度较高的树脂为好。一般交联度为1%～6%。阳离子交换树脂常用8%交联度，阴离子交换树脂常用4%交联度。

2．交换容量

树脂的交换容量（exchange capacity）决定于网状结构内所含有的酸性或碱性基团的数目。理论交换容量是指每克干树脂所含有酸性或碱性基团的数目。实际交换容量是指在实验条件下每克干树脂真正参加交换反应的酸碱基团的数目，它表示树脂交换能力大小。实际交换容量往往低于理论交换容量，差别取决于树脂的结构与组成。交联度和溶液的pH都影响交换容量。因此，应在实际操作条件下用酸碱滴定法测定较为准确，以mmol/g或mmol/ml为单位。树脂的交换容量一般为1～10mmol/g。

### （三）离子交换平衡

离子交换反应的通式为

$$R^-A^+ + B^+ \rightleftharpoons R^-B^+ + A^+$$

当反应达到平衡时，平衡常数为

$$K_{B/A} = \frac{[B^+]_s\ [A^+]_m}{[A^+]_s\ [B^+]_m} = \frac{K_B}{K_A}$$

式中，$[A^+]_s$、$[B^+]_s$ 分别代表树脂（固定相）中 $A^+$、$B^+$ 离子浓度；$[A^+]_m$、$[B^+]_m$ 分别代表水溶液（流动相）$A^+$、$B^+$ 离子浓度。

树脂的填充状况和各离子的强度一定时，$K_{B/A}$为常数。平衡常数 $K_{B/A}$的意义为树脂对 $A^+$、$B^+$ 两种离子的相对选择系数。当 $K_{B/A}>1$ 时，说明树脂对B比A有更大的亲和力。$K_{B/A}$也是B和A离子在两相中分配系数（$K_B$、$K_A$）的比值。

树脂对离子选择性大小通常与离子的电荷及离子的原子量有关。在离子浓度相同的情况下，优先选择具有较高电荷的离子，如阳离子交换树脂对不同电荷数的阳离子的选择次序如下：$Th^{4+}>Fe^{3+}>Ca^{2+}>Na^+$；对同价离子的亲和力，随着原子量增大而增大，例如：$Li^+<Na^+<Rb^+<Cs^+$，$Mg^{2+}<Ca^{2+}<Sr^{2+}<Ba^{2+}$。

离子交换色谱无需特殊设备，操作简便，而且通过再生可反复使用，因而获得广泛使用。如可代替蒸馏水用的去离子水即用该法制备。其方法是：将天然水先通过氢型阳离子交换树脂柱，再通过氢氧型阴离子交换树脂柱，天然水中含有的 $K^+$、$Na^+$、$Mg^{2+}$、$Ca^{2+}$ 等阳离子、以及 $Cl^-$、$Br^-$、$SO_4^{2-}$、$CO_3^{2-}$ 等阴离子分别吸附在阳、阴离子交换树脂上，流出液即为“去离子水”。为提高去离子水的质量，可将多个阴、阳离子交换柱串联使用。

## 四、空间排阻柱色谱

空间排阻色谱法（steric exclusion chromatography，SEC）又称凝胶色谱法（gel chromatography），主要用于蛋白质及其他物质的分离。固定相为化学惰性的多孔性物质凝胶，凝胶是一种由有机物制成的分子筛。该法可分为：凝胶过滤色谱（gel filtration chromatography，GFC）和凝胶渗透色谱（gel permeation chromatography，GPC）。凝胶过滤色谱所用凝胶为亲水性凝胶，如葡聚糖凝胶，以水为流动相，分离溶于水的样品。凝胶渗透色谱以亲脂性凝胶为固定相，如甲基交联葡聚糖凝胶，以有机溶剂为流动相，分离不溶于水的样品。

凝胶在使用前，应在流动相溶剂中浸泡，使其充分溶胀，然后装入色谱柱中。凝胶不具有分配、吸附和离子交换作用。在洗脱过程中，组分的保留程度，取决于组分分子的大小。小分子可以完全渗透进入凝胶内部孔穴中而被滞留；中等分子可以部分进入较大的一些孔穴中；而大分子则完全不能进入孔穴中，而只能沿凝胶颗粒之间的空隙随流动相向下流动。因此，大分子比小分子先流出柱，经过一定时间后，各组分按分子大小得到分离。

# 第三节 薄 层 色 谱

薄层色谱法（thin layer chromatography，TLC）是将固定相均匀地涂布在一块玻璃板、塑料板或铝箔上，形成一定厚度的薄层并使其具有一定的活性。在此薄层上进行色谱分离，称为薄层色谱法。薄层色谱法与下一节将要介绍的纸色谱法均属于平面色谱法。虽然薄层色谱是在纸色谱之后发展起来的，但薄层色谱比纸色谱发展更快，应用更广泛。薄层色谱具有以下特点：

（1）分离效能高，斑点集中。

（2）灵敏度高，几微克、甚至几十纳克的物质也能检出。

（3）展开快，一般只需十至几十分钟。一次可同时展开多个样品。

（4）所用仪器简单，操作方便，耐腐蚀。

（5）对被分离物质性质没有限制，预处理简单。

薄层色谱按其分离机理可分为吸附薄层色谱、分配薄层色谱、离子交换及排阻薄层色谱等。但用得较多的是吸附薄层色谱。本节只讨论吸附薄层色谱法。

## 一、分离原理

将薄层色谱的吸附剂涂于薄板上，风干、活化、样品点于板的一端，离边沿约2～3cm处，在密闭色谱缸中展开。当流动相不断地流过吸附剂时，由于吸附剂对不同极性的组分有不同的吸附力，故各组分的分配系数 $K$ 不同。对极性大的组分吸附力大，分配系数 $K$ 大；对极性小的组分吸附力小，分配系数也小。组分在运行中会被吸附、解吸附、再吸附、再解吸附。经过一段时间的展开，因各组分在板上的运行速度不同而分离，在薄层板上形成彼此分离的斑点。

各组分在薄板上的位置常用比移值 $Rf$ 来表示

$$Rf=\frac{\text{原点至斑点中心的距离}}{\text{原点至溶剂前沿的距离}} \tag{8-2}$$

原点为样品溶液点样的位置。如图 8－2 为 A、B 混合物 $Rf$ 值的测量示意图。A、B 组分的 $Rf$ 值按下式计算

$$Rf_A=\frac{a}{c}\quad Rf_B=\frac{b}{c}$$

若某组分 $Rf=0$，表示它不随展开剂移动，吸附剂吸附太强。$Rf$ 值的大小，取决于该组分的 $K$ 值。不同结构的化学物质，极性不同，在同一薄板上的 $K$ 值不同，展开时 $Rf$ 不同。因此可利用 $Rf$ 值进行定性分析。要得到重现性好的 $Rf$ 值，需要严格控制实验条件。为消除实验条件的影响，常用相对比移值 $R_{st}$ 代替 $Rf$ 值

$$R_{st}=\frac{\text{被测组分的 }Rf\text{ 值}}{\text{参考（对照）物的 }Rf\text{ 值}}=\frac{\text{原点至被测组分斑点中心的距离}}{\text{原点至参考物斑点中心的距离}} \tag{8-3}$$

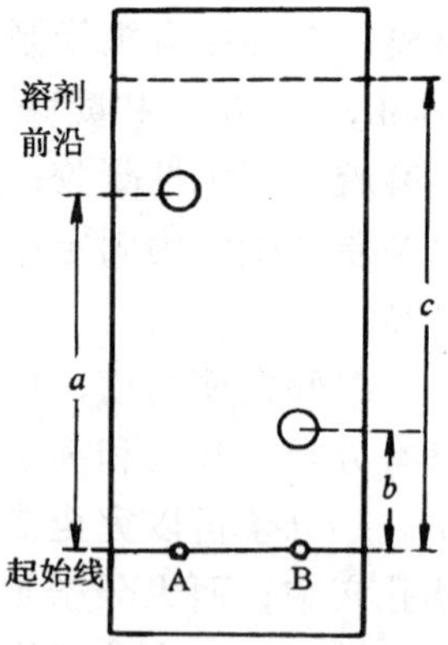

图 8－2　$Rf$ 的测量示意图

$R_{st}$ 称为相对比移值，它的值与 $Rf$ 不同，$0\leqslant Rf<1$，而 $R_{st}$ 可 >1 或 <1。所用的对照（参考）物可以是样品中的某一个组分，也可以是另外加的标准物质。

## 二、固定相

薄层色谱的固定相与柱色谱固定相大致相同，但薄层色谱的固定相颗粒更细，分离效能更高。硅胶、氧化铝、硅藻土、聚酰胺、纤维素都可作薄层色谱固定相，使用较多的是硅胶。

薄层色谱中常用的硅胶有以下几种：硅胶 G（掺有煅石膏的硅胶），硅胶 H（不含粘合剂的硅胶），硅胶 $HF_{254}$（含荧光指示剂的硅胶），硅胶 $GF_{254}$（加煅石膏和荧光剂的硅胶），硅胶 CMC（硅胶中加羧甲基纤维素）等，可根据不同的分析条件与要求进行选择。

## 三、展开剂

薄层色谱法中选择展开剂的一般规则与吸附柱色谱法中选择流动相的规则相同。对极性较大的化合物进行分离需选用极性较大的展开剂，极性较小的化合物需选用极性较小的展开剂。当单一溶剂作展开剂不能很好分离时，可考虑改变展开剂的极性或选用混合溶剂展开。如果 $Rf$ 值都较小，靠近原点时，可考虑增大展开剂极性或加入适量极性较大的溶剂。如果 $Rf$ 值都较大靠近溶剂前沿时，可考虑减小展开剂极性或加入适量极性较小的溶剂。一般希望 $Rf$ 值在 0.2～0.8 之间。为了选择一种最适宜的展开剂，往往需要做很多次探索性的实验，以选出最理想的展开剂。例如，分离一个未知样品的各组分，开始选用环己烷作展开剂，若所得 $Rf$ 值很小，则可在环己烷中加入乙醇和二甲酰胺等极性溶剂，以增大溶剂的极性，并可改变其比例以调整展开剂的极性。

若要改变 $Rf$ 值，除改变展开剂的极性外，还可通过改变吸附剂的活性来调节。一般硅胶薄板的活化温度为 105℃，活化 1h。若要降低硅胶薄板的活度，可通过降低活化温度，如 105℃ 降为 80℃ 或 60℃，可达到降低活度的目的。在活度大的硅胶薄板上，吸附剂对各组分的吸附力大，其 $Rf$ 值比在活度小的板上要小。

和吸附柱色谱法一样，在选择展开剂时要同时对被测物质的性质，吸附剂的活度及展开剂的极性三方面进行综合考虑。三者之间的关系可用图 8－3 表示。在进行选择时，先将被分离组分极性大小在三角形的一个顶角固定，由其他两顶角指向可选定吸附剂的活性和展开溶剂。

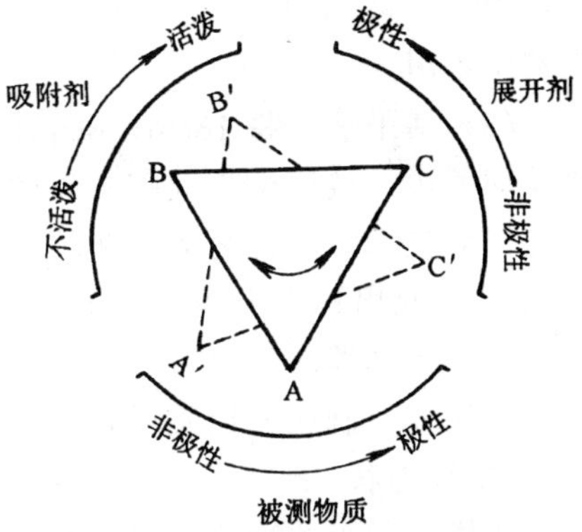

图 8－3　被分离组分、吸附剂、展开剂关系图

## 四、操作方法

薄层色谱一般操作程序可分为制板、点样、展开和显色等四个步骤。

### (一) 制板

制板前先选好板材料，一般用玻璃板。其表面必须平整光滑，洗净不挂水珠，否则吸附剂不易涂布，并可能影响分离和检测。根据被分离组分的性质与要求，可选用不同尺寸的板，定性鉴定可用 18cm×6cm 的板。制备纯品可选用较大的板，如 20cm×20cm。

薄板有两种：加粘合剂的硬板和不加粘合剂的软板。

#### 1. 软板的制备

将吸附剂均匀地撒在玻璃一端，取一根比玻璃板宽度稍长的玻璃棒，在玻璃棒的二端套上塑料管或橡皮管或橡皮膏，其厚度即为薄层的厚度，如图 8－4 所示。

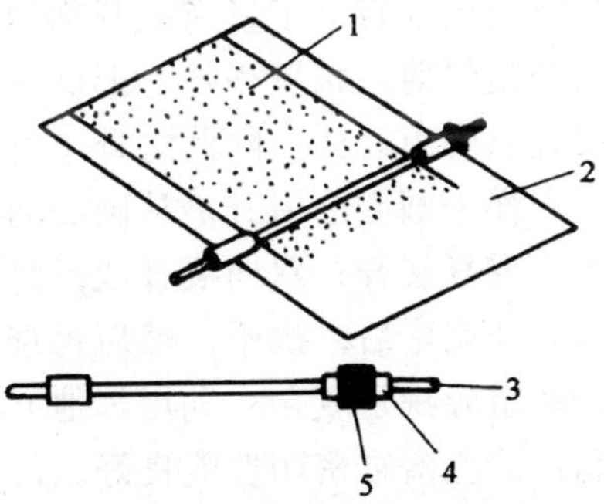

图 8－4 软板制板的示意图
1. 不粘合薄层；2. 玻璃板；3. 玻璃管；4. 塑料管；5. 橡皮管

软板制备简单、快速，随铺随用，展开速度快。但薄层不牢固，易吹动，只能于近水平位置展开，分离效果亦较差。

#### 2. 硬板的制备

在吸附剂中加入粘合剂，制成粘合薄层即为硬板。用羧甲基纤维素钠（CMC－Na）为粘合剂制成薄层称为硅胶－CMC－Na 板。这种板机械强度好，可用铅笔在薄层上做记号，但使用强腐蚀性试剂时，要注意显色温度和时间，以免 CMC－Na 碳化而影响显色。用煅石膏为粘合剂制成的薄层称为硅胶－G 板，这种板机械强度较差，易脱落。硬板制备方法有三种，下面以硅胶为例具体说明其操作方法。

(1) 倾注法　将 18cm×6cm 玻璃平板放在平台上，取 5g 硅胶－G 放入乳钵或 50ml 小烧杯中，加 10ml 水，在 1～1.5min 内搅拌成均匀糊状，将糊状硅胶迅速倾注在平板玻璃板上，用玻璃棒铺平，轻轻振动玻璃板，使硅胶均匀、风干、于105℃活化1h，置于干燥器中备用。

（2）括平法　将18cm×8cm玻璃平板置于平台上，在长条方向的两边放两条厚3mm的玻璃做边，按比例将硅胶－G做成糊状，并迅速倒在平板玻璃上，用有机玻璃尺沿一个方向把硅胶括平，使之成一薄层，去掉两边的玻璃条，轻轻振动玻璃板，风干，于105℃活化1h，取出置于干燥器中备用。

（3）涂铺器法　市售的制薄层板涂铺器类型很多，比手工制作操作简单，板的厚度可按需要调节，制成的板质量好。图8－5是一种涂铺器的示意图。

**（二）点样**

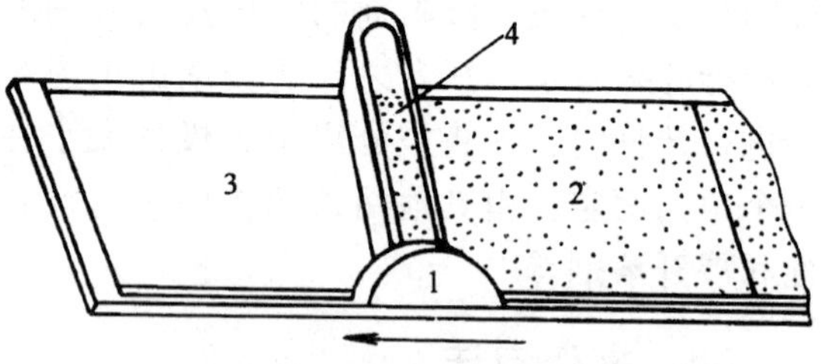


图8－5　薄层涂铺器示意图

1. 涂布槽；2. 吸附剂；3. 玻璃板；4. 狭缝

将样品溶于适当溶剂中，溶剂宜用易挥发的有机溶剂如氯仿、丙酮、甲酸、乙酸等，尽量避免用水，因为水不易挥发，易使斑点扩散。若为液体样品，可直接点样。原点直径宜为2～3mm。溶液宜分次点加，前一滴点完，待溶剂挥发干后再点第二滴，这样能减少斑点的扩散，使样品点不致太大。点样时最好不要超过10min，点样时间太长，硅胶在空气中易吸湿降低活性。点样后可用电吹风机促其迅速干燥，缩短点样时间。一般用直径小于1mm的玻璃毛细管或微量注射器点样。点样时管端或针尖靠近薄板，让液滴接触硅胶板，液滴被硅胶吸收而落下。点样时必须注意勿损坏薄层表面。点样量一般以几微升为宜，点样量太多，展开后易出现拖尾现象，使分离度降低。点样量太少，展开后斑点颜色浅，甚至看不出斑点。点样位置在距薄层底边1.5～2cm处的起始线上。

**（三）展开**

展开是在密闭的色谱缸中进行。色谱缸有多种，有长方形展开槽、直立形的单槽色谱缸或双槽色谱缸。展开方式亦有多种，例如上行法展开是将薄层板直立于盛有展开剂的色谱缸中，展开剂借助毛细管作用自下而上进行；近水平展开是将薄层板置于长方形展开槽中，并使板稍呈倾斜角度，此法又称倾斜上行法，软板展开只能用此法。除此之外还有下行法，展开剂由上而下展开；径向展开法，薄板为圆形，点样于圆心，展开剂从圆心向四周展开；多次展开法，用同一展开剂或改用新的展开剂多次重复展开；双向展开法，将样品点在薄板的左下角，先用一种展开剂沿一个方向展开，展开完毕后，烘干，然后再选用另一种溶剂与第一次展开呈垂直方向作第二次展开，对一些组分特别复杂，利用其他方法难以分离时，可用此法。展开操作时应注意以下几个问题：①色谱缸密闭性能良好，使色谱缸中展开剂蒸气饱和维持不变。②展开前，色谱缸空间应为展开剂蒸气充分饱和。将点好样的薄层板放入缸中，在不接触展开剂的情况下，盖严盖子，放置15min，待缸内空间被展开剂蒸气饱和，再将薄板下端浸入展开剂中（注意点样线不能浸入展开剂中），这样操作可防止边缘效应。边缘效应是由于色谱缸中展开剂蒸气未达到饱和，因而在展开过程中，混合展开剂中极性较弱与沸点较低的溶剂在薄层的两边较易挥发，使溶剂组成与薄层中部不同，边沿处含有更多的极性较大的溶剂，会出现同一组分在薄层中部比在薄层两边沿处移动慢的现象，即中部的 $Rf$ 值比边沿的 $Rf$ 值小。③将薄板下端浸入展开剂中展开时，薄板上的点样点不得浸入展开剂中，否则样品溶解于展开剂中，达不到展开的目的。

#### (四) 显色

对有色物质的分离，展开后可直接观察斑点的颜色，无需进行显色。无色物质的分离，展开后需用各种方法使斑点显色，以便进行定性鉴定。

根据被分离物质的性质不同，可分别采用以下方法：

(1) 具有荧光的物质及少数有紫外吸收的物质可在紫外灯（254nm 或 365nm）下，观察有无暗斑或荧光斑点，在灯下划出斑点位置，并记录其颜色及强弱。

(2) 具有紫外吸收的物质采用荧光薄层板检测。如采用硅胶 $GF_{254}$ 制成的板，在 254nm 紫外灯下，整个薄层板呈黄绿色荧光，被测物质由于吸收了部分照射在此斑点位置的紫外线，而呈现各种颜色的暗斑。

(3) 既无色，又无紫外吸收的物质可采用显色剂显色。显色剂分为通用型和专属型两类，如硫酸、碘是有机化合物的通用型显色剂。茚三酮是氨基酸的专用显色剂，三氯化铁－铁氰化钾是含酚羟基化合物的显色剂。各类化合物的显色剂可从分析化学手册或有关色谱专著中查得。

### 五、定性分析

对斑点的定性鉴别主要依靠 $Rf$ 值的测定。$Rf$ 值的测定受很多因素影响，如吸附剂的类型和含水量、薄层板的厚度、展开剂的极性、展开距离、点样量、展开时间、温度、色谱缸中溶剂蒸气的饱和程度等。因此要与文献上所载 $Rf$ 值比较来鉴定各物质，控制待测组分的实验条件与文献上的实验条件完全一致比较困难。为消除系统误差的影响，常采用标准参考物质在同一薄层上点样，于相同条件下展开、显色、分别测得它们的 $Rf$ 值，再求得 $R_{st}$进行定性。

如有待测组分的纯物质作对照，定性准确度则提高。在进行对照时，是将待测组分与纯品在同一块薄层板上点样、展开，测 $Rf$ 值。如果它们的 $Rf$ 值完全一样，则表示待测组分就是这个纯物质。为了考查其定性的准确性，常将制成的板点样后，在不同的展开剂中展开，如果所得样品组分与纯物质的 $Rf$ 值仍然一致，则可靠性增加。有时为了进一步确证待测物质，可将斑点从硅胶上洗脱下来，用其他方法进行定性鉴定。

### 六、定量分析

薄层色谱法的定量分析采用仪器扫描直接测定较为准确、方便，但在某些情况下也可用一些简易的定量或半定量方法。

#### (一) 目视比较法

如果对同一物质取相同体积和浓度在板上点两点，在同一条件下展开、显色，所得两斑点的面积和颜色应相同，因此可按这种方法对未知组分进行目视比较定量。

取标准物质配制系列浓度的溶液，将样品与标准物溶液在同一薄层板上点样（点样体积相同），展开，显色后，目测比较斑点颜色的深浅和面积大小，求出试样含量的近似值，误差约 ±10%。

### (二) 斑点洗脱测量法

在测量时先确定斑点在薄层板上的位置，然后将斑点刮下来（软板可用吸管吸出来），用合适溶剂将化合物洗脱后进行测量。测定方法一般采用分光光度法或比色法。为减少测定相对误差，点样可点成条状，以增加点样量。

### (三) 薄层扫描法

随着分析仪器技术的发展，薄层色谱的定量分析方法也得到改进。薄层色谱扫描仪就是一种用于薄层色谱定量的仪器，它由光源、单色器、样品台、检测器、记录仪等构成，其光学系统有单光束、双光束和双波长三种，一般都可直接测量薄层板上斑点的光密度和荧光强度。测量荧光强度不仅选择性好，而且灵敏度高。测量方式可同时采用反射和透射两种方式，但反射法用得最多。

1. 测定原理

图 8－6 是一种双波长薄层色谱扫描仪示意图。从光源（氘灯、钨灯或氙灯）发射的光，通过两个单色器成为两束不同波长的光。经斩光器遮断，使两束光交替照射在薄板上，如为反射法测定，则斑点表面的反射光由光电倍增管接受（如用透射法测定，则由光电倍增管接受透射光）。检测器测得两波长的吸光度差值。由记录仪描绘出组分斑点吸收曲线，曲线呈峰形，如图 8－7 所示。在相同条件下，取标准物质绘制斑点的峰面积与待测组分的峰面积比较，即可测得待测组分的含量。

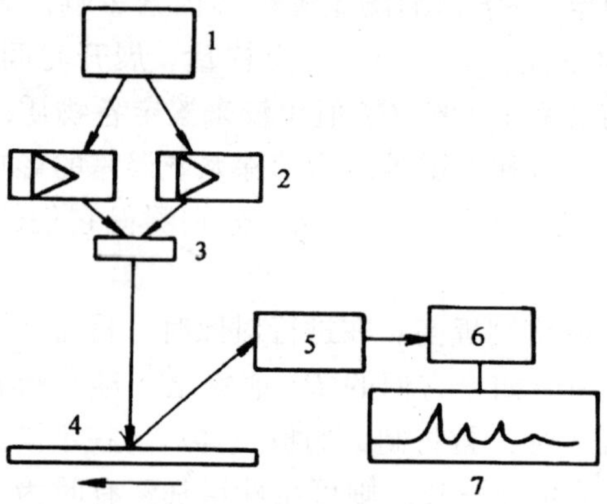


图 8－6　双波长薄层色谱扫描仪示意图
1. 光源；2. 单色器；3. 斩光器；4. 薄层板；
5. 光电倍增管；6. 放大器；7. 记录仪

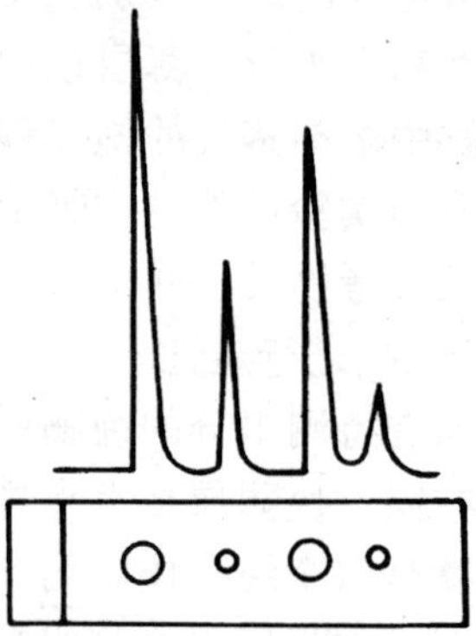

图 8－7　薄层色谱仪扫描曲线

2. 双波长选择

用于交替照射薄层的两束光的波长不同，一束选用被测组分的最大吸收波长；另一束选用不被被测组分吸收的波长，一般选择被测组分吸收曲线的吸收峰邻近基线处的波长，故所测出为薄板的空白吸收。双波长法由于从测量值中减去了薄层本身的空白吸收，在一定程度上消除了薄层不均匀而引起的基线波动，使测定结果准确度提高。

3. 测定方式

薄层扫描法的测定方式有三种，即透射测定法、反射测定法、荧光测定法。透射测定法测得的是透过薄层的光强度，透射光比反射光强度约大 2～3 倍。但这种方法受外界条件影响较大，薄层所用的吸附剂阻挡光线的通过，且玻璃板本身能吸收紫外光，因此在应用上受到了一定限制。反射测定法测得的是薄层反射光的强度，虽然反射光强度较弱，但受薄层厚度均匀性的影响较小，基线稳定，重现性较好，是应用较多的方法。荧光测定法是用汞光或氘灯发出的光作激发光照射在斑点上，然后测量斑点产生的荧光，该法灵敏度高，适合微量物质的测定。

4. 扫描方式

现有扫描仪都是光源不动，只移动薄板，扫描方式可分为直线扫描和曲折扫描法二种。见图 8－8。直线扫描法是以长方形的光束（光束的长度比斑点直径稍长）沿直线轨迹通过斑点。光束扫描通过斑点，测得的是光束在各个部分的吸收度之和，该法适用于圆形规则的斑点。如形状不规则的斑点，扫描方向不同，所得吸收值重现性差。其优点是快速，荧光测定时一定要用此法。曲折扫描是将光束缩得很小，如 1.2mm × 1.2mm，以小正方形光束沿锯齿状轨迹前进，此法适用于形状不规则及浓度分布不均匀的斑点。

5. 散射参数的选择——非线性关系的校正

光源发出的光照射在斑点上，由于吸附剂颗粒对光有强烈的散射作用，从而使吸光度与物质浓度的关系偏离比尔定律，使 $A-c$ 工作曲线弯曲不成直线，因而需校正。曲线校正方法是将修正参数和处理方法存入计算机。实验前根据薄层板的类型，选择合适的散射参数，由计算机根据适当的修正程序，自动校正，给出准确定量结果。岛津薄层扫描仪一般设有 1～10 个散射参数（$S_x$），硅胶薄层板 $S_x$ 一般选 3，氧化铝薄层板选 7。

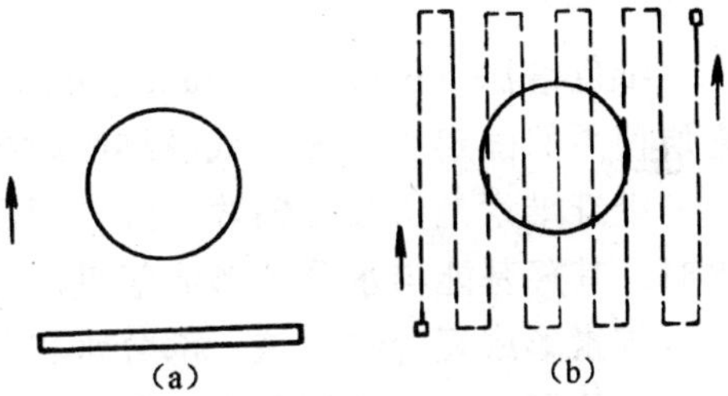

图 8－8　扫描方式示意图
a. 线性扫描；b. 曲折扫描

薄层扫描仪定量测定虽具有快速、简便的特点，但其准确度、精密度不甚理想，其测定的误差一般在 ±2% ～ ±5% 的范围内。其误差主要由薄层性质及操作方法引起，同时也与扫描定量方法的选择、扫描参数的设定等因素有关。因此，在薄层色谱操作及色谱扫描过程中，应尽可能保持实验条件一致。

## 七、应用

薄层色谱法已广泛用于各种有机物和无机物的分离鉴定，也可用于研究反应的历程。在实验室制取纯品，并与其他方法联用测定有机物的结构等。

1. 氨基酸的分离

蛋白质水解可得到各种氨基酸。现有天门冬氨酸、甘氨酸、$\beta$－丙氨酸、$\beta$－氨基异丁酸、3－碘酪氨酸、亮氨酸的混合物，需进行分离鉴定。

色谱条件：纤维素 MN－300 作吸附剂制成薄层板，板厚 0.25mm，展开剂为正丁醇:乙酸:水（60:15:25），上行法展开，展开时间 5h，展开距离 15cm。展开后，晾干，用重氮化的对氨基苯磺酸显色或水合茚三酮显色，各组分呈现不同颜色的斑点，其 $Rf$ 值分别为 0.27，0.33，0.45，0.56，0.65，0.73。

2. 农药残留量分析

如马拉松、稻瘟净混合农药在粮食、水果、蔬菜残留量的测定。

色谱条件：用 $GF_{254}$制成薄层板，于 120～130℃活化 50min，取出置于干燥器中备用。取 25g 样品，于 50ml 容量瓶中用甲醇提取 20min，在 20cm×16cm 的薄层板上点样，两边点上纯品对照，以石油醚:乙酸乙酯（8:2）的混合溶液为展开剂，用上行法展开，展开距离 16cm，展开后将薄层板置于紫外灯（254nm）下显色，即可进行定性定量分析。

## 第四节　纸　色　谱

纸色谱法具有简单、分离效能较高、所需仪器设备价廉、应用范围广等特点，因而在有机化学、分析化学、生物化学、药物分析等方面得到应用。

### 一、基本原理

纸色谱法（paper chromatography，PC）是以纸作为载体的色谱法，属于分配色谱。它所使用的固定相一般为纸纤维吸附的水（或水溶液），而流动相为有机溶剂。

纸纤维素是由几个葡萄糖分子组成的大分子，其中含有多个亲水性羟基。当纸吸附了水时，其羟基能与水分子形成氢键，将水分子牢牢地吸附在纸的表面，其中约有 6% 的水与纤维素形成复合物，这一部分水和与水相混溶的溶剂能形成类似不相混溶的两相。因此在实际使用中，也常把和水相混溶的溶剂作为流动相。固定相除水外，还可用甲酰胺、缓冲液等。

被测组分在两相（固定相和流动相）之间进行分配时，由于各组分分配系数的不同而得到分离。

将滤纸剪成长条，在纸的一端约 2～3cm 处点上试样，风干后悬于一盛有流动相的密闭色谱缸中，让点样的一端接触溶剂（注意点样点不能浸入溶剂中），溶剂沿纸慢慢爬行，试样中的组分也就随溶剂流动并不断地在两相之间进行分配。当溶剂运行到一定的高度时，从色谱缸中取出纸条，立即划出溶剂到达的前沿线，风干。如果被分离组分是有色物质，它们被分离后在纸的不同位置就呈现出有色的斑点。若是无色物质可用各种方法显色。采用与薄层色谱相同的方法计算 $Rf$ 值。

### 二、影响 *Rf* 值的主要因素

（1）化学结构　化合物在两相中分配系数的大小决定于化合物的分子结构。通常情况下，化合物极性大或亲水性强，在水中分配量多，组分 $K$ 值大，则在以水为固定相的纸色谱中 $Rf$ 值小；相反，如果物质的极性小或亲脂性强则 $Rf$ 值大。例如糖类分子中含有多个羟基，极性比非糖类化合物如生物碱大得多。同属于糖类，而由于分子中含羟基数目不同，其极性大小也会有较大区别。例如，葡萄糖、鼠李糖及洋地黄毒糖都属于六碳糖类，在同一条件下其 $Rf$ 值不同（表 8-2）。

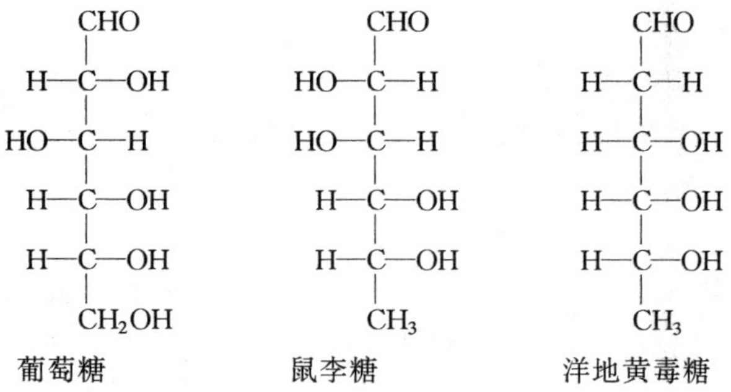

表 8-2 三种六碳糖的 *Rf* 比较

| | 分子中羟基数 | 亲脂性基团 | 分子极性 | *Rf* 值 |
|---|---|---|---|---|
| 葡萄糖 | 5 | —— | 大 | 0.17 |
| 鼠李糖 | 4 | $-CH_3$ | 中 | 0.42 |
| 洋地黄毒糖 | 3 | $-CH_3$，$-CH_2-$ | 小 | 0.66 |

展开剂为 正丁醇:乙醇:水（4:1:5）

（2）pH pH 是影响 *Rf* 的重要因素。弱酸和弱碱的离解度受 pH 的影响，离解度越大，极性越强，越容易分配在极性强的一相，使组分在两相中的分配系数发生改变从而引起 *Rf* 值的改变。

（3）温度 温度的变化会引起物质分配系数的变化，所以 *Rf* 值也随之改变。同时温度的变化可以改变展开剂的组成，但这些影响在一般实验条件下不严重，没必要加恒温装置。

（4）纸的性质 不同种类的色谱纸，它的厚度、均匀性、纸纤维的松紧程度等都不同程度影响 *Rf* 值。

（5）展开的距离 同样的展开剂，在同样的展开条件下，组分的展开距离不同，则 *Rf* 值不一样。展开距离大，*Rf* 值大；展开距离小，*Rf* 值小。

此外，色谱缸中有机溶剂蒸气未达饱和，对 *Rf* 值也会产生影响。因为有机蒸气未达饱和，则流动相中的有机溶剂将继续挥发，流动相中的含水量就相对增加。如果色谱滤纸吸水量没有饱和，则流动相中的水（流动相中总会含有少量水）就被色谱滤纸吸留，流动相中含水量减少。

## 三、实验方法

### 1. 色谱滤纸的选择

纸色谱中使用的色谱滤纸应具备以下条件：

（1）纸质均匀，平整无折痕，边缘整齐，以保证展开剂展开速度均匀。

（2）纸纤维松紧适宜，过于紧密，溶剂流动太慢，过于疏松，易使斑点扩散。

（3）有一定的机械强度，当滤纸被溶剂润湿后，仍保持原状。

（4）表面洁白无污点，纯度高，含杂质少。

实验时应根据分离对象、分离目的、展开剂性质选择不同型号的色谱滤纸。对 $Rf$ 值差别小的化合物，应选用慢速滤纸。如果是定性鉴别，宜选用薄型滤纸。如果是定量或制备，宜选用厚型滤纸。如果展开剂粘度较大，如正丁醇，可选用疏松的薄型快速滤纸；如展开剂粘度小，如石油醚，氯仿等，宜选用结构紧密的厚型滤纸。

2．固定相的选择

纸色谱中使用的色谱滤纸由纤维素组成，它具有较强的吸水性，可吸留 20%～25%的水，其中有 6%的水以氢键的形式与纤维素中的羟基结合在一起，形成复合物，在一般条件下较难脱去。所以纸色谱法实际上是以吸着于纤维上的水作为固定相，而纸纤维则是起到一个惰性载体的作用。这是正相纸色谱法的固定相，它主要用于分离一些极性较强的物质。对于极性较小的物质，常用甲酰胺或二甲基甲酰胺、丙二醇等作固定相，以增加物质的溶解度，提高分离效能。

3．展开剂的选择

展开剂的选择应根据分离对象在两相中的溶解度和展开剂的极性来考虑。在流动相中溶解度较大的物质移动得快，具有较大的比移值。对极性化合物，增加展开剂中非极性溶剂的比例，可以减小比移值。

展开剂多数采用含水的有机溶剂。最常用的展开剂是用水饱和过的正丁醇、正戊醇、酚等。此外，为了防止弱酸和弱碱的离解，加入少量的酸或碱，如甲酸、乙酸、吡啶等。当需增加展开剂的极性改善分离度时，也可加入少量甲醇、乙醇等。挥发性太大的溶剂不宜作展开剂。一般采用二种以上成分的混合溶剂作展开剂。使用前先用水饱和，以免在展开中夺去固定相中的水。如分离氨基酸时采用正丁醇∶醋酸∶水（12∶3∶5）为展开剂。正丁醇应先在分液漏斗中与水振摇混合，静置分层后，取有机层与其他溶剂配成混合溶剂。

纸色谱的操作步骤与薄层色谱类似，有点样、展开、显色、定性分析、定量分析几个步骤。纸色谱多采用上行法展开，但展开速度慢，为加快速度也可采用下行法。薄层色谱所用显色剂除腐蚀性显色剂，如浓 $H_2SO_4$ 等外，大多可用于纸色谱。纸色谱定量方法可用剪洗法，该法相当于薄层色谱的洗脱法（刮洗法）。它是将分离后滤纸上的待测斑点剪下，并剪成细条，用选定的溶剂浸泡，洗脱，再用其他方法如比色法或分光光度法定量，也可用薄层扫描仪进行光密度扫描测定，从而得到定量结果。

## 四、应用

纸色谱法可分离样品中各组分，可直接在纸上进行定性、定量分析，也可检测样品中的微量杂质，以及少量制备某些化合物的纯品。比柱色谱、薄层色谱操作简便。在分析水溶性成分如糖类、氨基酸类、无机离子等物质方面，其分离效果优于薄层色谱。

例：氨基酸混合样品的分离

样品中含甘氨酸、丙氨酸、谷氨酸

取新华色谱滤纸（28cm×4cm），在距纸一端 3cm 处用铅笔划一起始线。用微量注射器吸取样品液（含各种氨基酸分别约为 1%的溶液）及标准溶液各 2μl，分别于滤纸的起始线上点样，吹干。展开剂为正丁醇∶冰醋酸∶水（4∶1∶2），饱和半小时后，将点有样品的色谱滤纸的一端浸入展开剂中约 1.5cm 处在色谱筒内展开，待溶剂上升至约 20cm 处，取出划上前沿线晾干。喷 0.2% 茚三酮丁醇溶液，在 80～100℃ 烘箱中加热数分钟，取出，即出现各氨基酸的紫红色斑点，分别测量样品及标准品中各氨基酸的 $Rf$ 值。

## 思考与练习

1. 解释下列名词：

分配系数　比移值　相对比移值　边缘效应　交联度

2. 简述色谱法的分类方法及特点。

3. 在吸附薄层色谱中应如何选择展开剂？当用一种展开剂展开某极性样品时，发现展开后的 $Rf$ 值太小，应采取何种措施使 $Rf$ 值增大？

4. 乙胺样品在硅胶板 A 上用丁醇∶醋酸∶水（4∶1∶5）展开，测得 $Rf$ 值为 0.37，同一样品用同一展开剂在硅胶板 B 上展开，测得 $Rf$ 值为 0.65，问哪一块硅胶板的活度大些？为什么？

5. 某色谱柱上组分 P 和组分 Q 的分配系数分别为 510 和 480，问哪一个组分先流出色谱柱？为什么？

6. 纸色谱的基本原理是什么？

7. 如何选择色谱滤纸和展开剂？

8. 薄板有哪些类型？硅胶 $GF_{254}$板与硅胶 CMC－Na 板有何区别？

9. 化合物 A 在薄层板上从原点迁移 7.6cm，溶剂前沿距原点 16.2cm，（1）计算化合物 A 的 $Rf$ 值。（2）在相同的薄层色谱展开系统中，溶剂前沿距原点 14.3cm，化合物 A 的斑点应在此薄板上何处？

（0.47；6.72cm）

10. 样品和标准品经过薄层分离后，样品斑点中心距原点 9.0cm，标准品斑点中心距原点 7.5cm，展开剂前沿距原点 15cm，试求样品及标准品的 $Rf$ 值和 $R_{st}$值？

（0.6；0.5；1.2）

11. 用纸色谱分离由 A、B 两组分组成的混合溶液，已知它们的 $Rf$ 值分别为 0.45、0.63，欲使分离后两斑点中心距离不小于 2cm，问滤纸最少要多长？

（11cm）

（邱细敏　龚道元）

# 第九章　气 相 色 谱 法

## 第一节　概　　述

气相色谱法（gas chromatography，GC）是以气体作为流动相的一种色谱法。1941 年英国生物化学家 A.J.P.Martin 和 R.L.M.Synge 等人在研究液－液分配色谱的基础上提出气液色谱的设想，做了大量的研究工作，于 1952 年创立了气液色谱法，并提出了气相色谱的塔板理论。1954 年 N.H.Ray 把热导检测器应用于气相色谱仪，从而扩大了气相色谱法的应用范围。1956 年荷兰学者 Van Deemter 等人提出了气相色谱的速率理论，即范第姆特方程，为气相色谱法奠定了理论基础。随后，随着毛细管色谱柱的发明，火焰离子化和电子捕获等高灵敏度、高选择性检测器的应用，从而使气相色谱法获得了较迅速的发展和更加广泛的应用。20 世纪 80 年代后，各种色谱理论更加成熟，气相色谱仪更加完善，色谱与其他近代分析仪器联用和色谱计算机化也有了迅速发展。

### 一、气相色谱法的特点

气相色谱法既是一种分离技术，也是一种分析测定方法。它具有以下特点：

(1) 高选择性　能够分离分析性质极为相近的物质。例如有机化合物中的同分异构体、同系物等，通过选用合适的固定相，使各组分之间的分配系数有差异，即达到完全分离的目的。

(2) 高效能　能够在较短的时间内同时分离和测定极为复杂的混合物。例如：利用毛细管色谱柱一次可从汽油中分离出 100 多个组分。

(3) 高灵敏度　使用高灵敏度的检测器可以检测出 $10^{-11} \sim 10^{-13}$g 物质，因此非常适用于微量和痕量分析。

(4) 分析速度快　操作迅速，一般只需要几分钟到几十分钟便可完成一个分析周期。随着电子计算机在色谱仪上的应用，不仅能快速准确地处理数据，而且能对色谱条件进行自动控制，实现全面自动化，提高分析工作效率。

(5) 应用范围广　不仅可以分析气体，也可分析液体和固体。不仅可以分析有机物，而且也可以分析部分无机物。

气相色谱法的不足之处在于：缺乏标准试样时做定性分析较困难，而且不能直接分析分子量大 、极性强、在操作温度下分解或难挥发的物质。采用化学衍生手段可以扩大它的应用范围，高效液相色谱法也可弥补该方法的不足。

### 二、气相色谱法的类型

气相色谱是以气体作流动相的色谱过程，它包括气－固色谱（即气－固吸附色谱）和气－液色谱（即气－液分配色谱）。用气体作流动相的主要优点是气体的粘度小，因而在色谱柱内流动的阻力小；同时因为气体的扩散系数大，因此组分在两相间的传质速度快，有利于高效、快速的分离。与气－固色谱相比，气－液色谱由于可供选择的固定液多，它的应用范围更为广泛。目前，气相色谱法广泛用于沸点在500℃以下、热稳定的各种组分的分离和测定。

## 三、气相色谱法的一般流程

气相色谱法是以气体作为流动相的柱色谱，其简单的流程如图9－1所示。来自高压钢瓶（1）的载气经减压阀（2）减压后，进入净化器（3）干燥净化，流入针形阀（4）控制载气的压力和流量，经流量计（5）测定载气的流速，压力表（6）指示柱前压力，再进入进样器（7），进样器的作用是将试样（液体或固体）推入气化室，使其在气化室中瞬间

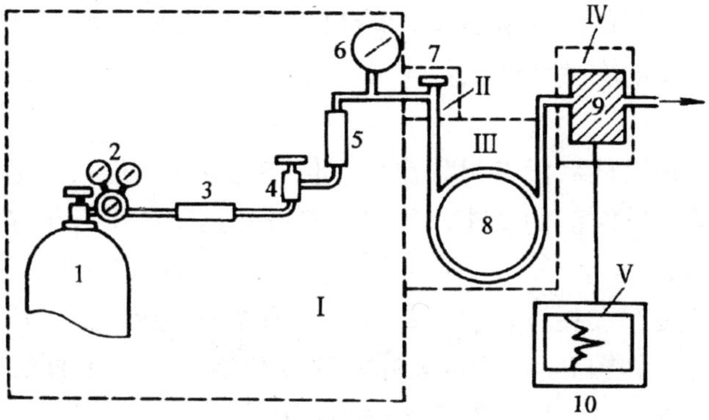


图9－1　气相色谱流程图

Ⅰ. 气路系统；Ⅱ. 进样系统；Ⅲ. 色谱柱和柱箱；Ⅳ. 检测系统；Ⅴ. 记录系统

1. 高压钢瓶；2. 减压阀；3. 载气净化干燥管；4. 针形阀；

5. 流量计；6. 压力表；7. 进样器；8. 色谱柱；9. 检测器；10. 记录仪

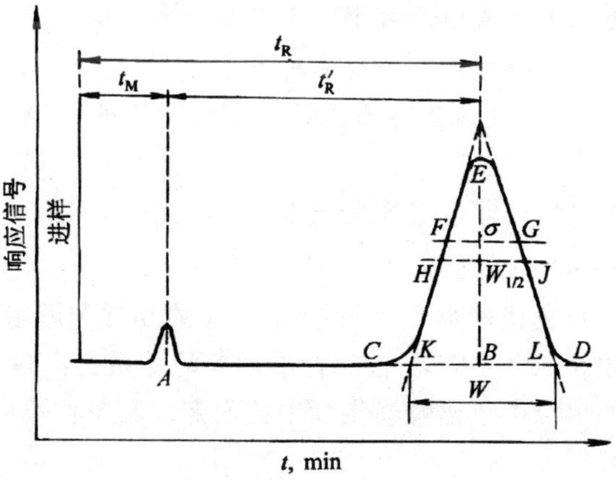


图9－2　色谱图

A. 不被滞留的组分峰；B. 欲测组分峰

转化为蒸气，被载气携带进入色谱柱（8）在柱中将试样各组分分离后，依次进入检测器（9）然后检测器将检测到的信号经放大后，送入记录仪（10）记录下来就可得到如色谱图（图 9－2）。

## 第二节 基 本 原 理

### 一、基本概念

试样中各组分经色谱柱分离后，随流动相依次流出色谱柱进入检测器，检测器的响应信号－时间曲线或检测器的响应信号－流动相体积曲线，称为色谱流出曲线，又称色谱图（chromatogram）。如图 9－2 所示。色谱图的纵坐标为检测器的响应信号，单位为 mV；横坐标最常用的是时间，单位为 min 或 s，也可用流动相体积或距离表示。现结合色谱图来说明在色谱分析中常用的有关术语。

1. 基线

在操作条件下，色谱柱后没有组分流出，仅有纯流动相进入检测器时的流出曲线称为基线。它反映仪器噪声随时间的变化，稳定的基线应是一条平行于横坐标的直线。

2. 色谱峰

当样品中的组分随流动相进入检测器时，检测器的响应信号大小随时间变化所形成的峰形曲线称为色谱峰，如图 9－2 所示。峰的起点和终点的连接直线称为峰底。正常色谱峰为正态分布曲线，如图 9－2 中的 *CHFEGJD* 所示。

3. 峰高与峰面积

从峰的最大值到峰底的垂直距离称为峰高，如图 9－2 中 *EB* 间的距离，用 $h$ 表示。峰与峰底之间的面积称为峰面积，用 $A$ 表示，峰面积可用于定量分析。

4. 区域宽度

色谱峰的区域宽度是色谱流出曲线中一个重要参数。从色谱分离角度看，希望区域宽度越窄越好。通常度量色谱峰区域宽度有 3 种方法：

（1）标准偏差（$\sigma$） 即 0.607 倍峰高处色谱峰宽度的一半。如图 9－2 中 *FG* 的一半。

（2）半高峰宽（$W_{1/2}$） 即色谱峰高一半处的峰宽。如图 9－2 中 *HJ*，它与标准偏差的关系为：$W_{1/2}=\sqrt{2\sigma\ln2}=2.355\sigma$。

（3）峰宽（$W$） 自色谱峰两侧的转折点所作的切线与峰底相交于两点，此两点间的距离称为峰宽。如图 9－2 中 *KL*，它与标准偏差的关系为：$W=4\sigma$。

峰宽与半高峰宽的单位由色谱峰横坐标单位而定，其单位可以是时间、体积或距离单位（min、ml 或 cm 等）。

5. 保留值

表示试样中各组分在色谱柱中停留的时间或将组分带出色谱柱所需流动相体积的数值称为保留值，因此保留值可用作定性分析的参数。

(1) 保留时间（$t_R$） 组分从进样开始到出现峰最大值所需时间，称为保留时间，如图 9-2 所示。

(2) 保留体积（$V_R$） 组分从进样开始到出现峰最大值所需流动相的体积，称为保留体积，它可由保留时间与色谱柱出口的流动相的体积流速 $F_c$ 来计算，即

$$V_R = t_R F_c \tag{9-1}$$

(3) 死时间（$t_M$） 不被固定相滞留的组分（气相色谱中如空气、甲烷等）从进样开始到出现峰最大值时所需时间称为死时间，如图 9-2 所示。

(4) 死体积（$V_M$） 不被固定相滞留的组分，从进样到出现峰最大值所需流动相的体积称为死体积，它与死时间和流动相的体积流速 $F_c$ 的关系为

$$V_M = t_M F_c \tag{9-2}$$

(5) 调整保留时间（$t_R'$） 扣除死时间后的保留时间称为调整保留时间，如图 9-2 所示。

$$t_R' = t_R - t_M \tag{9-3}$$

调整保留时间可理解为组分在固定相中实际滞留的时间。

(6) 调整保留体积（$V_R'$） 扣除死体积后的保留体积称为调整保留体积。

$$V_R' = V_R - V_M \tag{9-4}$$

$V_R'$与 $t_R'$之间的关系为

$$V_R' = t_R' F_c \tag{9-5}$$

(7) 相对保留值（$r_{2,1}$） 在相同的操作条件下，组分 1 与组分 2 的调整保留值之比，称为相对保留值。

$$r_{2,1} = \frac{t'_{R_2}}{t'_{R_1}} = \frac{V'_{R_2}}{V'_{R_1}} \tag{9-6}$$

相对保留值可以消除某些操作条件对保留值的影响，只要柱温、固定相和流动相的性质保持不变，即使柱长、柱径、填充情况及流动相流速有所变化，相对保留值仍保持不变。

## 二、柱选择性

### 1. 分配系数

色谱法通常利用各组分在两相间分配系数的差异来进行分离。分配系数（$K$）是指在一定温度和压力下，组分在固定相和流动相之间分配达到平衡时的浓度比，即

$$K = \frac{c_s}{c_m} \tag{9-7}$$

式中：$c_s$——组分在固定相中的浓度，mol/L；

$c_m$——组分在流动相中的浓度，mol/L 。

分配系数 $K$ 决定于组分及固定液的热力学性质，并随柱温、柱压的变化而变化，与柱中气相、液相体积无关。它是分配色谱中的重要参数。

### 2. 容量因子

容量因子（$k$）是指在一定温度和压力下，组分在两相之间分配达到平衡时，分配在

固定相和流动相中的质量比，也称为分配比，即

$$k=\frac{m_s}{m_m}=\frac{c_sV_s}{c_mV_m}=K\frac{V_s}{V_m} \tag{9-8}$$

式中：$c_s$——组分在固定相中的浓度，mol/L；

$c_m$——组分在流动相中的浓度，mol/L；

$V_m$——柱中流动相的体积，近似等于死体积，ml；

$V_s$——柱中固定相的体积，ml。

其中，$V_s$ 在各种不同的类型的色谱中有不同的含义，例如在分配色谱中，$V_s$ 表示固定液的体积；在空间排阻色谱中，则表示固定相的孔体积。

容量因子 $k$ 也等于组分在固定相中的调整保留时间（$t_R'$）与死时间（$t_M$）之比，或组分的调整保留体积（$V_R'$）与死体积（$V_M$）之比，即

$$k=\frac{t'_R}{t_M}=\frac{V'_R}{V_M} \tag{9-9}$$

这样，任一组分的 $k$ 值均可直接从色谱图上求出。$k$ 值决定于组分及固定相热力学性质，它不仅随柱温、柱压的变化而变化，而且还与流动相及固定相的体积有关。

3. $t_R$ 与 $K$、$k$ 的关系

容量因子和分配系数一样也是衡量色谱柱对组分保留能力的重要参数。$K$、$k$ 与 $t_R$ 和 $V_R$ 之间有以下关系：

$$t_R=t_M(1+k)=t_M(1+K\frac{V_s}{V_m}) \tag{9-10}$$

$$V_R=V_M(1+k)=V_M(1+K\frac{V_s}{V_M}) \tag{9-11}$$

由式 9－10、式 9－11 可见，在色谱操作条件一定时，$K$ 或 $k$ 值越大，则组分的保留值也越大。如果两个组分的 $K$ 或 $k$ 值相等，则两个组分的色谱峰必将重合。反之，两组分的 $K$ 或 $k$ 值差别越大，则相应的两色谱峰相距就越远，因此两组分的 $K$ 或 $k$ 值不等是色谱分离的先决条件。

4. 柱选择性的表示

由式 9－6 和式 9－9 可知

$$r_{2,1}=\frac{t'_{R_2}}{t'_{R_1}}=\frac{K_2}{K_1}=\frac{k_2}{k_1} \tag{9-12}$$

故相对保留值 $r_{1,2}$ 还可以表示相邻两组分在柱中的分配系数的差异。$r_{2,1}$ 越大，则两组分的 $K$ 或 $k$ 值差异越大，峰间距越大，柱选择性越好。所以，$r_{2,1}$ 可作为柱选择性指标。

## 三、基本理论

气相色谱分析的首要问题是试样中各组分的分离。试样在色谱柱中的分离过程包括两个方面：一是各个色谱峰在柱后出现的时间（即峰间距）取决于试样中各组分在两相间的分配情况，由色谱过程中的热力学因素所控制，可用柱选择性来描述。二是色谱峰的宽度反映了各组分在色谱柱中的运动分散情况，取决于组分在色谱柱中的扩散和运动速度，即

柱效率问题，它由色谱过程中的动力学因素所控制，可用塔板理论速率理论来讨论。

**(一) 塔板理论**

塔板理论是将色谱柱比拟为一个分馏塔，设想柱内存在许多块塔板，各组分在每块塔板的气相和液相之间进行分配。由于流动相（气相）在不停地移动，而固定相保持不动，经过多次分配平衡后，分配系数小的组分最先流出色谱柱，分配系数大的组分后流出。由于色谱柱的塔板数相当多，因而即使二组分的分配系数只有微小的差别，也可获得很好的分离效果。当色谱柱长为 $L$，每次分配平衡所需的塔板高度为 $H$ 时，所得理论塔板数为 $n$，即

$$n=\frac{L}{H} \tag{9-13}$$

根据色谱图（图 9－2）上所测得的保留时间（$t_R$）和峰宽（$W$）或半峰宽（$W_{1/2}$），理论塔板数可以计算：

$$n=5.54\left(\frac{t_R}{W_{1/2}}\right)^2=16\left(\frac{t_R}{W}\right)^2 \tag{9-14}$$

在实际应用中，常常出现计算出的 $n$ 虽然很大，但色谱柱的柱效率却不高的现象。这是由于没有将不参加柱中分配的死时间（$t_R$）扣除之故。即理论塔板数 $n$ 和理论塔板高度 $H$ 并不能真实反映色谱分离效能的好坏，因此，提出用扣除 $t_M$（或 $V_M$）后的有效塔板数 $n_{eff}$ 和有效塔板高度 $H_{eff}$ 来代表色谱柱的柱效率指标：

$$n_{eff}=5.54\left(\frac{t'_R}{W_{1/2}}\right)^2=16\left(\frac{t'_R}{W}\right)^2 \tag{9-15}$$

$$H_{eff}=\frac{L}{n_{eff}} \tag{9-16}$$

色谱柱有效塔板数愈大（有效塔板高度愈小），对组分分离愈有利。但 $n_{eff}$ 的大小不能预言并确定各组分有无分离的可能，因为分离的可能性不取决于分配次数的多少，而取决于组分在两相间的分配系数的差异。因此 $n_{eff}$ 的大小只是在一定条件下柱分离效能发挥程度的标志。

**(二) 速率理论**

塔板理论虽然阐述了塔板数及塔板高度的概念，找到了柱效率约定量表示指标，却未能反映塔板高度的影响因素，当然，更无法提出降低塔板高度的途径。1956 年荷兰学者 van Deemter 等人吸收了塔板理论中的一些概念，并把影响塔板高度的动力学因素结合进去，建立了色谱过程的动力学理论（即速率理论）。速率理论认为：载气带着组分分子在柱内向前运动，由于扩散及固定相对组分的溶解（吸附），阻碍了分子向前运动，再加上不同分子可能有不同的运动路径，致使色谱柱进口处聚集在一起的组分分子发生离散，这种离散是造成色谱峰扩张的主要原因。塔板高度 $H$ 是表示质点在柱内一个小单元的离散程度。$H$ 越大，即单位柱长离散程度越大，色谱峰就越宽，柱效率就越差。因此，根据色谱柱内组分的运动速率，可以说明塔板高度、色谱峰扩张的各种因素。

速率理论更重要的贡献是提出了范第姆特方程式，它表示了塔板高度（$H$）与载气线速（$u$）以及影响 $H$ 的三项主要因素之间的关系，其简化式为：

$$H = A + B/u + Cu \qquad (9-17)$$

式中，$A$、$B$、$C$ 为三个常数；$A$ 项为涡流扩散项；$B/u$ 项为分子扩散项；$Cu$ 项为传质阻力项；$u$ 为载气线速度，即单位时间载气在色谱柱中的流动距离，单位为 cm/s。下面分别讨论各项对柱效的影响。

1. 涡流扩散项

在填充色谱柱中，气体碰到填充物颗粒时，不断改变流动方向，使试样组分在气相中形成紊乱的类似“涡流”的流动（图 9-3），因而引起色谱峰的扩张。涡流扩散项（$A$）与填充物的平均颗粒直径大小、填充物的均匀性有关

$$A = 2\lambda d_P \qquad (9-18)$$

式中，$\lambda$ 为填充不规则因子，$d_P$ 为填充物颗粒的平均直径。由式 9-18 可见，$A$ 与载气性质、线速度和组分无关。使用适当粒度和颗粒均匀的载体，并尽量填充均匀，是提高柱效的有效途径。对于空心毛细管柱，由于无填充物，故 $A$ 等于零。

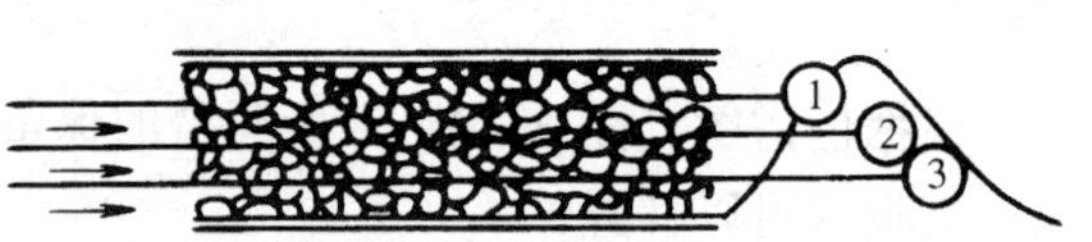

图 9-3 涡流扩散示意图

2. 分子扩散项

分子扩散又称为纵向扩散。由于组分被载气带入色谱柱后，是以“塞子”的形式存在于柱内的很小一段空间中，在“塞子”的前后（纵向）存在着浓度差而形成浓度梯度，使分子产生纵向扩散。

$$B = 2\ r\ D_g \qquad (9-19)$$

式中，$r$ 为与填充有关的弯曲因子，反映柱中流路弯曲情况。$D_g$ 为组分在气路中的扩散系数。

分子扩散项与载气的线速（$u$）成反比，载气流速越大，组分在气相中停留时间越短，分子扩散程度降低；分子扩散项还与组分在载气中的分子扩散系数 $D_g$的大小成正比，而 $D_g$ 与组分和载气的性质、柱温、柱压有关。一般说来，柱温低，分子量大，总压力大时，扩散系数 $D_g$ 较小，柱效较高。

3. 传质阻力项

在色谱柱中，试样组分的分子在气液两相中溶解、扩散、分配的过程称为传质过程。影响这个过程进行速度的阻力，称为传质阻力。由于传质阻力的存在，有些组分分子来不及进入液相就被载气推向前进，发生超前现象；有一些组分分子在液相来不及逸出而延迟进入气相，发生滞后现象，从而发生色谱峰扩张。

传质阻力项主要包括两个部分，即气相传质阻力项和液相传质阻力项。传质阻力系数 $C$ 实际上为气相传质阻力系数（$C_g$）和液相传质阻力系数（$C_L$）之和，即 $C = C_g + C_L$。

气相传质过程是指试样组分从气相移动到固定相表面的过程。在这一过程中，试样组分将在气液两相间进行质量交换，即进行浓度分配。若在这个过程中进行的速度较缓慢，就会引起色谱峰的扩张。气相传质阻力系数为：

$$C_g = \frac{0.01k^2}{(k+1)^2}\frac{d_p^2}{D_g} \qquad (9-20)$$

由式 9－20 可见，气相传质阻力系数与固定相的平均颗粒直径平方成正比，与组分在载气中的扩散系数成反比。在实际色谱操作过程中，应采用细颗粒固定相和相对分子质量小的气体（如 $H_2$、He）作载气，可降低气相传质阻力，提高柱效率。

液相传质过程是指试样组分从固定相的气液界面移到液相内部，并发生质量交换，达到分配平衡，然后又返回到气液界面的传质过程。若该过程需要的时间越长，表示液相传质阻力就越大，就会引起色谱峰的扩张。液相传质阻力系数为：

$$C_L = \frac{2}{3}\frac{k}{(k+1)^2}\frac{d_f^2}{D_L} \tag{9-21}$$

式中，$d_f$ 为固定相的液膜厚度；$D_L$ 为组分在液相中的扩散系数。

由式 9－21 可见，$C_L$ 与固定相的液膜厚度（$d_f$）的平方成正比，与组分在液相中的扩散系数（$C_L$）成反比。实际工作中减小 $C_L$ 值的主要方法有：一方面可降低液膜厚度，在能完全均匀覆盖载体表面的前提下，适当减少固定液的用量，使液膜薄而均匀；另一方面可通过提高柱温的方法，增大组分在液相中的扩散系数（$D_L$）。通过这两方面的努力，就可降低液相传质阻力，提高柱效。

当固定液含量较大，液膜较厚，中等线性流速（$u$）时，塔板高（$H$）主要受液相传质阻力的影响，而气相传质阻力的影响较小，可忽略不计。但用低含量固定液的色谱柱，高载气流速进行快速分析时，气相传质阻力就会成为影响塔板高度的重要因素。

综上所述，将有关常数项代入式 9－17 得

$$H = 2\lambda d_p + \frac{2rD_g}{u} + \left[\frac{0.01k^2 d_p^2}{(1+k)^2 D_g} + \frac{2}{3}\frac{k}{(k+1)^2}\frac{d_f^2}{D_L}\right]u \tag{9-22}$$

由以上讨论可以看出，范第姆特方程是色谱工作者选择色谱分离条件的主要理论依据，它说明了色谱柱填充的均匀程度、载体粒度的大小、载气种类和流速、柱温、固定相的液膜厚度等因素对柱效能及色谱峰扩张的影响，它对于气相色谱分离条件的选择具有指导意义。

## 四、柱总分离效能指标

气相色谱法的关键问题之一是组分的分离。色谱柱对某样品分离效果如何，可从以下两方面进行评价：一是具有较高的柱效率，理论塔板数（$n$）或有效塔板数（$n_{eff}$）是评价柱效率的一项指标；二是柱的选择性，用选择性来评价所采用的固定相是否合适，相对保留值（$r_{2,1}$）是衡量色谱柱选择性的指标。然而，这两项指标并未说明各组分的真实分离效果。气相色谱的分离效果，可直观地表现在色谱峰的峰间距离（决定于两组分保留值之差）和峰宽上，只有相邻两个色谱峰的距离较大、峰宽较窄时，两个组分才能得到良好的分离效果。综合考虑峰间距与峰宽两方面的因素对分离的影响，常用分离度作为色谱柱的总分离效能指标，以判断难分离物质对在色谱柱中的分离情况。

分离度（$R$）定义为：相邻两峰的保留时间之差与两组分峰宽平均值之比值，即

$$R = 2\left(\frac{t_{R_2} - t_{R_1}}{W_2 + W_1}\right) \tag{9-23}$$

$R \geqslant 1$ 时，两峰有 98% 以上的分离；$R = 1.5$ 时，分离程度可达 99.7%。一般用 $R =$

1.5 为相邻两峰完全分离的标志。

设相邻两峰峰宽相等，即 $W_1 = W_2$

$$R = 2\left(\frac{t_{R_2} - t_{R_1}}{W_2 + W_1}\right) = \frac{t_{R_2} - t_{R_1}}{W_2} \tag{9-24}$$

而 $n = 16\left(\frac{t_{R_2}}{W_2}\right)^2$，即 $W_2 = \sqrt{\frac{16t_{R_2}^2}{n}} = \frac{4t_{R_2}}{\sqrt{n}}$，代入式 9－24，得

$$R = \frac{\sqrt{n}}{4}\left(\frac{t_{R_2} - t_{R_1}}{t_{R_2}}\right) = \frac{\sqrt{n}}{4}\left(\frac{t'_{R_2} - t'_{R_1}}{t'_{R_2} + t_M}\right)$$

$$= \frac{\sqrt{n}}{4}\left(\frac{t'_{R_2} - t'_{R_1}}{t'_{R_2}}\right)\left(\frac{t'_{R_2}}{t'_{R_2} + t_M}\right)$$

$$= \frac{\sqrt{n}}{4}\left(\frac{t'_{R_2}/t'_{R_1} - 1}{t'_{R_2}/t'_{R_1}}\right)\left(\frac{t'_{R_2}/t_M}{t'_{R_2}/t_M + 1}\right) \tag{9-25}$$

因为$\frac{t'_{R_2}}{t'_{R_1}} = \frac{k_2}{k_1} = r_{2,1}$，而$\frac{t'_{R_2}}{t_M} = k_2$，代入式 9－25 中，得

$$R = \left(\frac{\sqrt{n}}{4}\right)\left(\frac{r_{2,1} - 1}{r_{2,1}}\right)\left(\frac{k_2}{k_2 + 1}\right) \tag{9-26}$$

(a)　(b)　(c)

(a) 柱效项　分离度 $R$ 与塔板数 $n$ 的平方根成正比。柱效率越高（$n$ 越大），柱选择性越好，越有利于分离。

(b) 柱选择项　主要决定于所选择的固定相。$r_{2,1} \neq 1$ 才有分离的可能。$r_{2,1}$越大，则分离度越大。若 $r_{2,1} = 1$，则 $R = 0$，无论怎样提高柱效也不能使两组分分离。

(c) 容量因子项　$k_2$ 为相邻两组分中后流出组分的容量因子。增大 $k$ 可以提高分离度，但是，当 $k > 5$ 时，它对 $R$ 的影响越来越小，而且，增大 $k$ 会延长分离时间，引起峰形变宽。一般 $k$ 在 1～5 之间为宜。

## 第三节　气 相 色 谱 仪

气相色谱仪种类繁多，形式也不一样。由图 9－1 可知，一般由以下几个部分组成，即气路系统（Ⅰ）、进样系统（Ⅱ）、色谱柱和柱箱（Ⅲ）、检测系统（Ⅳ）、记录系统（Ⅴ）和温控系统。

### 一、气路系统

气相色谱仪的气路系统，是一个载气连续运行的密闭的管路系统。气路系统的密闭性、载气流速的稳定性、以及流量测量的准确性都是影响色谱仪性能的重要因素。

气相色谱中常用的载气有氢气、氮气、氩气和氦气等。这些气体一般都由高压钢瓶供给。载气的净化主要通过净化器来完成。普通的净化器是一根金属或塑料管，其中盛装净化剂，并联接在气路上。净化剂按需要选择：除去载气中烃类杂质，可选用活性炭或分子

筛；载气相对湿度大时，选用硅胶净化管串联 4A（孔径 42～47nm）或 5A（孔径 49～56nm）分子筛净化管，以除去载气中的水分。

载气的流速要求保持恒定，通常将减压阀和气流调节阀（稳压阀、稳流阀、针形阀等）串联使用，以控制载气流速的稳定。最常用皂膜流量计进行载气流速的精确测量。它被安装在柱出口处测量流速，并作必要的校正。

## 二、进样系统

进样系统包括进样器和气化室两部分。

### 1. 进样器

根据试样的状态不同，采用不同的进样器。对于气体试样，一般常使用旋转式或推拉式六通阀进样。它由不锈钢制成，分阀体和阀瓣两部分。图 9－4a 表示旋转式六通阀的取样位置。进样时将阀瓣旋转 60°，如图 9－4b 所示。也可使用医用 0.25、1、2、5、10ml 注射器进样，此法简便，但重现性差。对于液体试样，一般采用微量注射器进样，常用的规格有 1、5、10 和 50μl。对于固体试样，一般先溶解于适当试剂中，然后用微量注射器进样。毛细管柱要求的试样量为 $10^{-3}$～$10^{-2}$μl 数量级。这样少的试样必须采用分流器进样。

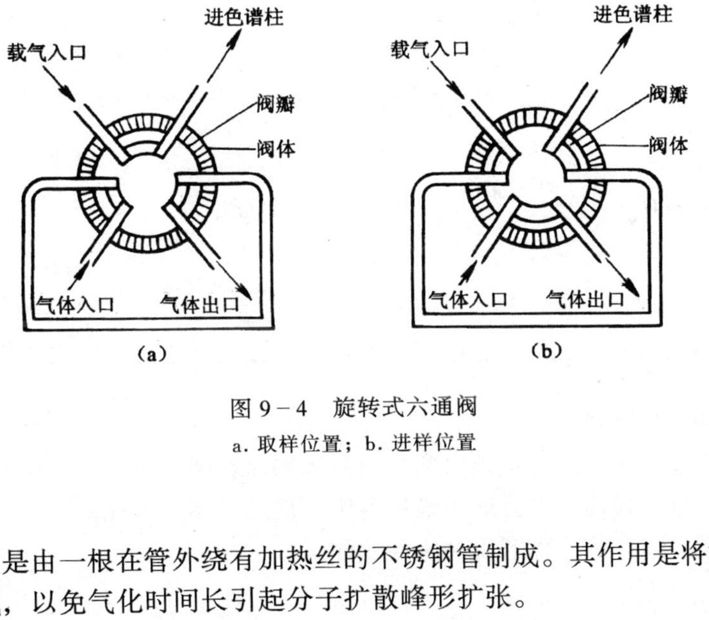


图 9－4 旋转式六通阀

a. 取样位置；b. 进样位置

### 2. 气化室

一般气化室是由一根在管外绕有加热丝的不锈钢管制成。其作用是将液体或固体试样瞬间汽化为蒸气，以免气化时间长引起分子扩散峰形扩张。

## 三、色谱柱

在气相色谱分析中，首要问题就是混合组分的分离，然后通过检测器对分离出来的各组分依次进行检测，这个分离过程是在色谱柱中完成的。因此，色谱柱是色谱仪的核心部分。色谱柱通常可分为填充柱和毛细管柱两类。填充柱是目前应用最普遍的一类色谱柱，可由不锈钢、铜镀镍、玻璃或聚四氟乙烯制成。填充柱的形状有 U 型或螺旋型，该柱可供使用的固定相种类繁多，可解决各种分离分析问题，而且制备简单。毛细管柱由玻璃或不锈钢管拉制成螺旋型，分为空心毛细管柱和填充毛细管柱两种。下面根据气相色谱法的类型，将分别讨论气固色谱柱、气液色谱柱和毛细管色谱柱。

**（一）气固填充色谱柱**

气固色谱法是20世纪30年代发展起来的。在气固色谱中，通常采用固体吸附剂作为固定相。当样品随载气通过色谱柱时，因吸附剂对各组分的吸附能力不同，经过反复多次的吸附与脱附的分配过程，最后彼此分离而随载气流出色谱柱。

固体吸附剂的优点是吸附容量大、热稳定性好、无流失现象。主要应用于永久性气体（$H_2$、$O_2$、$N_2$、$CH_4$ 等）和一些低沸点物质的分离分析，特别对烃类异构体的分离具有很好的选择性和较高的分离效率。其缺点是进样量稍大，色谱峰就不对称，有拖尾现象；另外重现性差。由于在高温下常具有催化活性，因而不宜分析高沸点和有活性组分的试样。气固色谱法常用的吸附剂及其性能见表9－1。

**表9－1 气固色谱法常用的几种吸附剂及其性能**

| 吸附剂 | 主要化学成分 | 最高使用温度 | 极性 | 分析对象 | 活化方法 |
|---|---|---|---|---|---|
| 活性炭 | C | ＜300℃ | 非极性 | 适合于永久性气体和低沸点烃类的分离 | 粉碎过筛，用苯浸泡，在350℃用水蒸气洗至无白色物质，在180℃烘干备用 |
| 氧化铝 | $Al_2O_3$ | ＜400℃ | 弱极性 | 适合于烃类及有机异构体的分离，在低温下可分离氢的同位素 | 200～1000℃下烘烤活化 |
| 分子筛 | $x(MO)\cdot y(Al_2O_3)\cdot z(SiO_2)\cdot nH_2O$ | ＜400℃ | 极性 | 适合于永久性气体和惰性气体的分离 | 粉碎过筛后，在350～550℃下烘烤3～4h，或在350℃真空下活化2h |
| 硅胶 | $SiO_2\cdot xH_2O$ | ＜400℃ | 氢键型 | 适合于永久性气体及低级烃的分离 | 粉碎过筛后，用1:1HCl浸泡1～2h，用蒸馏水洗至无氯离子，在180℃烘干备用 |

**（二）气液填充色谱柱**

在气液填充色谱柱中，固定相由惰性的载体和涂在载体表面上的固定液组成。样品在色谱柱中于气、液两相间多次分配，最后各组分彼此分离。因此，在气液色谱法中，载体和固定液的性质对组分的分离起着决定性的作用。

1．载体

载体旧称担体，是一种化学惰性的、多孔性固体颗粒。它的作用是提供一个表面积大的惰性固体表面，使固定液能在它的表面上形成一层薄而均匀的液膜。

（1）对载体的要求　可归纳为4点：一是载体的表面应是化学惰性的，没有或只有很弱的吸附性，更不能与固定液或试样起化学反应；二是热稳定性好，表面积要大，具有颗粒状的多孔性；三是机械强度好，不易破碎；四是载体粒度适当，颗粒细小均匀，有利于提高柱效，但颗粒也不能太细，否则柱压增大，不利于操作。

（2）载体的种类　可分为硅藻土类和非硅藻土类。

硅藻土类载体是由天然硅藻土煅烧而成，具有一定粒度的多孔性颗粒，由于处理的方法不同，它又分为红色载体和白色载体两种。

红色载体因其中含有少量氧化铁，使颗粒成红色，如国产6201型载体等。其优点是机械强度好，表面孔穴密集，孔径较小，比表面积大。其缺点是表面存在活性中心，分析强极性组分时色谱峰易拖尾。一般适宜涂非极性固定液，用来分离测定非极性组分。白色载体是在天然硅藻土煅烧前加入少量碳酸钠助溶剂，煅烧时氧化铁转变为无色铁硅酸钠，而呈白色多孔性颗粒物。白色载体机械强度差，比表面积小，但其表面极性中心少，吸附性小，有利于在较高柱温下使用。一般适宜涂渍极性固定液，用来分离测定极性组分。如国产101、102型等。

硅藻土类型的载体在使用前需进行预处理。预处理方法有酸洗法、碱洗法、硅烷化和涂减尾剂等。目前已有经过预处理的载体出售，可以直接使用。

非硅藻土类载体，有氟载体、玻璃微球载体、高分子多孔微球等。

氟载体常用的有聚四氟乙烯多孔性载体，多用于分析强极性组分和腐蚀性的气体。玻璃微球载体是一种用玻璃制成的有规则的颗粒小球。其主要优点是能在较低柱温下分析高沸点组分，而且分析速度较快，缺点是表面积小，只能用于低配比固定液，柱效不高。高分子多孔微球是苯乙烯与二乙烯苯的共聚物。它是20世纪60年代中期新发展起来的一种新型合成有机固定相。它既可直接作为固定相使用，也可以作为载体，涂以固定液后使用。

2. 固定液

固定液是一种高沸点有机化合物，在室温下为固态或液态，在色谱分配过程中为液态。

(1) 对固定液的要求　在操作温度下有较低蒸气压，以免流失；热稳定性好，在操作温度下不发生分解且呈液态；对试样各组分有适当的溶解度并且分配系数适当；具有高的选择性，即对物理化学性质相近的不同物质有尽可能高的分离能力；化学稳定性好，不与被测试样发生化学反应，能牢固地附着于载体上，并形成均匀和结构稳定的薄膜。

(2) 固定液的作用　组分能否分离取决于各组分在液相中的分配系数，而分配系数的大小是由组分和固定液分子之间的作用力所决定，它直接影响色谱柱的分离情况。分子间的作用力主要包括静电力、诱导力、色散力和氢键作用力，此外还可能存在形成化合物或配合物的键合力等。

(3) 固定液的分类　按极性可分为非极性固定液、中等极性固定液、极性固定液和氢键型固定液。常用的固定液见表9-2。

(4) 固定液的选择　按“相似相溶”的原则来选择固定液，即按欲分离组分的极性或化学结构与固定液相似的原则来选择固定液，其一般规律可总结为以下7条。

分离非极性物质，一般选用非极性固定液，它对组分的保留作用主要靠色散力。分离时，试样中各组分基本上按沸点从低到高的顺序流出色谱柱。

分离中等极性物质，应选用中等极性固定液，组分与固定液分子之间的作用力主要为诱导力和色散力。分离时，组分基本按沸点从低到高的顺序先后流出色谱柱。

分离强极性物质，应选用强极性固定液，此时，组分与固定液分子之间的作用力主要为静电力。组分一般按极性从小到大的顺序先后流出色谱柱。

分离非极性和极性混合组分时，一般选用极性固定液。由于分离时诱导力起主要作用，使极性组分与固定液的作用力加强，所以非极性组分先流出，极性组分后流出。

**表 9-2 气液色谱法常用的固定液**

| 名称 | 分子式或结构式 | 极性 | 最高使用温度℃ | 溶剂 | 分析对象（参考） |
|---|---|---|---|---|---|
| 角鲨烷（异三十烷） | $i-C_{30}H_{62}$ | 非 | 140℃ | 甲苯 | 一般烃类及非极性化合物 |
| 阿皮松（真空润滑脂） | 高分子量烷烃，常用 K、L、M 等型号 | 非 | M：250℃<br>L：300℃ | 氯仿 | 各类高沸点有机物 |
| 甲基硅油 | $CH_3-Si(CH_3)_2-O-[-Si(CH_3)_2-O-]_n-Si(CH_3)_2-CH_3$ | 弱 | 200℃ | 丙酮<br>氯仿 | 非极性和弱极性有机物 |
| 甲基硅橡胶 | $CH_3-Si(CH_3)_2-O-[-Si(CH_3)_2-O-]_n-Si(CH_3)_2-CH_3$ | 弱 | 300℃ | 氯仿 | 高沸点、弱极性有机物 |
| 邻苯二甲酸二壬酯 | 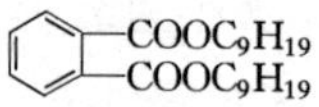 | 中等 | 160℃ | 乙醚 | 烃、醇、醛、酮、酸、酯各类有机物 |
| 磷酸邻三甲苯酯 | $(C_6H_4CH_3O)_3PO$ | 中等 | 100℃ | 甲醇 | 卤代烃、芳烃及其他有机物 |
| 有机皂土 | $(C_{13}H_{27})_2N(CH_2)_2$—皂土 | 极性 | 200℃ | 甲苯 | 芳烃，对二甲苯异构体有高选择性 |
| β，β′-氧二丙腈 | $O[(CH_2)_2CN]_2$ | 极性 | 100℃ | 甲醇<br>丙酮 | 脂肪烃、芳香烃、含氧化合物等极性物质 |
| 三乙醇胺 | $N(CH_2-CH_2-OH)_3$ | 氢键 | 160℃ | 氯仿<br>丁醇 | 低级胺类、醇类、吡啶及其衍生物 |
| 聚乙二醇（相对分子质量 200～20000） | $HO(CH_2CH_2O)_nH$ | 氢键 | 80～200℃ | 乙醇<br>丙酮 | 含氧、含氮的极性化合物及含水样品 |

能形成氢键的试样，如醇、酚、胺、和水的分离，应选用氢键型固定液。此时，试样中各组分按与固定液分子间形成氢键能力的大小顺序先后流出色谱柱。

对于高沸点试样（尤其是极性强的高沸点组分），由于沸点高，流出困难，分离时不宜选用强极性固定液，否则将造成出峰时间过长、操作温度过高等问题。宜选用极性较低的固定液，以加快分析速度。

对于含有异构体的试样，主要是含有芳香族异构组分，可选用特殊保留作用的有机皂土或液晶作固定液。

以上讨论的仅是固定液的大致选择原则，事实上固定液在色谱柱中的作用非常复杂，因此固定液的选择应主要靠实践。

此外，在气液色谱法中，新型合成固定相如高分子多孔微球、化学键合固定相等的应用越来越多，在此不再详述。

### （三）毛细管色谱柱

填充色谱柱由于柱内装填了固定相颗粒，组分通过色谱柱的流路是弯曲的、多路径的，从而引起涡流扩散，传质阻力也较大，影响柱效，填充柱的理论塔板数最高为几千。1958年发展起来的毛细管色谱柱，柱效率很高，理论塔板数最高可达$10^6$。

#### 1. 空心毛细管色谱柱

空心毛细管色谱柱是将固定液直接涂在毛细管内壁表面上而组成的。毛细管内壁表面起载体的作用，由于毛细管色谱柱传质阻力小，柱子长，因此它的分离效能很高，分析速度快，在分析复杂有机物等方面作用很大。

#### 2. 填充毛细管色谱柱

这是1962年以后发展的，这种柱的材料是玻璃。在拉制毛细管时，先在玻璃内装入固定相，然后一起拉制成填充毛细管色谱柱。与空心毛细管色谱柱相比，它对复杂混合物分离的选择性有所改善，便于分析极性物质。在快速分析石油样品、含氧化合物和氨基酸衍生物等方面效果较好。

#### 3. 多孔层毛细管色谱柱

这种柱是在玻璃管内壁涂一层载体，然后再涂固定液。这种柱综合了空心毛细管色谱柱和填充毛细管色谱柱两方面的优点，因此分离效能更高，分析速度更快。

## 四、检测系统

检测系统主要是指检测器，它是色谱仪的关键部件。检测器的作用是将经色谱柱分离后的各组分按其特性及含量转换为易被测量的电信号，如电压、电流等，然后送至记录器记录下来。对检测器的要求是：灵敏度高，线性范围宽，响应迅速，稳定性好，应用范围广，使用方便。

根据检测原理的不同，可将检测器分为浓度型和质量型两种。

浓度型检测器是测量载气中某组分浓度的瞬间变化。即检测器的响应值与组分的浓度成正比。如热导检测器和电子捕获检测器等。

质量型检测器是测量载气中某组分进入检测器的质量流量。即检测器的响应值与单位时间内某组分进入检测器的质量成正比。如火焰离子化检测器和火焰光度检测器等。

### （一）热导检测器

热导检测器（TCD）是基于不同的物质具有不同的热导系数，采用热敏元件来检测被分离的组分。它是气相色谱仪中应用最广泛的一种通用型浓度检测器。热导检测器由池体和热敏元件构成。热导池可分双臂热导池和四臂热导池两种。如图9－5a和图9－5b所示。热导池体用铜块或不锈钢块制成，内装热敏元件。热敏元件一般都选用电阻大、电阻温度系数大的金属丝（如钨丝、铼丝、铼钨合金丝或铂丝等）或半导体热敏电阻制成，其特点是它的电阻随温度的变化而灵敏地改变。

将两个材料和电阻都相同的热敏元件，装入池体内，就构成了双臂热导池，一臂联在色谱柱之后，称为测量臂，另一臂联在色谱柱之前，只让载气通过，称为参比臂。两臂热丝的电阻分别为 $R_1$ 和 $R_2$，将 $R_1$、$R_2$ 与两个阻值相等的固定电阻 $R_3$、$R_4$ 组成惠斯顿电桥，如图 9－6 所示。

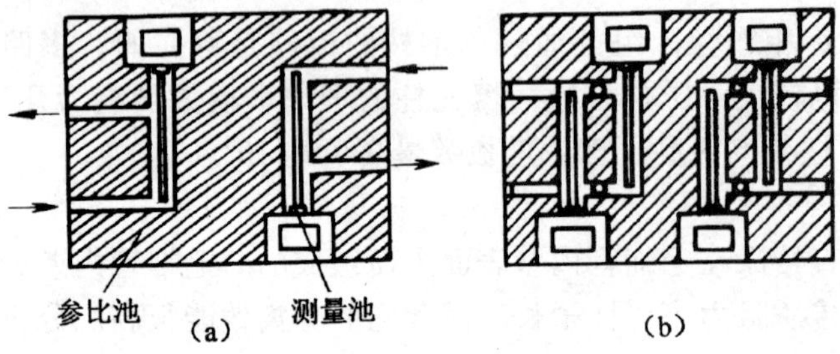


图 9－5　热导池示意图

a. 双臂热导池；b. 四臂热导池

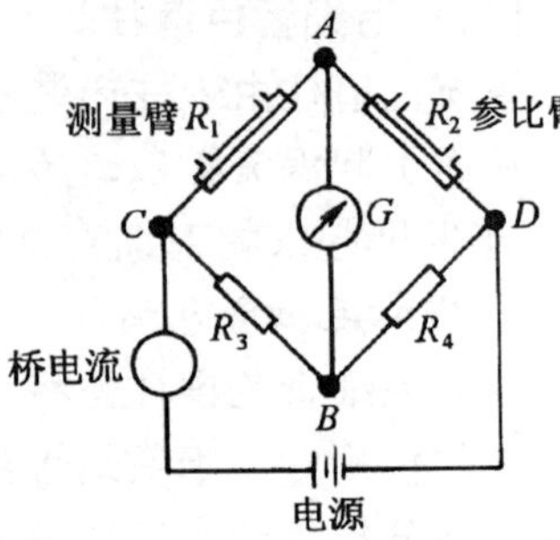


图 9－6　热导池电桥示意图

当载气以恒定的速度通过，同时以恒定的电压给热导池通电时，钨丝因通入电流而温度升高，钨丝的电阻也就随之增加到一定值，所产生的热量被载气带走，并通过载气传给池体。当产生的热量与散热之间建立了动态平衡后，钨丝的温度保持恒定。若载气以恒定的流速通过两臂，从热敏元件上带走的热量是相同的。由于热敏元件的电阻值的变化和温度变化成正比，两臂电阻值的变化也相同，电桥处于平衡状态。当试样经色谱柱分离，某一组分被载气带入测量臂时，若组分与载气的热导系数不同，测量臂的热平衡即被破坏，记录仪上就有信号产生，当组分完全通过测量臂后，电桥又恢复平衡状态。这样，在记录仪上即得到被分离组分的色谱图。

使用热导检测器应注意桥电流及载气的选择。桥电流的选择原则是：在灵敏度满足要求的条件下，应尽可能选用低桥电流。一般桥电流应控制在 100～200mA。增加桥电流，可以提高热导池中热敏元件的温度，加大热敏元件和池体间的温度差，提高检测器的灵敏度。但桥电流过高，会引起基线的不稳，甚至烧坏热敏元件。用热导检测器时，可选用氢气为载气。氢气的灵敏度高，而且不出倒峰，其主要缺点是不安全。最理想的载气是氦气，它的热导率大，检测灵敏度高，但价格昂贵。使用热导检测器时应注意先通载气，后通桥电流，否则热敏元件易烧坏。

热导检测器的特点是结构简单、稳定性好、线性范围宽、操作简便、应用范围广；对无机物、有机物都能进行分析，而且分离出来的组分不被破坏。其主要的缺点是灵敏度较低。

**（二）氢火焰离子化检测器**

氢火焰离子化检测器（FID）的结构如图 9－7 所示。

它的主要部分是一个由不锈钢制成的离子室。在离子室下部有气体入口和氢火焰喷嘴，在喷嘴上方装一筒状收集极，下方为一环状的极化极（又称发射极），喷嘴附近设有点火线圈，用以点燃火焰。工作时，首先在两极间施加一恒定电压，当被测组分由载气带出色谱柱后，与氢气在进入喷嘴前混合，然后进入离子室火焰区，生成正负离子，在电场作用下，它们分别向两极定向移动，从而形成离子流。此离子流经放大后送至记录仪记录。

操作时应注意载气的流量（包括氢气与氮气的流量比和氢气与空气流量比）和极化电压等条件的选择。氢火焰离子化检测器的优点是检测器的死体积小、响应时间快、线性范围广，对碳氢化合物灵敏度高（检测限可达 $10^{-12}$g/s），能检出 $10^{-9}$g/g 级的化合物，比热导检测器的灵敏度高 $10^2 \sim 10^4$ 倍，特别适于和毛细管柱相配合。该检测器缺点主要是试样被破坏，分离的组分无法进行收集。它是一种选择性检测器，仅能分析含碳氢的有机化合物。对非烃类、惰性气体或在火焰中难电离或不电离的物质，检测器无响应信号。

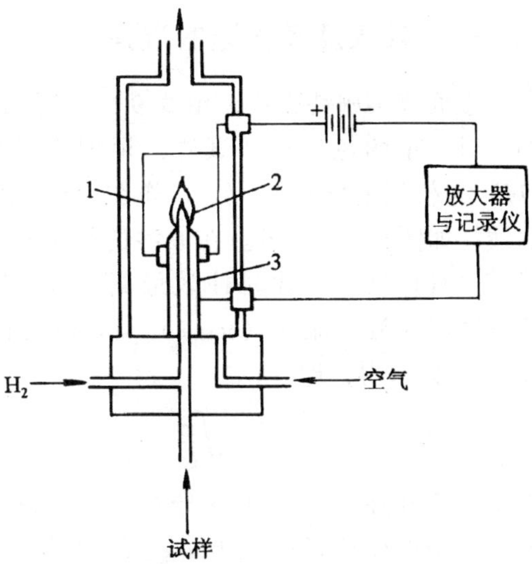


图 9－7　氢火焰离子化检测器结构示意图
1. 集电阳极；2. 火焰；3. 阴极

## 五、记录系统

由检测器输出的信号，常常是非常微弱的，只有经过微电流放大器放大后，才有足够的功率来带动记录装置工作。记录仪是一种能自动记录电信号的装置，一般采用自动平衡式电子电位差计进行记录，绘制出色谱图。目前，大多色谱仪配备有自动积分仪，可测量色谱峰的面积，直接提供定量分析的准确数据。先进的气相色谱仪还配有电子计算机，能对色谱分析数据自动进行处理。

## 六、温度控制系统

温度是气相色谱法最重要的操作条件，它直接影响色谱柱的选择性和分离效率，并影响检测器的灵敏度和稳定性等。由于汽化室、色谱柱和检测器工作时都各有不同的温度要求，因此应对它们的温度用恒温器进行分别控制。也有的色谱仪将检测器和色谱柱放在同一恒温箱中。

在某些条件下，如果色谱柱仅恒定在某一温度条件下难以对样品中各组分进行完全分离，就需要采用程序升温的方法来达到分离的目的。所谓程序升温是指在一个分析周期里，色谱柱的温度随时间由低温到高温线性或非线性地变化，使沸点不同的组分，在其最佳柱温下流出，从而改善分离效果，缩短分析时间。所以程序升温在气相色谱中得到了广泛的应用。

# 第四节　分析条件的选择

被分析试样中各组分在色谱柱中能否得到分离，首先要选择适宜的固定相，其次是选择正确的分离条件。固定相的选择在第三节已讨论，本节将重点介绍分离条件的选择。

## 一、载气及其流速的选择

根据范第姆特方程，由式 9－17 可知，载气及其流速对理论塔板高（$H$）有明显的影响。对一定的色谱柱和试样，用理论塔板高（$H$）与载气的线速度（$u$）作图，得 $H-u$ 曲线，如图 9－8 所示。在曲线的最低点，塔板高（$H$）最小，此时柱效最高，该点对应的流速即为最佳流速（$u_{最佳}$），其值可由式 9－17 微分求得，即

$$u_{最佳}=\sqrt{\frac{B}{C}} \qquad (9-27)$$

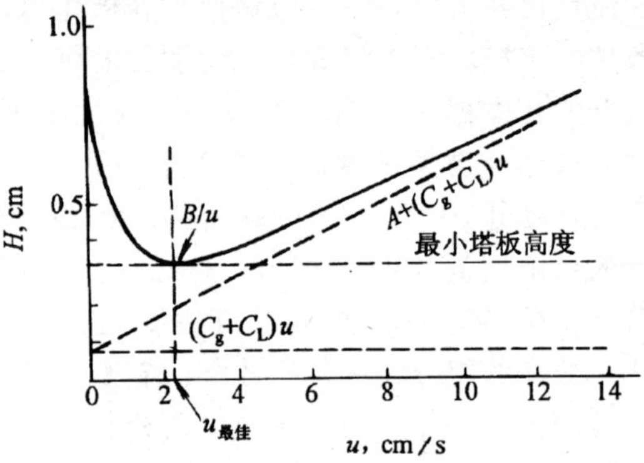


图 9－8　$H$ 与 $u$ 的关系

在实际工作中，为了加快分析速度，缩短分析时间，往往选择稍大于 $u_{最佳}$ 的流速。从式 9－17 及图 9－8 可见，当载气流速较小时，分子扩散项（$B/u$）就成为色谱峰扩张的主要因素。此时应采用相对分子质量较大的载气（$N_2$、Ar），有利于减小分子扩散。当载气流速（$u$）较大时，传质阻力项（$Cu$）为控制柱效的主要因素，宜选用低相对分子质量的 $H_2$ 和 He 作载气，以减小气相传质阻力，提高柱效能。

## 二、色谱柱的长度和柱形的选择

色谱柱的长度主要取决于分离的需要。在满足一定分离度（$R>1.5$）的条件下，应采用尽可能短的色谱柱。随着色谱试剂及色谱技术的进步，现在已能用较短的柱子获得较好的分离效果。一般常用的填充柱柱长以 1～5m 为宜。选用内径较小的柱子可获得较高的柱效率。毛细管柱的柱效率要比填充柱高，柱内径一般常用 2～4mm。

## 三、柱温的选择

气相色谱法中柱温是最重要的色谱操作条件，它直接影响分离效能和分析速度。柱温的选择原则是使最难分离的组分有较好的分离度的前提下，应尽可能选用较低的柱温，以使保留时间适宜、峰形不拖尾为度。具体操作温度的选择，应根据不同的实际情况和分析对象而定。

## 四、载体粒度的选择

从范第姆特方程可以看出，理论塔板高（$H$）和载体粒度（$d_P$）与填充不规则因子（$\lambda$）有关。要求载体的粒度小而均匀，才能降低理论塔板高，提高柱效率。但颗粒也不能太小，太小时不易填充均匀，使不规则因子（$\lambda$）增大，降低柱效；并使柱压增大，容易漏气，给仪器装配带来一定的困难。

# 第五节　分　析　方　法

## 一、定性分析

气相色谱法定性分析的主要依据是每个组分的保留值。一般需要标准样品，离开已知纯物质的对照，就无法识别各色谱峰代表何种组分。对某一未知试样，单独用色谱法定性十分困难，因此首先要了解它的来源、性质等，在此基础上，对样品有初步估计，再结合下列方法来确定色谱峰所代表的化合物。

1. 利用色谱保留参数定性

(1) 绝对保留值定性　在一定的固定相和恒定的操作条件（如柱温、载气流速、柱长、柱径等）下，每种物质都有一定的保留值（$t_R$ 或 $V_R$）。因此可利用已知物的保留值和未知物的保留值对照进行定性。

(2) 相对保留值定性　利用绝对保留值定性时，要求严格控制色谱操作条件，否则重现性较差。如果采用相对保留值（$r_{2,1}$）作定性分析，则可消除某些操作条件差异所带来的影响。常用的标准物是苯、正丁烷、对二甲苯、环已烷、环已醇、环已酮等。对于组分比较简单的已知范围的混合物试样，可采用此法进行定性。

(3) 加入已知物增加峰高法　当试样组分比较多，操作条件不易控制稳定，保留值很难准确测定时，可采用此法进行定性。其步骤是：首先作出被测试样色谱图，然后在试样中加入某已知物，在相同的条件下作色谱图。峰高增加的组分即可能为这种已知物。

2. 与其他方法结合定性

(1) 与化学方法结合进行定性　带有某些基团的试样经过一些特殊试剂处理，发生物理变化或化学反应后，其色谱峰将会提前、移后或完全消失，比较处理前后色谱图的差异，以及在柱后用化学试剂鉴定流出物，就可初步定性鉴别试样中含有哪些基团。

(2) 与红外光谱、质谱及核磁共振谱联合定性　“两谱”联用是近代解决复杂未知物定性问题最有效的方法之一。将复杂组分的混合物经色谱柱分离为单组分，再利用红外光谱、质谱或核磁共振谱等进行定性分析。其中特别是色谱－质谱联用分析，是近代分离和鉴定未知物最好的手段。

## 二、定量分析

### （一）定量依据和相对校正因子

1. 定量依据

在一定的操作条件下，被测组分的质量（$m_i$）与检测器产生的响应信号（色谱图上表现为峰面积 $A_i$ 或峰高 $h_i$）成正比。可用通式表示：

$$m_i = f_i A_i \quad \text{或} \quad m_i = f_{h_i} h_i \tag{9-28}$$

式中：$f_i$——峰面积绝对校正因子；

$f_{h_i}$——峰高绝对校正因子。

这是色谱定量分析的依据。由式9－28可见：要进行定量分析，必须首先准确地测量峰面积或峰高，准确求出定量校正因子 $f_i$ 或 $f_{h_i}$，然后选用合适的定量方法，将测得组分的峰面积 $A_i$ 或峰高 $h_i$ 换算为被测组分在试样中的百分含量。

2. 相对校正因子

由于同一种检测器对不同物质具有不同的响应值，即使两种物质的含量相等，在检测器上得到的信号（$A_i$ 或 $h_i$）也不尽相同。为使峰面积（或峰高）能正确反映出物质的质量，就必须在定量计算时引入校正因子。其作用就是把混合物中不同组分的峰面积（或峰高）校正成相当于某一标准物质的峰面积（或峰高），然后通过校正的峰面积（或峰高）来计算各组分的百分含量。

绝对校正因子（$f_i$）主要由仪器的灵敏度所决定，并与分析的操作条件有密切关系，它不易准确测定，无法直接应用。在定量分析中，实际采用的是相对校正因子（$f_{is}$）。即某组分（i）与标准物质（S）的绝对校正因子之比值，通常称为校正因子，即

$$f_{is}=\frac{f_i}{f_s}=\frac{m_i/A_i}{m_s/A_s} \tag{9-29}$$

根据被测组分（i）所使用的计量单位不同，校正因子又可分为质量校正因子（$f_m$）、摩尔校正因子（$f_M$）和体积校正因子（$f_V$）。质量校正因子（如式9－29）是一种最常用的定量校正因子。

校正因子可通过实验测得：准确称量被测组分（$m_i$）和标准组分（$m_s$）的纯物质(纯度应大于99%，最好为色谱纯试剂)，待混合均匀后，在色谱操作条件下进行分析，从色谱图上分别测量出相应的峰面积，由式9－29计算出质量校正因子。常用化合物的校正因子也可以查阅“气相色谱手册”及有关参考文献，在引用时应尽可能使测定条件保持一致。另外，有的文献采用相对保留值 $S_m$，它是校正因子的倒数，使用时不要混淆。

**（二）峰面积的测量**

峰面积的测量直接关系到定量分析的准确度，不同形状的色谱峰，应该采取不同的测量方法，以取得准确的分析结果。常用的峰面积测量方法有以下几种。

1. 真实面积测量法

一种是用计算机测量，通常高级色谱仪配有计算机，能自动计算峰面积；另一种是用自动积分仪测量，它能自动测出一曲线所包围的面积，包括机械积分、电子模拟和数字积分等类型，精密度一般可达到0.2%～2%。上述两种方法自动化程度高，线性范围广，对小峰或不规则的峰也能得出较准确的测定结果。

2. 近似测量法

(1) 峰高乘半峰宽法　此法适用于对称峰。这样测得的峰面积为真实峰面积的0.94倍，实际峰面积应为

$$A=1.065hW_{1/2} \tag{9-30}$$

(2) 1/2峰宽乘峰高法　峰面积为

$$A=\frac{1}{2}hW \tag{9-31}$$

此法对矮而宽的色谱峰较准确。

(3) 峰高乘平均峰宽法　所谓平均峰宽是指在峰高 0.15 和 0.85 处分别测量的峰宽的平均值。其峰面积为

$$A = \frac{1}{2}h\ (W_{0.15} + W_{0.85}) \tag{9-32}$$

此法可用于不对称峰面积的测量，结果比较准确。

(4) 峰高乘保留时间法　在一定的操作条件下，同系物的半峰宽（$W_{1/2}$）与保留时间（$t_R$）成正比。利用式 9-30 得

$$A = 1.065hbt_R$$

式中，$b$ 为常数。在相对计算时，$b$ 和 1.065 均可约去，则

$$A = ht_R \tag{9-33}$$

用此法测定色谱峰的峰高（$h$）和保留时间（$t_R$），比测量半峰宽更为简便。尤其是对于窄的峰，更为有利，而且重现性好，准确度也高。但此法只适用于同系物的分析，对操作条件的波动较为敏感。

**(三) 定量方法**

1. 归一法

归一法是一种常用的定量方法。应用这种方法的条件是试样中各组分都能流出色谱柱，并在色谱图上都显示出色谱峰。归一法的公式为

$$X_i\% = \frac{A_i f_i}{\sum A_i f_i} \times 100\% \tag{9-34}$$

式中：$A_i$——任一组分的峰面积；

$f_i$——任一组分的质量校正因子。

归一法的优点是操作简便、准确；操作条件（如进样量、流速等）变化对测定结果影响较小；宜于分析多组分试样中各组分的含量。但下列情况不能使用归一法：①样品中某些组分不能流出色谱柱；②样品中某些组分在检测器上无信号；③样品中某些组分在柱内分解。

2. 内标法

当混合物所有组分不能全部流出色谱柱；或检测器不能对各组分均产生信号；或只要求对试样中某几个组分进行定量时，可采用内标法。内标法是在准确称量的试样中加入一定量的某种纯物质作为内标物，根据被测试样和内标物的质量比及其相应的色谱峰面积之比，来计算被测组分的含量。由于

$$m_i = f_i A_i \qquad m_s = f_s A_s$$

$$则 \frac{m_i}{m_s} = \frac{f_i A_i}{f_s A_s} \qquad 即\ m_i = \frac{f_i A_i}{f_s A_s} \times m_s$$

组分在试样中的百分含量为

$$P_i\% = \frac{m_i}{m} \times 100\% = \frac{f_i A_i m_s}{f_s A_s m} \times 100\% \tag{9-35}$$

选择内标物有 4 个要求：①内标物应是该试样中不存在的纯物质；②内标物必须完全溶于试样中，并与试样中各组分的色谱峰能完全分离；③加入内标物的量应接近于被测组

分的量；④内标物色谱峰的位置应与被测组分的色谱峰的位置相近，或在几个被测组分色谱峰中间。

内标法的优点是测定的结果较准确；由于通过测量内标物及被测组分的峰面积的相对值来进行计算的，因而在一定程度上消除了操作条件等的变化所引起的误差。内标法的缺点是操作程序较为麻烦，每次分析时内标物和试样都要准确称量；有时寻找合适的内标物也有困难。

为了减少内标法称量和计算数据的麻烦，可用内标校正曲线法进行定量测定。它是在一系列不同浓度的标准溶液中加入等量的内标物，在相同条件下混合进样分析，测其峰面积比 $A_i/A_s$（或峰高比 $h_i/h_s$），对标准溶液浓度 $c_i$ 作图，得其校正曲线或求出直线回归方程；在试样中加入同等量的内标物，在相同条件下进行色谱分析，测得 $A_x/A_s$（或 $h_x/h_i$），即可用校正曲线或回归方程求得待测组分的浓度。

## 第六节 应 用

随着气相色谱分析技术的不断发展，它的应用范围也在迅速扩展。气相色谱法广泛地应用于石油、化工、食品分析、生物医学及环境保护等领域。现就生物医学方面的应用作一简单介绍。

### 一、药物分析

在药物生产方面，气相色谱可用于分析原料、中间体及成品的组成和质量。在药物的分离分析方面，气相色谱也是一种有效的药物成分分析手段。例如，气相色谱法能直接测定复方樟脑酊中樟脑的含量；测定青霉素中有机溶剂——乙酸乙酯、乙酸丁酯和正丁醇的残留量；测定中草药的有效成分，鉴定人参、麝香、牛黄等名贵药材的真伪等。

### 二、医学检验

（1）生化物质的测定　研究的生化物质有蛋白质、氨基酸、酶、核糖核酸等。如氨基酸的测定，体液中氨基酸含量的变化反映了人们营养、发育和健康状况，以及人体内错综复杂的生物化学变化。因此在临床诊断方面，具有十分重要的意义。利用气相色谱法测定体液中蛋白质的含量有助于某些疾病（如小儿痴呆、苯丙酮尿症、氨基酸血症等）的诊断。毛细管气相色谱法一般可检测 5～10ng 氨基酸，误差为 ±2%，如果采用电子捕获检测器，最低可检测 10～100pg。利用气相色谱法或色谱－质谱联用技术可以分析体液中的甾体、尿酸和生物胺等。例如，采用全玻璃毛细管柱，涂以 SE－30 固定液的程序升温气相色谱法对尿中甾体化合物的测定，可用于妊娠诊断及内分泌失调等疾病的诊断与研究。5－羟色胺是大脑中重要的神经传递介质，用气相色谱－质谱联用法测定血液中 5－羟色胺的含量，可用于苯丙酮尿症的诊断。

（2）微生物的测定　采用裂解气相色谱法可以分离分析细菌、病毒和真菌、抗生素和抗体等。例如，裂解温度 875℃，色谱柱 3%XE－60，柱温 100℃，可对 10 种青霉素和 4 种头孢霉菌进行定性鉴定，并对青霉素 G 等 4 种抗生素进行定量分析。

例 1：内标标准曲线法测定尿中高香草酸和香草扁桃酸的含量

测定尿中高香草酸（HVA）和香草扁桃酸（VMA）的含量可用于神经母细胞瘤、嗜铬细胞瘤、精神病、肝性脑病的研究。气相色谱法可以同时测定，操作简单，灵敏度高，最低检出限为 0.03μg，重现性好。

色谱条件　色谱柱：3%OV－17 涂于 chromosorb GHP 上；柱温：初温 180℃，保持 10min，线性升温 6℃·$min^{-1}$，终温 240℃保持 2min；检测器：火焰离子化检测器；检测器温度：250℃；进样器温度：220℃；载气及其流量：氮气：4ml·$min^{-1}$；空气：500ml·$min^{-1}$；氢气：45ml·$min^{-1}$。

例 2：气相色谱法对血清总胆固醇的测定

胆固醇是脂类的一种，是甾体与激素的前体；脂类又是心脏和肌体的能源。用气相色谱法测定血清总胆醇的含量，有助于高脂血症、冠心病、糖尿病的诊断与研究。

色谱条件　检测器：火焰离子化检测器；检测器温度：300℃；色谱柱：1.0mm×4mm 玻璃柱，3%SE－30 涂于 Gas－chrom－Q 上；柱温：270℃；气化室温度：280℃；载气及其流量：氮气：30～35ml·$min^{-1}$；氢气：30ml·$min^{-1}$；空气：250ml·$min^{-1}$。

此法特异性强，平均回收率为 102.1%，变异系数为 2.2%～2.8%。

## 思考与练习

1. 简要说明气相色谱法的分离原理。
2. 气相色谱仪的基本结构包括哪几部分？各有什么作用？
3. 解释以下术语：
(1) 色谱图　(2) 保留值　(3) 相对保留值　(4) 分配系数　(5) 容量因子　(6) 固定相　(7) 流动相　(8) 有效塔板高度
4. 影响塔板高度（$H$）的因素有哪些？如何选择色谱操作条件？
5. 为什么用分离度（$R$）作为色谱柱的总分离效能指标？
6. 气相色谱法的定量依据是什么？为什么要引入校正因子？
7. 在一根 3m 长的色谱柱上分离一样品，得下列数据：空气、组分 1 及组分 2 的保留时间分别为 1、14、17min，组分 2 的峰底宽为 1min。求：
(1) 组分 1 和组分 2 的调整保留时间；
(2) 用组分 2 计算该色谱柱的理论塔板数、有效塔板数和容量因子；
(3) 组分 2 相对于组分 1 的保留值 $r_{2,1}$。

(13，16；4624，4096，16；1.23)

8. 一混合物中含有苯、甲苯、邻二甲苯、对二甲苯，用气相色谱法进行定量分析，测得色谱数据如下表所示，计算各组分的含量。

| 组　分 | 苯 | 甲　苯 | 邻二甲苯 | 对二甲苯 |
|---|---|---|---|---|
| 峰面积（$cm^2$） | 1.26 | 0.95 | 2.55 | 1.04 |
| 质量校正因子 | 0.780 | 0.794 | 0.840 | 0.812 |

(20.80%，15.97%，45.35%，17.88%)

9. 测定二甲苯氧化液中苯系物含量时，先称取试样1500mg，然后加入壬烷150mg作内标物，混合均匀后进样，测得色谱数据如下表所示。计算乙苯、对二甲苯、邻二甲苯、间二甲苯的含量。

| 组 分 | 壬烷 | 乙 苯 | 对二甲苯 | 邻二甲苯 | 间二甲苯 |
|---|---|---|---|---|---|
| 峰面积（$mm^2$） | 98 | 70 | 95 | 80 | 120 |
| 质量校正因子 | 1.02 | 0.97 | 1.00 | 0.98 | 0.96 |

(6.79%，9.50%，7.84%，11.52%)

(张惠静)

# 第十章　高效液相色谱法

## 第一节　概　　述

以液体为流动相的色谱法称为液相色谱法。采用普通规格的固定相及常压输送流动相的液相色谱法为经典液相色谱法。经典的液相色谱法是从 M. Tswett 的实验开始的。高效液相色谱法（high performance liquid chromatography，HPLC）是在 20 世纪 60 年代末，以经典液相色谱为基础，引入了气相色谱的理论与实验方法，流动相改为高压输送，采用高效固定相及高灵敏度检测器，发展而成的分离分析方法。

### 一、高效液相色谱法与经典液相色谱法的比较

经典液相色谱法使用固定相的粒度通常大于 100μm，因而柱效低，，分离效能差；而高效液相色谱法采用颗粒极细（5～10μm）而且均匀的高效填料，使用均匀填充技术，使柱效可达每米数万理论塔板数，大大提高了柱效，可分离上百个组分的混合物。经典液相色谱法中，柱填料通常装在 10～100cm 长、内径 2～5cm 的玻璃管中，每次分析都要重新装柱，而高效液相色谱法使用的柱长仅为 10～30cm，内径为 1～5mm，且装好的柱可反复使用。在分析速度方面，高效液相色谱法采用了高压泵输送流动相，分析一个样品仅需几分钟就可完成，提高了分析速度。高效液相色谱法现已广泛采用高灵敏度的检测器，进一步提高了分析的灵敏度。如紫外检测器的最小检测量可达纳克数量级（$10^{-9}$g）。高效液相色谱法的高灵敏度还表现在所需试样很少，微升数量级的试样就足以进行全分析。此外高效液相色谱法还实现了仪器化，计算机处理数据和控制程序，提高了自动化程度。

### 二、高效液相色谱法与气相色谱法的比较

高效液相色谱法是在气相色谱理论和技术上发展起来的。而在气相色谱法中，试样必须是在操作温度下气化而不分解的物质，其相对分子质量一般小于 300，这在几百万种有机化合物中大约只占 15%，加上可转化成易汽化、热稳定性好的衍生化合物，总共也只有 20%左右，其余大部分化合物不能用气相色谱法分析。而高效液相色谱法则不易受样品挥发性和热稳定的影响，只要求样品能制成溶液便可直接进行分析。因此高效液相色谱法特别适合那些沸点高、极性强、热稳定性差、相对分子质量大的高分子化合物以及离子型化合物的分析。能用高效液相色谱法分析的样品占有机物总数的 75%～80%。

综上所述，高效液相色谱法的特点是：①适用范围广；②分离效率高；③速度快；④流动相可选择范围宽；⑤灵敏度高；⑥色谱柱可反复使用；⑦流出组分容易收集；⑧安全。

高效液相色谱法的分类，与经典液相色谱法的分类相同。按固定相的聚集状态可分为液－液色谱及液－固色谱两大类。按分离机制可分为分配色谱、吸附色谱、离子交换色谱

和分子排阻色谱 4 种主要类型。

## 第二节 基 本 原 理

高效液相色谱法的分离原理与经典液相色谱法相一致。由于流程、柱效和气相色谱法类似，因而塔板理论及速率理论都可用于高效液相色谱，所不同的是高效液相色谱的流动相为液体，气相色谱的流动相为气体。由于气体与液体的性质不同，因而在应用基本理论时，必须考虑方法本身的特点。其中最重要的是速率理论（即范第姆特方程式）各项动力学因素对高效液相色谱法流出色谱峰展宽的影响。这种影响可分为柱内因素和柱外因素，它们都可使色谱峰展宽。

### 一、柱内展宽

在色谱柱内各种因素引起的色谱峰扩展叫柱内展宽。

由气相色谱速率理论可知，范第姆特方程式概括了影响柱效的各种动力学素，将此方程加以部分修正后即可用于高效液相色谱，色谱过程中谱带扩展来自以下三个独立的动力学因素。

#### （一）涡流扩散项（$H_e$）

$$H_e = 2\lambda d_p \tag{10-1}$$

其含义与气相色谱相同。由于高效液相色谱法的固定相是高效填料，其颗粒直径 $d_p$ 比气相色谱法更小，且装柱多采用匀浆法装柱，填充很均匀，填充因子 λ 变得小些，$H_e$ 值比较小。

#### （二）纵向扩散项（$H_d$）

当试样分子被流动相分子携带在色谱柱内流动时，组分分子本身的运动所引起的纵向扩散同样也会引起色谱峰的扩展。其扩展的大小与组分分子在流动相中的扩散系数 $D_m$ 成正比，与流动相的线速度 $u$ 成反比。

$$H_d = \frac{C_d D_m}{u} \tag{10-2}$$

式中，$C_d$ 为一常数，由于流动相为液体，粘度（$\eta$）比载气大很多，而且柱温多采用室温，一般比气相色谱法低得多，而 $D_m \propto T/\eta$，因而液相色谱法的 $D_m$ 约为气相色谱法的 $D_m$ 的 $10^{-5}$。其次，为了节约分析时间，一般采用的流动相流速至少是最佳流速的 3～10 倍。这些因素都促使纵向扩散项 $B/u$ 减少，一般 $H_d$ 可以忽略不计。

#### （三）传质阻力项（$C$）

这是由于组分分子在固定相与流动相之间传质缓慢引起局部不平衡，从而使峰扩展。这种传质阻力为固定相传质阻力与流动相传质阻力之和。

1. 固定相传质阻力 $H_s$

这是试样分子从流动相进入到固定液内进行质量交换的传质过程所产生的，传质阻力取决于固定液膜厚度 $d_f$ 和试样分子在固定液内的扩散系数 $D_s$。

$$H_s=\frac{C_s d_f^2 u}{D_s} \tag{10-3}$$

式中，$H_s$ 的含义与气相色谱中液相传质项 $C$ 相一致；$C_s$ 是与容量因子有关的常数。

2. 流动相传质阻力

指试样分子在流动相中的传质过程产生的传质阻力，它包括两种形式，即在流动的流动相中的传质阻力和滞留的流动相中的传质阻力。

(1) 流动的流动相中的传质阻力（$H_m$） 当流动相携带试样分子流过色谱柱内的填充物时，靠近填充物颗粒的流动相流动较慢，而流路中央的流动相流动较快，从而引起组分分子分散和峰扩展。这种影响引起板高的变化与线速度 $u$ 和固定项粒度 $d_p$ 的平方成正比，与试样分子在流动相中的扩散系数 $D_m$ 成反比。

$$H_m=\frac{C_m d_p^2 u}{D_m} \tag{10-4}$$

式中，$C_m$ 为一常数，它与柱形状以及填充物结构等因素有关。

(2) 滞留的流动相中的传质阻力（$H_{sm}$） 由于固定相的多孔性，会使部分流动相滞留在固定相微孔内，这部分流动相一般是停滞不动的。流动相中的试样分子要与固定相进行质量交换，必须先自流动相扩散到滞留区，由于孔有一定深度，扩散到孔中的路径不同，回到流动相就会有差异，从而使峰扩展。如果固定相中的微孔既小又深，传质阻力就大，对峰的扩展影响就大，这种影响在整个传质过程中起着主要作用。固定相的粒度越小，它的微孔孔径越大，传质速率也越高，因而柱效就越高。

$$H_{sm}=\frac{C_{sm} d_p^2 u}{D_m} \tag{10-5}$$

式中，$C_{sm}$为一常数，它与固定相微孔中滞留的流动相及容量因子等因素有关。

由此可见，传质阻力 $C$ 可用下式表示：

$$C=H_s+H_m+H_{sm}=\frac{C_s d_f^2 u}{D_s}+\frac{C_m d_p^2 u}{D_m}+\frac{C_{sm} d_p^2 u}{D_m} \tag{10-6}$$

综上所述，对高效液相色谱法，范第姆特方程式为

$$H=2\lambda d_p+\frac{C_d D_m}{u}+\left(\frac{C_s d_p^2}{D_m}+\frac{C_{sm} d_p^2 u}{D_m}+\frac{C_s d_f^2}{D_s}\right)u \tag{10-7}$$

上式可简化为

$$H=A+B/u+Cu \tag{10-8}$$

由于纵向扩散项 $B/u$ 可以忽略不计，则高效液相色谱法速率方程式为

$$H=A+Cu \tag{10-9}$$

由式 10－9 可见，在高效液相色谱法中，影响柱效的主要因素是传质阻力，可以近似的认为流动相的流速与板高成直线关系，如图 10－1 所示。为降低塔板高 $H$ 值，提高柱塔板数，通常采用的方法是：①减小固定相填充料颗粒直径（多采用 3～10μm 的填料），可明显提高柱效；②降低流动相粘度；③在一定范围内减小流速（多采用 1ml/min 的流速），有利于减小 $H$ 值；④提高装柱技术，能使涡流扩散相 $A$ 减小，柱效提高。

## 二、柱外展宽

柱外展宽是指色谱柱外各种因素引起的色谱峰展宽。这里所讲的柱外因素是指从进样处到检测器之间（不包括柱子本身）的所有死体积，如进样器、连接管、接头和检测器等，它们都能导致色谱峰展宽。

采用合适的进样技术，可减少谱带扩展。液相色谱法的进样技术大都是将试样注入到顶端滤塞上或注入到进样器的液流中，由于进样器的死体积以及进样时液体的扰动引起扩散，造成色谱峰不对称和展宽。若将试样直接注入到色谱柱顶端填料上的中心点或注入到填料中心之内 1～2mm 处，可减少谱带扩展，提高柱效。

为了减少柱外展宽，应尽可能减少液相色谱仪中进样器、连接管和检测器的体积。

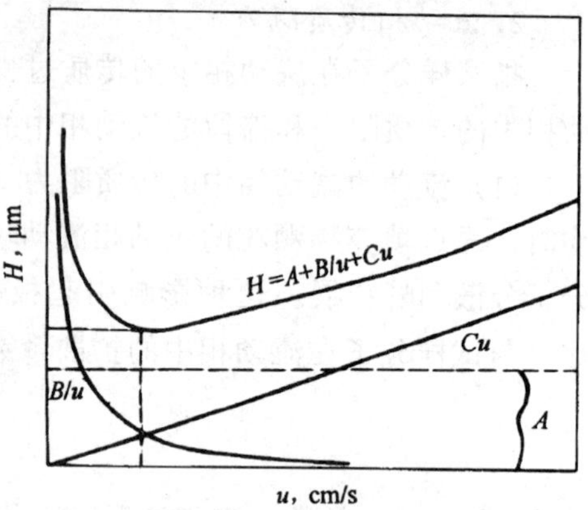


图 10－1　$H-u$ 曲线

# 第三节　固定相和流动相

## 一、固定相

色谱柱中的固定相是色谱分离的关键部分，它直接关系到柱效。高效液相色谱法对固定相的要求比气相色谱法要高得多，现主要介绍液－固色谱吸附剂和液－液分配固定相。

### （一）液－固吸附色谱法固定相

液－固色谱法所使用的固定相，多是具有吸附活性的吸附剂，常用的有硅胶、氧化铝、高分子多孔微球及分子筛等。按其结构和形态可分为薄壳型和全多孔微粒型。全多孔微粒型又可分为无定形全多孔微粒和球形全多孔微粒及堆积硅珠，如图 10－2 所示。

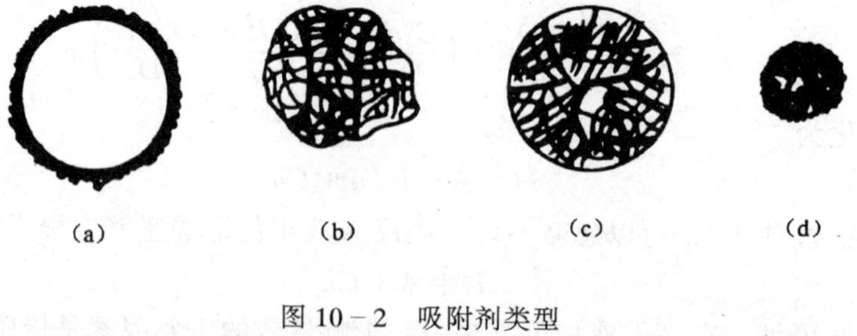


图 10－2　吸附剂类型

a. 薄壳型；b. 无定型全多孔硅胶；c. 球型全多孔硅胶；d. 堆积硅珠

1. 薄壳型

该类产品国产代号 YBK（Y——液、B——薄、K——壳）。它是一种具有实心硬核（玻璃核）的多孔层微球。实心硬核的表面由 1～2$\mu$m 厚的多孔色谱材料（如硅胶、氧化铝或离子交换树脂等）所覆盖。呈圆球形，直径约为 35μm。由于薄壳型填料多孔层微球的孔度浅，只在其表面层发生扩散与渗透作用。因此，该填料具有渗透性好、传质速度快、机械强度好等优点。其缺点是比表面积小、柱容量低、载样量少。目前它已不作为固定相，而多作为键合相载体使用。

2. 全多孔微粒型

它是一种颗粒直径很小（一般为 5～10μm），制成球形或无定形的柱色谱填料。该类填料目前在高效液相色谱法中应用最为广泛，它既可作为分析型柱和制备型柱的固定相，又可作为键合相的载体使用。其优点是柱效高、柱容量大。缺点是渗透性不如薄壳型填料。

全多孔微粒型可分为两类。一类是无定形全多孔微粒硅胶，国产代号 YWG（Y——液、W——无、G——硅），其型号较多。如我国青岛海洋化工厂生产的 YWG 高效液相色谱硅胶有 3、5 及 7μm 规格，其柱效高、分离效果好，已达到国际同类产品的水平（如 Lichrosorb Si－60、Partisil－10 等）。另一类是球形全多孔微粒硅胶，国产代号 YQG（Y——液、Q——球、G——硅）。YQG 除具有 YWG 的优点外，还有涡流扩散项小及渗透性好等优点。青岛海洋化工厂生产的产品规格有 3、5 及 7μm，与国外产品 Adsorbosphere，Nucleosil－50 等相当。

此外，尚有一种堆积硅珠也属全多孔型，是由二氧化硅溶胶加凝结剂聚结而成。它与全多孔微球硅胶类似，其理论塔板数每米可达 8 万以上，且传质阻力小，样品容量大，是一种较理想的高效能填料。我国上海试剂厂生产的堆积硅珠－1，其颗粒直径 3～5μm，相当于国外同类产品 Zorbax Sil 等。

**（二）液－液分配色谱法固定相**

液液色谱法的固定相由载体与固定液构成。载体一般采用全多孔型或薄壳型。液－液分配色谱法的固定相是在载体上涂渍适当的固定液。初期是将固定液机械地涂渍在载体上，这样涂渍的固定液易溶于流动相而流失，现已不使用。

近年来发展了一种新型的固定相称为化学键合固定相，即利用化学反应的方法通过化学键把各种不同的有机分子（固定液）键合到载体表面，这样制得的填料称化学键合相（chemical bonded phase），简称键合相。

键合相在高效液相色谱法中占有极其重要的地位。其优点是：①使用过程中固定液不遗失；②化学性能稳定，在 pH2～8 的溶液中不变质；③热稳定性好，一般在 70℃以下稳定；④选择性好；⑤利于梯度洗脱。

化学键合相的形成必须具备两个条件：一是载体表面应有某种活性基团（如硅胶表面的硅醇基），二是固定液应有能与载体表面发生化学反应的官能团。固定液的官能团不同，所生成的键合相的类型不同。目前应用最为广泛的是 $\equiv$Si—O—Si—C$\equiv$ 型键合相，它具有良好的热稳定性和化学稳定性，可在 pH2～7.5 的介质中使用。它是利用氯硅烷或烷氧基硅烷与硅胶表面的羟基进行硅烷化制成的键合相。

硅胶在液相色谱法中被广泛采用，为表面多孔型和全多孔微粒型，其表面的终端或是硅羟基（$\equiv$SiOH）或是硅氧桥（$\equiv$Si—O—Si$\equiv$）。一般认为，硅氧桥结构吸附性很差，对色谱分离没有影响或影响很小。硅胶表面的活性点主要是游离型和氢化的硅羟基，氢化的硅羟基与相邻的羟基相互作用形成了氢键，所以氢化的硅羟基分别为活泼型和束缚型，如图 10－3 所示。

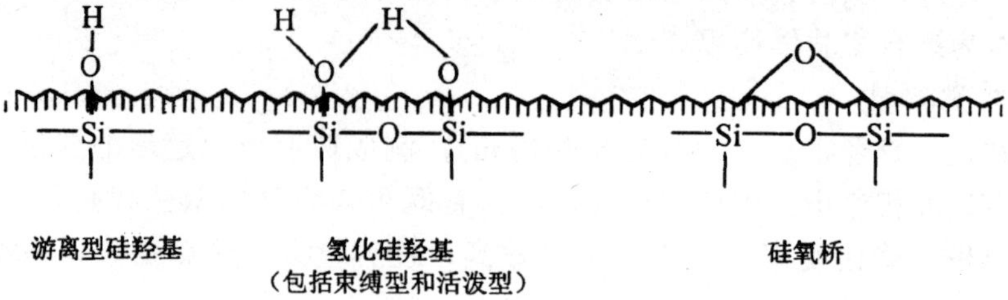


图 10－3　硅胶的表面结构

硅胶表面的硅羟基与有机硅化物（或各种有机物）起反应，制备化学键固定相，其键合相表面如图 10－4 所示。

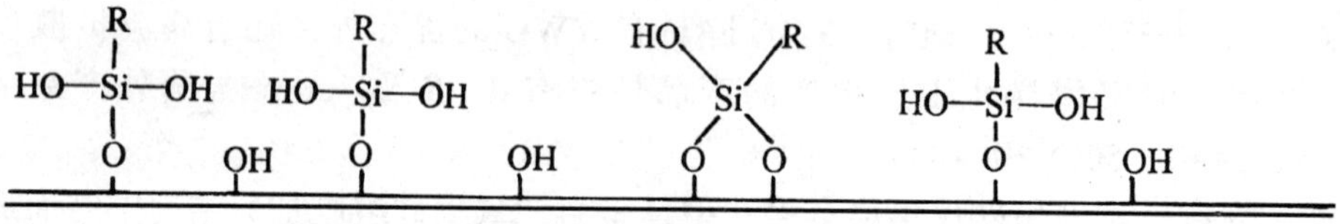


图 10－4　键合硅胶的表面

按键合后固定液官能团的极性性质可将键合相分为非极性、极性和离子性三种。

1．非极性键合相

这类键合相表面键合的是极性很小的烃基，如十八烷基（$C_{18}$）、辛烷基（$C_8$）、甲基与苯基等。其中以十八烷基硅烷键合硅胶（或称 ODS）应用最为广泛，在化学键合相中约占 80%。它适合分离非极性或极性小的试样。在应用中可选用极性较强的溶剂，如水、甲醇、乙醇或无机盐的缓冲液作流动相。

十八烷基键合相（ODS 键合相）是将十八烷基氯硅烷试剂与硅胶表面的硅羟基，经多步反应生成 ODS 键合相。键合反应简化如下：

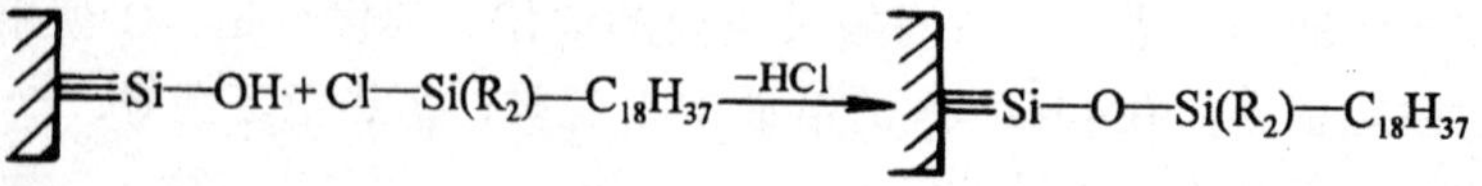


非极性键合相大多采用多孔 YWG、YQG 及堆积硅球作为 ODS 键合相的载体，按载体不同区分为各种型号。

国产品：YWG－$C_{18}H_{37}$（5、10μm）、YQG－$C_{18}H_{37}$（堆积硅珠，3～5μm）及 YWG－$C_6H_5$（5、10μm）等。

进口品：μ－Bondapak $C_{18}$（球形，10μm）、Partisil 10－ODS（无定形，10μm），Zorbax－$C_8$（球形，4～6μm）等。

2．极性键合相

常用氨基、氰基键合相。分别将氨丙硅烷基（≡Si（$CH_2$）$_3NH_2$）及氰乙硅烷基

（$\equiv$ Si $(CH_2)_2CN$）键合在硅胶上而制成。它们可用作正相色谱的固定相，流动相一般选用比固定相极性小的有机溶剂。

国产品：YWG－CN 及 YWG－$NH_2$（5、10μm），YQG－CN 及 YQG－$NH_2$（5、10μm）。

进口品：Lichrosorb － CN（无定形，10μm）。ZorbaxCN（球形，4～6μm）及 Lichrosob－$NH_2$（无定形，10μm）等。

**（三）离子交换色谱法固定相**

离子交换色谱法是利用离子交换原理和液相色谱技术测定溶液中阴离子和阳离子的一种分析方法。离子交换色谱法固定相通常有两种类型：

（1）物理涂渍型离子交换树脂　多数以薄壳型玻珠为载体，在其表面涂约 10％的离子交换树脂而成。

（2）离了交换键合固定相　这种固定相是以薄壳型或全多孔微粒型硅胶为载体，用化学反应将各种离子交换基团结合在表面上而成。如键合的是磺酸基（$-SO_3H$）、羧基（－COOH）则是阳离子交换剂，如键合的是强碱性季铵盐（$-NR_3Cl$），则是阴离子交换剂。

离子交换键合相的特点是具有较高的耐压性、化学稳定性和热稳定性。缺点是在 pH＞9 的流动相中，硅胶容易溶解，未键合的残留硅羟基容易生成硅酸盐，因此，只能在 pH0～8 的范围内使用。在色谱过程中，流动相的 pH 与离子强度（盐的浓度）对被测组分的容量因子及分配系数有很大影响。在实际应用中流动相大都采用一定 pH 和一定浓度的缓冲液，并严格控制其离子强度。

国内常用的键合离子交换剂有：YWG－$SO_3H$，YWG－$R_3NCl$ 等。

在进口品中还常用代号表示，以 S 及 W 代表强、弱酸性（或碱性），C 及 A 代表阳及阴离子，X 代表交换剂。例如，Zorbax－SCX 表示键合相为全多孔球形强酸性阳离子交换剂；Zipax－WAX 表示键合相为薄壳型弱碱性阴离子交换剂。

## 二、流动相

在气相色谱法中，可供选择的流动相（载气）只有三四种，且其性质差别不大，所以提高柱效，主要是改变固定相的性质。而在液相色谱法中，流动相的种类和配比却能显著地影响柱效，因此流动相的选择也十分重要。

**（一）对流动相的基本要求**

（1）与固定相不互溶，也不发生化学反应。

（2）对待测样品要有适宜的溶解度。要求 $K$ 在 1～10（可用范围）或 2～5（最佳范围）的范围内。$K$ 值太小，不利于分离；$K$ 值太大，可能使样品在流动相中沉淀。

（3）溶剂的纯度要高。在使用前最好进行重蒸馏。

（4）溶剂的粘度要小，否则会降低组分的扩散系数，使传质阻力增大，柱效降低。例如甲醇的粘度为乙醇的 1/2，故常用甲醇作流动相。

（5）溶剂应与检测器相匹配。例如用紫外检测器时，不能选用对紫外光有吸收的溶剂。

### (二) 流动相的选择

1. 溶剂的极性

选择流动相时要重点考虑溶剂极性。溶剂极性的强弱，可用 Snyder 提出的溶剂强度参数 $\varepsilon^{\circ}$来表示，$\varepsilon^{\circ}$越大，说明溶剂的极性越大，其洗脱能力就越强。高效液相色谱法中常用溶剂的性质见表 10－1。

**表 10－1 高效液相色谱法中常用溶剂的性质**

| 溶剂 | 紫外吸收下限，nm | 折光指数（25℃） | 沸点 ℃ | 粘度（25℃） | 介电常数（20℃） | 溶剂强度（$\varepsilon^{\circ}$） | |
|---|---|---|---|---|---|---|---|
| | | | | | | 氧化铝 | 硅胶 |
| 正庚烷 | 195 | 1.385 | 98 | 0.40 | 2.05 | 0.01 | 0.01 |
| 正己烷 | 190 | 1.372 | 69 | 0.30 | 1.90 | 0.01 | 0.01 |
| 四氯化碳 | 265 | 1.457 | 77 | 0.90 | 2.24 | 0.18 | 0.11 |
| 乙醚 | 218 | 1.350 | 35 | 0.24 | 4.3 | 0.38 | 0.38 |
| 氯仿 | 245 | 1.443 | 61 | 0.53 | 4.8 | 0.40 | 0.26 |
| 二氯甲烷 | 233 | 1.421 | 40 | 0.41 | 8.9 | 0.42 | 0.32 |
| 二氧六环 | 215 | 1.420 | 101 | 1.2 | 2.2 | 0.56 | 0.49 |
| 丙酮 | 330 | 1.356 | 56 | 0.30 | 20.7 | 0.56 | – |
| 四氢呋喃 | 212 | 1.405 | 66 | 0.46 | 7.6 | 0.45 | 0.35 |
| 乙酸乙酯 | 256 | 1.370 | 77 | 0.43 | 6.0 | 0.58 | 0.38 |
| 乙腈 | 190 | 1.341 | 82 | 0.34 | 37.5 | 0.65 | 0.50 |
| 乙醇 | 210 | 1.359 | 78 | 1.08 | 24.6 | 0.88 | – |
| 异丙醇 | 205 | 1.385 | 97 | 1.9 | 20.3 | 0.82 | 0.63 |
| 甲醇 | 205 | 1.326 | 65 | 0.54 | 32.7 | 0.95 | 0.73 |
| 水 | – | 1.333 | 100 | 0.89 | 80 | >0.90 | 0.73 |
| 乙酸 | – | 1.370 | 118 | 1.1 | 6.2 | >0.95 | >0.73 |

2. 流动相选择的原则

在液－固吸附色谱法中，流动相选择的原则基本与经典液相色谱法相同。

在正相高效液相色谱法中，可选用中等极性的溶剂作为流动相，若组分的保留时间太短，表示溶剂的极性太大，改用极性较弱的溶剂；若组分保留时间太长，可选择极性在上述两种溶剂之间的溶剂。经过多次实验，选出最适宜的溶剂。

在反相高效液相色谱法中，流动相一般以极性最大的水作主体，再加入不同配比的溶剂作调节剂。

离子交换色谱法的流动相通常采用具有一定 pH 的缓冲液。有时可在流动相中加入甲醇以增加某些酸碱物质的溶解度，有时也可改变盐的浓度，以控制其离子强度，从而使分离效果得到改善。

## 三、洗脱方式

洗脱方式分为恒组成溶剂洗脱和梯度洗脱两种方式。

（1）恒组成溶剂洗脱（isocratic elution）是采用恒定配比的溶剂系统作流动相进行洗脱，它是最常用的洗脱方式。该法的优点是操作简便，柱易再生。但对于成分复杂的样品，往往难以获得理想的分离结果。

（2）梯度洗脱（gradient elution 又称梯度淋洗或程序洗脱。是指在同一个分析周期中，按一定程序不断改变流动相的浓度配比或极性配比，从而使复杂样品中性质差异较大的组分能达到良好分离。

梯度洗脱法在分离复杂样品时，获得了广泛的应用。其优点是：①缩短分析周期；②提高分离效能；③改善色谱峰形；④增加灵敏度。缺点是有时易引起基线漂移。

## 四、正相色谱与反相色谱

在液－液分配色谱法中，按照所使用的固定相和流动相的极性差别，可分为正相色谱法和反相色谱法两类。

1. 正相色谱法

流动相的极性小于固定相的极性时，该系统可称为正相色谱法（normal phase chromatography，NPC）。正相色谱法常用的固定相是极性较大的氨基、氰基、二醇基等化学键合相。而流动相则是疏水性的非极性或弱极性溶剂，如正戊烷、正已烷、环己烷等。该法适合于分析氨基酸类、胺类、酚类及羟基类等极性或中等极性的组分。

在正相色谱系统中，固定相表面有带电荷部分或能形成氢键的部分，其作用机理主要是通过固定相和溶质之间的库仑力和氢键力相互作用。因此，正相色谱主要是靠组分的极性差别来实行分离，其组分流出的顺序是极性小的组分先流出色谱柱，而极性大的组分后流出色谱柱。这是因为极性小的组分在固定相中溶解度小，容量因子小的缘故。

2. 反相色谱法

流动相的极性大于固定相的极性时，该系统可称为反相色谱法（reversed phase chromatography，RPC）。反相色谱法常用的固定相是非极性的十八烷基（$C_{18}$）、辛烷基（$C_8$）以及二甲基硅烷等化学键合相。流动相则是水、甲醇、乙腈、四氢呋喃等极性较大的溶剂。其中最典型的色谱系统是以十八烷基硅烷键合硅胶作固定相，以甲醇－水（或乙腈－水）作流动相。

反相色谱法远比正相色谱法应用广泛，它可用于非极性及中等极性等各类化合物的分析。其组分的流出顺序正好与正相色谱法相反，即样品中极性大的组分先流出色谱柱，极性小的组分后流出色谱柱。

反相色谱法具有以下特点：

（1）柱子使用寿命较长　由于反相色谱化学键合相为 $\equiv$Si—O—Si—C$\equiv$ 键，该键结合牢固，热稳定性好，耐各种溶剂冲洗。因此固定相不易流失，使用寿命大大延长。

（2）流动相可灵活选择　流动相多以水作基本溶剂，然后再适当加入能与水互溶的有机溶剂，可使流动相的极性灵活多变，这对更换溶剂或梯度洗脱非常方便。

（3）应用范围特别广泛　反相色谱既可分离非极性至中等极性的各类分子型化物，又可分离有机酸、碱、盐等离子型化合物。可以说几乎大部分的分离问题，都可用该法加以解决。约有 3/4 的液相色谱分离是由反向色谱完成的。

# 第四节　高效液相色谱仪

高效液相色谱仪一般由高压泵、进样器、色谱柱、检测器及计算机等组成。图 10－5 是高效液相色谱仪结构示意图，其分析流程为：高压泵将流动相贮槽中的溶剂经进样器送入色谱柱中，然后从检测器的出口出。当欲分离样品从进样器进入时，流经进样器的流动相将其带入色谱柱中进行分离，分离后的各组分依先后顺序进入检测器，检测器将组分浓度的变化转变成相应的电信号，由记录仪记录下来，得到色谱图。

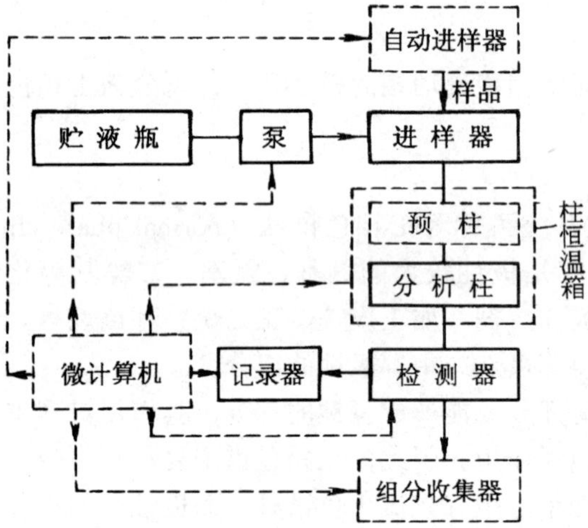


图 10－5　高效液相色谱仪结构示意图

（虚线框）表示不是所有仪器都具有的装置

## 一、高压泵

高压泵是高效液相色谱仪中关键部件之一。其作用是提供动力，以便在高压下连续不断地输送流动相，保证流动相能正常工作。

1. 对高压泵的要求

（1）应具有较高的输出压力　由于色谱柱的内径很细，填充剂的颗粒又小，因此流动相在柱内流动时阻力很大。为实现快速、高效的分离，泵应具有较高的柱前压力，其压力范围通常 30～50MPa。

（2）输出压力应恒定无脉动　由于脉动会使检测器噪音变大。因此，压力恒定，脉动小有利于提高检测器的灵敏度。

（3）流量应稳定　流量是否稳定，会直接影响保留值和峰面积的重现性。流量精度一般应为 1％左右。

（4）输出流量范围可调节。

（5）泵体耐酸碱，带有梯度洗脱功能。

2. 高压泵的类型

高压泵按排液的性质可分为恒压泵和恒流泵两类，但最常用的是恒流泵。恒流泵的特点是在一定的操作条件下，输出的流量保持恒定，而与色谱柱等引起的阻力变化无关。恒流泵按结构不同可分为螺旋泵和往复泵。目前，高效液相色谱仪广泛使用的是往复泵，见图 10－6。

往复泵的工作原理由马达带动往复轮（凸轮）转动，再由凸轮驱动小柱塞，在密封的液缸内以每分钟数十次至一百多次的频率作往复运动。当小柱塞自液缸内抽出时，出口球形单向阀由于管路中液体外力迫使它关死，液体自入口球形单向阀吸入液缸，当小柱塞被推入时，入口球形单向阀关死，液体经压缩自球形出口单向阀进入色谱柱。泵的输出流量，可借柱塞往复运动的冲程或马达的转速来调节。往复泵的优点是液缸容积小，一般只有几毫升，容易清洗及更换流动相。因此特别适合梯度洗脱。其缺点是输液脉动大，需加脉冲阻尼器克服。目前多采用双泵补偿法克服脉动性。

## 二、进样器

进样器是将被分析试样导入色谱柱的装置，它安装在色谱柱的入口处。对于进样装置一般要求密封好，死体积小，重现性好，保证中心进样，进样时对色谱系统的压力、流量波动小，并便于实现自动化。常用的进样器有隔膜进样器及进样阀两种。

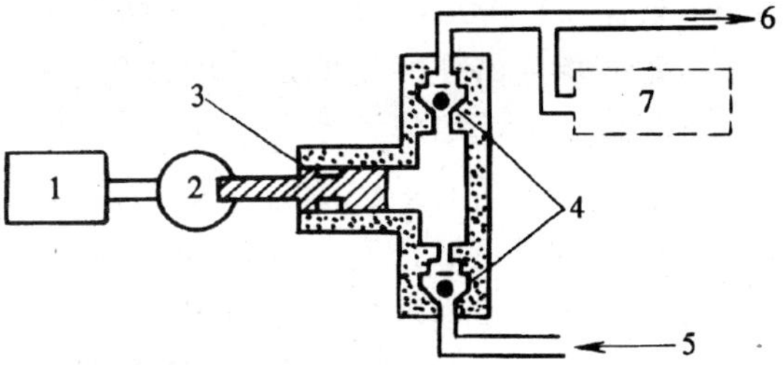


图 10－6　往复泵结构示意图

1. 马达；2. 往复轮；3. 密闭垫圈；4. 球形单相阀；5. 溶剂；6. 色谱柱；7. 脉冲阻压器

(1) 隔膜进样器　由耐有机溶剂的弹性橡胶（如氯丁橡胶、布纳橡胶等）、筛板、有孔隔板及进样器外壳等组成。这种进样器只能在低压或停流状态下，用微量注射器穿过隔膜将样品注入到与色谱柱相连的进样头内。该进样方式结构简单，操作方便，但易漏液是其缺点。早期的低档仪器多采用此法。

(2) 六通进样阀　六通进样阀是当今仪器中普遍采用的先进装置，如图 10－7 所示。在状态(a)位置，用微量注射器将样品注入贮样管。进样后转动六通阀手柄至状态(b)，贮样管内的样品，被流动相带入色谱柱。用六通进样阀进样具有进样量准确、重现性好等优点。

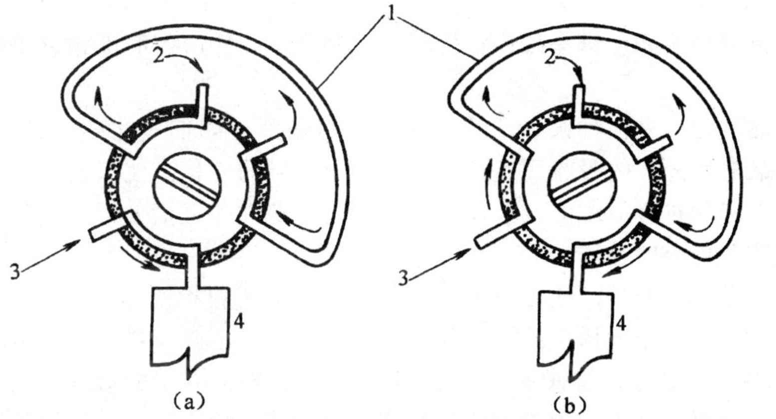


图 10－7　六通阀进样示意图

a. 进样位置（样品进入定量管）；b. 进柱位置（样品导入色谱柱）

1. 贮样管或定量管；2. 样品注入口；3. 流动相进口；4. 色谱柱

## 三、色谱柱

色谱柱是高效液相色谱仪的最重要部件之一，是色谱仪的“心脏”，用以实现色谱分离。对色谱柱的要求是分离效率高、柱容量大、分析速度快。这些优良性能与柱结构、柱填料特性和柱填充质量有关，也与色谱柱的使用条件有关。色谱柱由柱管和固定相组成，为了能耐高压、耐腐蚀、色谱柱柱管一般采用优质不锈钢制作。不锈钢柱的内壁必须进行精细的抛光处理，柱管内壁若有纵向沟槽或表面不光均会影响色谱过程，引起谱带展宽，使柱效下降。色谱柱按规格可分为分析型和制备型两类。常用分析型柱的内径一般为2～5mm，长为10～30cm，形状通常是直形的。

高效液相色谱柱的装填是一项技巧性很强的技术，装填的好坏直接影响柱效。装填的方法有两种，依据填料粒度大小而定。如填料粒度大于20$\mu$m，装柱比较简单，一般采用与气相色谱法相同的手法装柱。如填料粒度小于20$\mu$m，必须采用湿法（或称浆法）装柱。即先将填料用等密度有机溶剂（如二氧六环和四氯化碳的混合液）调成匀浆，并用超声波震荡，使其填料颗粒在介质中高度分散并呈悬浮状态，即匀浆。然后，在高压（400～500kg/cm$^2$）下，将匀浆压入柱管中即可。

装填好的色谱柱或购进的色谱柱均应检查柱效，以评定色谱柱的质量。如十八烷基硅烷键合硅胶柱（ODS柱），可用甲醇－水（83∶17）为流动相，以苯、萘、菲的混合液（乙醇配制）为试样，检查柱效。其理论塔板数（$n$）应大于15000/m。

## 四、检测器

高效液相色谱法与气相色谱法所用的检测器的作用都是反映色谱过程中组分浓度变化的主要部件。同样要求具有灵敏度高、噪音低、线性范围宽、适应性广等条件。目前，应用较多的有紫外检测器（UVD）、差示折光检测器（RID）、荧光检测器（FLD）及电化学检测器（ECD）等。

### 1．紫外检测器

紫外检测器是液相色谱法最广泛使用的检测器，几乎所有的液相色谱装置都配有紫外检测器。

紫外检测器无论是何种设计，其工作原理都是基于朗伯－比尔（Lambert－Beer）定律。由于样品对紫外光的吸收引起接受元件输出信号的变化，使仪器输出信号与样品浓度成直线关系，来测定样品浓度，从而可对组分进行定性和定量分析。但紫外检测器只能用于检测能吸收紫外光的物质。

紫外检测器结构简单，使用方便，其灵敏度较高，可检测ng级物质，且受温度、流量的变化影响小，能用于梯度洗脱操作。线性范围宽，不破坏样品，可用于制备色谱。在各种检测器中，其使用率占70％左右，对占物质总数约80％的有紫外吸收的物质均有响应。紫外检测器可分三种类型：固定波长型、可变波长型、光电二极管阵列型。

（1）固定波长型 是一种光源波长固定的紫外光度计，为单波长254nm紫外光吸收检测器，其均使用低压汞灯作为光源。有紫外吸收的化合物，往往在254nm都有一定吸收，虽然254nm不一定是它们的最大吸收波长，但由于紫外－254检测器灵敏度相当高，所以对许多有紫外吸收的化合物都能进行检测，检测限最低可达$1\times10^{-9}$g/ml。

另一种用得较多的固定波长是280nm。

（2）可变波长型 为了扩大固定波长式紫外检测器的应用范围，可以按照被测试样的紫外吸收特征任意选择工作波长，提高仪器的选择性，发展了可变波长检测器，实际上就是装有流通池的紫外分光光度计或紫外可见分光光度计。前者以氘灯或氢灯为光源，波长范围是195～400nm，后者以氘灯或钨灯为光源，波长范围为195～850nm，并常常有快速扫描装置可记录组分的紫外吸收光谱，使分析更加方便。

(3) 光电二极管阵列检测器（photodiode array detector，PDAD）　光电二极管阵列检测器是20世纪80年代出现的一种新型紫外检测器，它采用光电二极管阵列检测元件，可在200～700nm间快速扫描，获得三维色谱－光谱流出曲线。它是由光源、光栅、二极管阵列、计算机等几个主要部分组成。图10－8是该检测器的结构示意图。

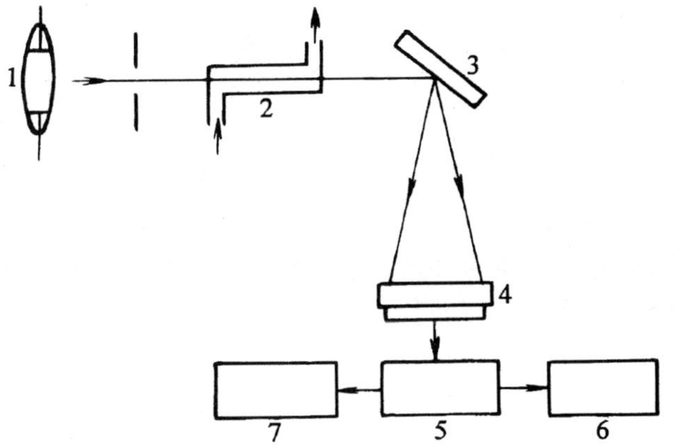


图10－8　二极管阵列检测器结构示意图

1. 光源；2. 流通池；3. 光栅；4. 光电二极管阵列装置；5. 计算机；6. 示波器；7. 绘图器

采用光电二极管阵列（或硅靶摄像管）作为检测元件，构成多通道进行工作。光源发出的紫外可见光先进入流通池，在流通池内经样品的特征吸收后到达光栅，由光栅分光后出来的是一个按波长顺序分布的光谱带，聚焦在阵列式接受器上，聚焦面与接收器有很好地吻合，因此阵列上各个元件同时收到不同波长的光线，阵列式接收器上的光信号用电子学的方法快速扫描提取出来。扫描速度非常快，每幅图象仅需10毫秒，远远超过色谱流出峰的速度。因此可用来观察色谱柱流出物的每个瞬间的动态光谱吸收图，即跟随色谱峰扫描。经计算机处理后可构成三维色谱－光谱图。

这种新型检测器在紫外可见分光检测器的发展中是一次突破，是液相色谱法中最有发展前途的检测器。它可以提供关于色谱分离、定性定量的丰富信息。

2. 其他检测器

(1) 荧光检测器　荧光检测器是一种高灵敏度的、有选择性的检测器，可检测发荧光的化合物。许多生化物质包括某些代谢产物、药物、氨基酸、胺类、维生素、甾族化合物都可用荧光检测器检测。某些不发光的物质可通过化学衍生技术生成荧光衍生物，再进行荧光检测。

荧光检测器是一种测量荧光强度的装置。在实验条件固定时，荧光强度与样品浓度呈线性关系，可直接用于定量分析。荧光检测器是一种选择性检测器，灵敏度非常高，最小检测浓度可达$10^{-12}$g/ml，适合于痕量分析，可用于梯度洗脱。其主要缺点是并非所有物质都能产生荧光。因此，其应用范围较窄。

(2) 示差折光检测器　示差折光检测器是通过连续地测定流出液的折光指数变化来测定样品浓度，为一种通用型检测器。检测器的响应信号可由公式反应出来：

$$R = Zc_i\ (n_i - n_o) \qquad (10-10)$$

式中，$Z$ 为仪器常数；$n_i$ 为溶质的折射率；$n_o$ 为溶剂的折射率；$c_i$ 为溶质的摩尔浓度。公式代表示差折光检测器的响应信号与溶质的浓度成正比，每种物质都有一定的折光指数，只要其折光指数与溶剂的指数有足够的差别，就可以用该检测器进行检测。折光检测器的最大的优点是其通用性，它对没有紫外吸收的物质，如高分子化合物、糖类、脂肪烷烃等都能够检测。示差折光检测器是一种中等灵敏度的通用型检测器，操作简便，最小检出限为 $10^{-7}$g/ml，不能作痕量分析。

（3）电化学检测器　电化学检测器是高灵敏度检测器，其线性范围宽，可选择性地检测具有电活性的物质，已在生化、医学、食品、环境分析中获得广泛地应用。目前电化学检测器主要有极谱、安培、库仑和电导四种。前三种可统称为伏安检测法，以测量电解电流的大小为基础，后者则以测量液体的电阻变化为根据。电导检测器可直接检测柱后流出物的电导变化，从而计算出物质的含量。近年来，电化学检测器的研究工作十分活跃，是一类很有发展前途的检测器。

## 第五节　分　析　方　法

### 一、定性分析

液相色谱法的定性方法可分为色谱鉴定法及非色谱鉴定法两类。

（1）色谱鉴定法　此法是利用纯物质和样品的保留时间或相对保留时间相互对照，进行定性分析（可参阅气相色谱法）。

（2）化学鉴定法　利用专属性化学反应对分离后收集的组分定性。由于用高效液相色谱法收集组分比气相色谱法容易，该法是较实用的方法。官能团鉴定试剂与气相色谱法相同。

（3）两谱联用　当组分分离度足够大时，分别收集各组分的洗脱液，除去流动相，用红外光谱、质谱或核磁共振谱等手段鉴定。

### 二、定量分析

液相色谱法的定量方法与气相色谱法相同，常用的有外标法及内标法等。

1．外标法

以试样的标准品作对照物质，相对比较以求得试样的含量。

（1）工作曲线法　用待测组分的标准品配制一系列浓度不同的标准溶液 $c_s$，准确进样，测量峰面积 $A_s$ 或峰高 $h_s$，与 $c_s$ 绘制 $A-c$ 工作曲线，利用此曲线或它的回归方程，计算样品溶液的含量。

（2）外标一点法　可用气相色谱法公式 $m_i=\frac{A_i}{A_s}m_s$ 计算含量。

在高效液相色谱法中，因进样量较大，或者用六通阀定量进样，进样量误差相对较小，因此外标法也是常用方法。

2．内标法

选择一个化学结构与待测物质相似、理化性质也接近的纯品，作为内标物，准确称重，加到一定量的待测样品溶液中，混匀，进样。若样品需前处理，则内标物需在处理前加入。使用内标法可抵消仪器稳定性差，进样量不准确等带来的误差。

（1）工作曲线法 与外标法相同，是在待测组分各种浓度的标准溶液中，同体积加入相同量的内标物，进样，分别测量标准物与内标物峰面积或峰高，以其峰面积比$A_i/A_s$对$c_s$，绘制工作曲线，或求出回归方程。

样品的测定方法同上，将与上述相同量的内标物加至样品溶液中，用相同方法处理后，进样，分别测量待测组分与内标物峰面积（或峰高），以两者峰面积之比由工作曲线查出或用回归方程计算样品中待测组分的含量。

（2）内标一点法（内标对比法） 可用公式计算：

$$(c_i\%)_{检品}=\frac{(A_i/A_s)_{检品}}{(A_i/A_s)_{标准品}}\times (c_i\%)_{标准品}$$

式中，$(c_i\%)_{检品}$为待测组分的含量；$(A_i/A_s)_{检品}$为检品中待测组分与内标物的峰面积比；$(A_i/A_s)_{标准品}$为标准品中待测组分与内标物的峰面积比；$(c_i\%)_{标准品}$为标准品中待测组分的含量。

## 第六节 应 用

高效液相色谱法主要用于有机混合物的分离、鉴定及定量。由于它不受沸点、热稳定性、分子量、有机物或无机物等限制，因此它的适用范围较气相色谱法更为广泛。对 ng 级水平以上的绝大多数有机物都能达到分离分析的目的，已被广泛用于生物化学、医药卫生、环境科学、石油化工、高分子化学等领域。

**（一）多环芳烃分析**

多环芳烃可用反相色谱或吸附色谱法分离。用 ODS 柱时，可用乙腈－水或甲醇－水为流动相，后者的保留时间较长，因此后者多采用梯度洗脱。但需注意样品的配制溶剂应与流动相的性质相近。由于许多多环芳烃是致癌物质，因此它的分析在食品分析与环境保护的监测中有实用意义（图 10－9）。

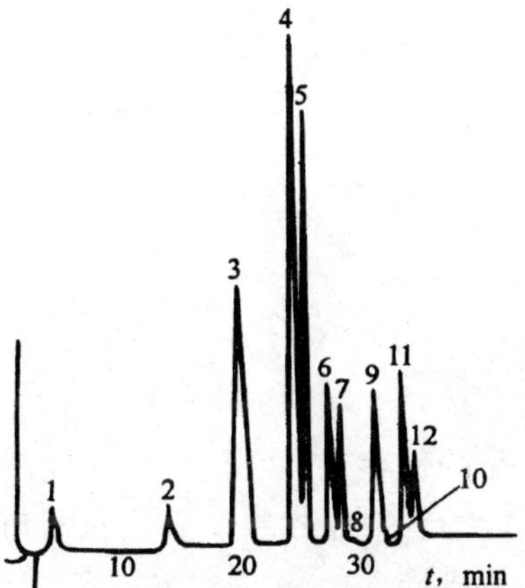

图 10－9 稠环芳烃的分析

色谱条件：

流动相：线性梯度洗提：

从 20％$CH_3OH-H_2O$ 到 100％$CH_3OH$，2％/min；

流速：1ml/min；

柱温：50℃；

柱压：70.3kg/cm$^2$；

检测器：紫外检测器。

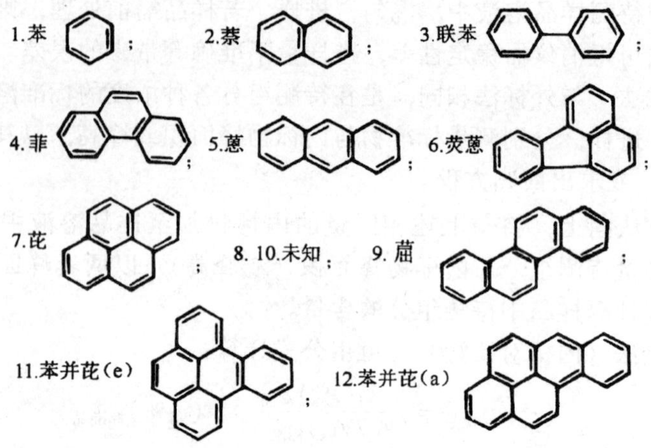


## （二）罂粟果中主要生物碱的分离

天然药物罂粟果中已知的生物碱约有15种之多，其中主要生物碱有吗啡、可待因、蒂巴因、那可丁、克里多平、罂粟碱。采用高效液相色谱法，可以将它们很好地分离。其主要生物碱的分离色谱图见图10-10。

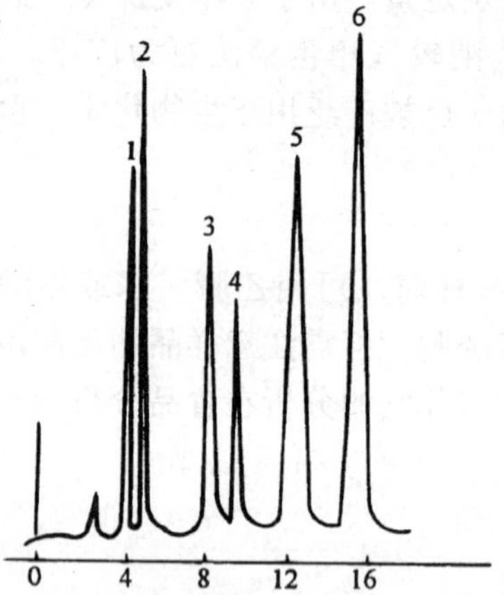


图10-10　罂粟果中主要生物碱色谱图

1. 吗啡；2. 可待因；3. 克里多平；
4. 蒂巴因；5. 那可丁；6. 罂粟碱

色谱条件：
固定相：Nuoleosil 10-CN；
色谱柱：30cm×4mm；
流动相：1.0%的 $NH_4Ac$（pH5.8）-2腈-二氧3环（80:10:10）；
检测器：紫外检测器（250nm）。

## （三）食品保存剂的分析

对羟基苯甲酸甲酯、丙酯和丁酯、山梨酸等常作为食品的保存剂，它们的化学性质稳定、不挥发、无毒、在酸碱或中性条件下具有广泛的杀菌能力。对于饮料、果汁和葡萄酒中的保存剂分析，事先需要过滤以除去固体微粒，然后直接进样。

图10-11、10-12为分析结果。

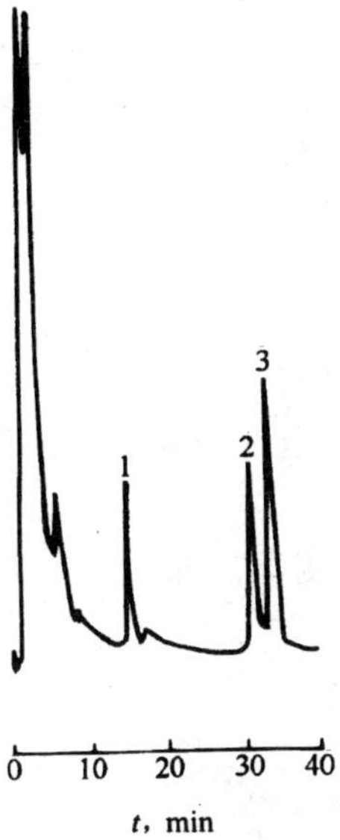


图 10－11 酱油中保存剂的分析
1. 对羟基苯甲酸异丙酯；
2. 对羟基苯甲酸异丁酯；
3. 对羟基苯甲酸丁酯

色谱条件：
色谱柱：ZorbaxODS，250mm×4.6mm；
流动相：甲醇－水（54∶46）（$H_3PO_4$ 调到 pH2.1）；
流速：1ml/min；
检测器：紫外检测器（254nm）。

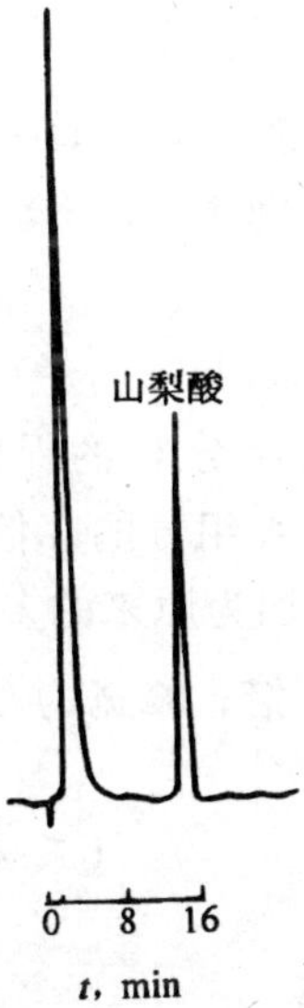


图 10－12 葡萄酒中山梨酸的分析

色谱条件：
色谱柱：PCH － 05/S2504；
流动相：甲醇－20 mmol/L $KH_2PO_4$；
流速：0.8 ml/min；
检测器：紫外检测器（254nm）。

## 思考与练习

1. 什么是正相色谱法和反相色谱法?

2. 解释下列名词

(1) 梯度洗脱　(2) ODS　(3) YWG－$NH_2$

3. 填充题

(1) 在高效液相色谱中，为了提高分离效率，缩短分析时间，应采用（　　）装置。

(2) 高效液相色谱中（　　）固定相的分离机理，即不是全部吸附过程，又不是典型的液－液分配过程，而是双重机理兼而有之。

(3) 在高效液相色谱中，列举二个可用于梯度洗脱的检测器，即（　　）检测器和（　　）检测器。

(4) 在高效液相色谱流程中，在每个方块内填入主要设备：

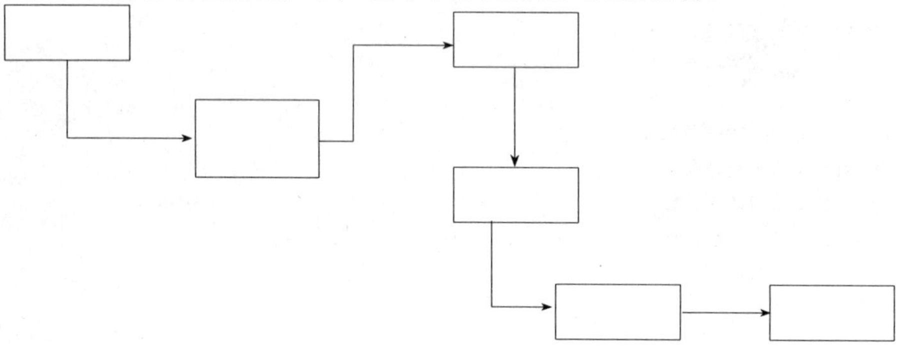

4. 何谓化学键合相? 有哪几种类型?

5. 用长 15cm 的 ODS 柱分离二个组分，已知在实验条件下柱效 $n=2.84\times10^4\text{m}^{-1}$。用苯磺酸钠溶液测得死时间 $t_M=1.31\text{min}$，二个组分的保留时间分别为 $t_{R1}=4.10$ 及 $t_{R2}=4.38$。求 $K_1$、$K_2$、$r_{2,1}$?

（$K_1=2.13$；$K_2=2.34$；$r_{2,1}=1.10$）

6. 在某一柱上分离一样品，得以下数据。组分 A、B 及非滞留组分 C 的保留时间分别为 2min、5min 和 1min。求 (1) B 组分停留在固定相中的时间是 A 组分的几倍? (2) B 组分的分配系数是 A 组分的几倍? (3) 当柱长增加一倍时，峰宽增加为原来的多少倍?

（4 倍；4 倍；峰宽为$\sqrt{2}$原峰宽）

（王世渝）

# 第十一章　自动分析技术

## 第一节　概　　述

近几十年来，微电子技术和计算机技术以及医学检验技术的发展大大加速了对自动化分析技术的研究。自动化分析技术是指以机械的方式模拟手工操作，完成分析过程中的取样和样品的预处理、试剂的配制和加入、保温反应和检测、器材清洗以及数据处理和报告等步骤，部分或全部实现自动化。可通过预先设置分析程序把这些步骤连接起来，使一个分析项目的整个过程按程序设置自动完成；也可以对多个样品按同一方式连续处理或同一样品同时进行多项目检测等。完成分析自动化的仪器称为自动分析仪（automated analyzer）。

自动分析仪有几种分类方法：①按仪器的自动化程度分为全自动和半自动分析仪。全自动分析仪从加样到打印报告结果的整个过程全部经仪器程序控制自动完成，半自动分析仪是指分析过程中的部分操作由手工完成；②按同时可检测项目分为单通道和多通道两类。单通道即每个样品每次只能进行一个项目测定，而多通道则每个样品每次可同时进行多个项目测定；③按仪器程序的复杂程度及功能又分为小型、中型和大型组合式三类；④按仪器反应装置及机械设计原理一般又可分为：连续流动分析、程序分析及流动注射分析三大类。其中程序分析根据其工作特点又可分为分立式及离心式自动分析仪。而离心式与流动式、分立式的工作原理又有所不同，离心式属于“同步分析”，因在离心力作用下，各待测样品几乎同时与试剂结合、反应并被测定；而流动式与分立式则属于顺序分析，即各待测样品依次与试剂结合、反应并先后被测定。

## 第二节　基　本　原　理

### 一、连续流动分析

#### （一）连续流动分析原理

所谓连续流动分析法是指各待测样品与试剂混合后的化学反应在同一管道流动过程中完成。

连续流动分析法是一个试样跟着一个试样进行分析，整个分析过程是在连续流动状态下完成。连续流动分析法必须在完成化学反应后，即反应达到平衡时进行测量，此时显色处于稳定区，故亦称稳定区分析。

每一试样显色过程都有其自身规律，但完整的响应曲线都可分为基线、上升区、稳定区和下降区，如图 11－1。在曲线中，开始为基线，此时试样和试剂并未反应；流动一段时间后开始反应，响应信号呈上升趋势；随后又平稳不变，如图中 $t_1$ 及 $t_2$ 所示，此区域即为稳定区，化学反应已处于平衡状态，应在稳定区进行信号测量，其响应信号为峰值。在一定仪器和一定实验条件下，峰值的高低决定于被测物的浓度，故可以以标准品作为对照，测定峰值大小，以求其含量。影响峰值的因素很多，如泵速（即单位时间吸入试样量或试剂量）、试剂浓度、反应温度、时间、吸收池光径和光源强度等。这些条件改变时，都将影响稳定区所处位置和峰值水平。

**（二）连续流动分析仪**

连续流动分析仪的特点是：样品和试剂分别被送入同一管道系统，并通过比例泵的作用汇集在管道内，依次进行混匀、保温、去蛋白、显色反应、比色等步骤。整个检测过程都是在不断流动中完成，类似于工厂的自动流水生产线，样品依次被一个接一个地送入分析仪进行测定。

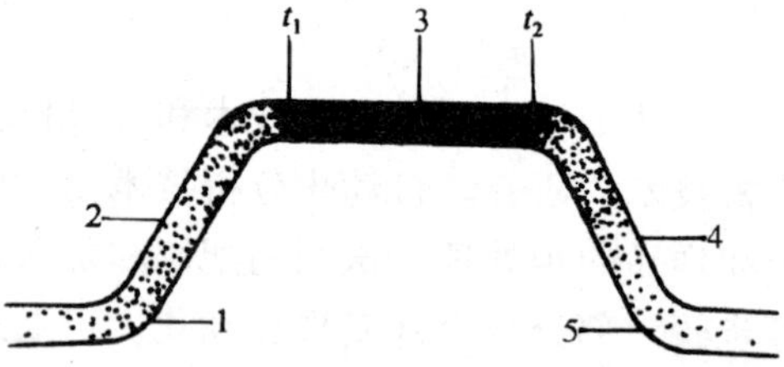


图 11－1　稳定区分析原理示意图

1. 基线；2. 上升区；3. 稳定区；4. 下降区；5. 基线

连续流动自动分析仪一般有空气分段系统和非分段系统两类。所谓空气分段系统是指在吸入管道的每个样品与试剂混合后的反应液之间均由一小段空气柱相隔开。而非分段系统是依靠试剂空白或缓冲液来间隔每个样品的反应液，可防止交叉污染。因此，在管道中连续流动的液体没有被分段。在连续流动自动分析仪中，较典型且多见的是空气间隔式连续流动分析仪，其主要由样品盘、比例泵、混合管、透析器、恒温装置及检测系统和记录器等部件组成，见图 11－2。

(1) 样品盘　样品器上有一放置标本的盘称为样品盘。其结构一般是圆形转盘，盘上排列放置样品（或标准品、质控物）的管子或杯子。另外还有一个受程序控制、可自由移动的取样探针，转盘的转动与探针的移动在控制器作用下同步进行。

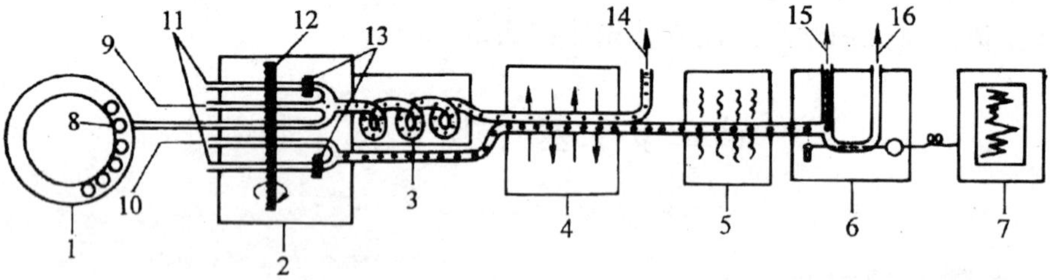


图 11－2　连续流动自动分析仪结构示意图

1. 样品盘；2. 比例泵；3. 混合管；4. 透析器；5. 恒温装置；6. 比色计；7. 记录器；8. 样品；9. 第一试剂；10. 第二试剂；11. 空气；12. 滚轴；13. 空气调节棒；14. 废液；15. 气泡；16. 废液

(2) 比例泵　又称蠕动泵，其作用是代替手工操作时的各种吸管，因此也被称为定量分配泵。比例泵决定了样品试剂用量及管道中气泡的多少，是这类分析仪的关键部件之一。比例泵由弹簧、压板、泵管和滚轴组成。数个光滑匀称的金属滚轴在电机带动下，以一定速度转动，挤压放置于压板与滚轴间的泵管。滚轴移动和滚动所产生一压一松动作，使泵管因负压而将试样、试剂、空气按规定容量吸至管道并不断向前推动送入反应管道。泵管为弹性塑料管，管径不同但壁厚相同，泵管吸液量与内径成一定的比例关系。因此选择不同内径泵管，即可按一定比例吸液。

(3) 混合管 一般由玻璃制成的螺旋型管道。根据需要，可有不同长度，它的主要作用是使样品及试剂在螺旋管道内流动（转动）时，因它们的比重各不相同，可经旋转而互相混合，使反应得以顺利进行。

(4) 透析器 透析器的作用是去除反应管道中大、小分子干扰物（如蛋白质等），特别是小分子物质的测定时常用透析器除去蛋白质等大分子物质以免干扰实验。透析器由上、下两块紧密吻合的塑料（或有机玻璃）板组成（图 11 - 3），两板相对的两面刻有对映的盘旋槽，板间置半透膜。稀释的标本或反应液从上板的沟槽通过，小分子物质透过薄膜进入下侧管道与第二试剂反应，样品中的蛋白质则从上面的沟槽流出，含透析物的试剂液则向前流动，进入恒温器。针对各种不同物质可选用各种不同规模的薄膜。

(5) 恒温器 有时反应需加热并保持恒温。可调节恒温装置，多采用石蜡油浴，在一定温度范围内任意调节。

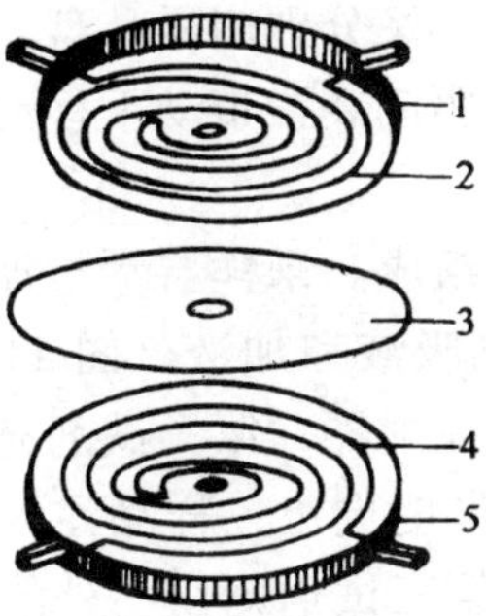


图 11 - 3 透析器结构示意图

1. 塑料板；2. 管道；3. 透析薄膜；4. 管道；5. 塑料板；

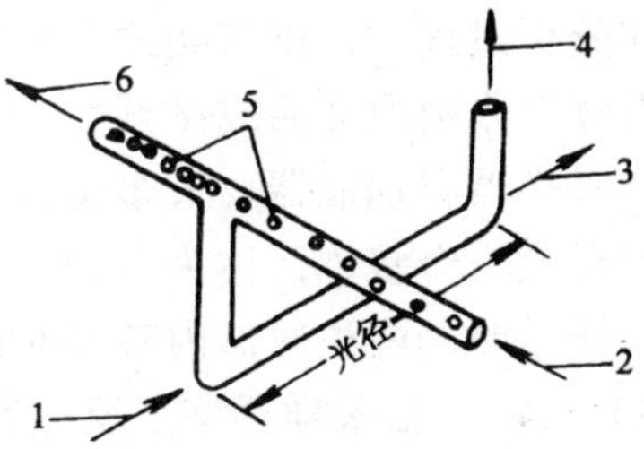


图 11 - 4 流动比色杯原理示意图

1. 光源；2. 流入；3. 光源；4. 流出；5. 气泡；6. 流出

(6) 检测器 选用哪种检测器取决于测定方法，但最常用的还是比色法。比色系统由流动比色杯（管）、光源灯、滤光片及光电倍增管组成。流动比色杯完成在反应液流动过程中的比色（图 11 - 4）。反应液在进入比色杯前通过流动比色杯上的气泡管去除空气泡。

(7) 记录器 这是样品测定结果的最后显示部分。记录的信息可以是反应动态曲线、吸光度、浓度或活力单位并打印结果等。

(8) 程序控制器（微处理机） 控制仪器所有的动作和功能，是仪器的指挥中枢。它可贮存事先编制成的操作程序，也可由固定程序磁带输入指定操作程序，还可通过键盘与仪器“对话”，发出指令、修改和自编程序。电脑将操作者意图通过一定的信号传至各部件；同时，电脑还能接受从各部件反馈来的信号，作出一定的反应，对异常情况发出一定的指示信号。分析软件和分析结果一般贮存在磁盘中。

(9) 功能监测器 带有荧光显示屏，可显示化学反应的情况（动态曲线）、人机“对话”的情况、分析仪的工作状态、分析结果以及电脑发出和接受的各种信息。

## 二、分立式自动分析仪

### （一）分立式自动分析仪的特点和工作原理

分立式自动分析仪的特点是更加模仿手工操作的过程，与流动式分析仪不同的是各个样品在各自的反应杯中而不是在管道系统中与试剂反应。另外，是由采液器和加液器组成的稀释器来自动定量吸取样品和加试剂，而不是用比例泵。反应杯在指定位置停留，采样器和加液器分别将样品和试剂加入反应杯中并混匀，在一定温度下，反应一定时间后反应液被依次自动吸入比色杯或反应杯（此时兼作比色杯）依次通过光路进行检测。检测后排出反应杯内废液，并将反应杯洗净，干燥后以便重新测定时使用。另外，分立式分析仪一般无透析器。

### （二）分立式自动分析仪的基本结构

分立式自动分析仪的基本结构主要包括样品盘、反应杯、采样器和加液器、比色计及记录器等。下面对这类仪器的一些特殊结构作一介绍。

（1）试管与试管架　试管又称反应管（杯），是用来盛放样品和试剂并在其中进行反应的容器。现一般采用透明且透光率一致的塑料制成，可代替比色杯直接比色。

试管架是用来放置样品、试剂和反应液体试管的装置。又分别叫样品盘、试剂盘和反应盘。在分析过程中，试管架或盘可以按预先设定速度在驱动装置带动下移动，吸样探针上下左右移动来吸取样品或试剂。

（2）采样器和加液器　大多由微量注射器和转向阀门组成。采样器常与加第一试剂的加液器组合成一个整体，称为稀释器，并通过阀门来控制吸液和加液（图 11－5）。当采样器插入样品时，两注射器内芯同时向下，样品充满样品注射器，第一试剂充满另一注射器（图 11－5a）。当采样器移至反应管时，两注射器内芯同时向上，样品注入反应管，试剂通过阀门经采样管也注入试管（图 11－5b）。而第二、第三试剂则由另外的加液器在一定时间加入反应试管中。每次采样、加液完成后，仪器自动清洗吸液探针，以防交叉污染。有些分析仪的采样和加试剂分别由两个不同的加液臂和吸液探针完成。

（3）反应系统　由反应杯及温控装置组成，反应温度可任意选择。温控装置有恒温水浴槽及电热恒温器等。

（4）检测器　为比色计或分光光度计。待反应完成后反应液可由探针将反应液吸入专用比色池进行比色，比色后再吸出。当反应管同时作为比色杯时，反应管连同反应盘按顺序逐个通过光路进行比色，这种设计工作效率高，特别适用于连续比色的酶促反应动力学测定。分立式自动生化分析仪的基本结构及工作原理如图 11－6 所示。

## 三、离心式自动分析仪

离心式自动分析仪是 20 世纪 60 年代发展起来的自动分析仪器。其原理是将样品和试剂放在特别设计的圆盘上（试剂和样品不相混合），见图 11－7，圆盘装在离心机上作为转头。当离心机开动后，圆盘内的样品和试剂受离心力作用而相互混合，流入圆盘之外圈的比色室内，并立即开始被监测。因为在高速转动下，测定各自吸光度值，所以各样品几乎是在同一时间被测定，故称同步分析仪。离心式分析仪实际就是一种在离心条件下进行

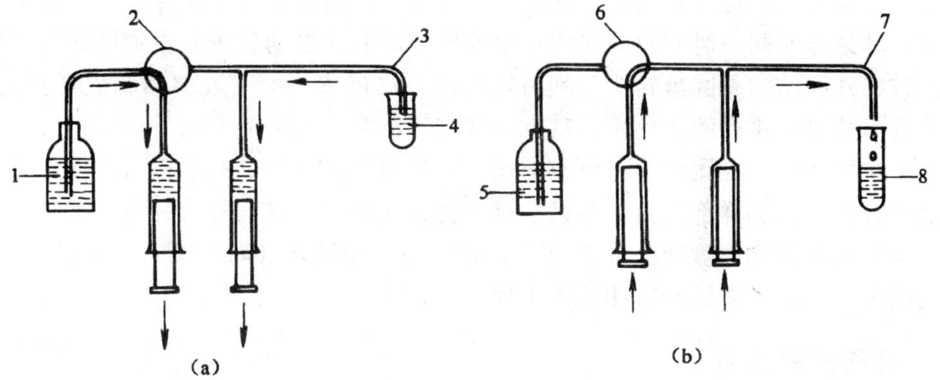


图 11－5 稀释器主要结构及工作原理示意图

a. 吸液； b. 排液

1. 试剂；2. 阀门；3. 采样管；4. 样品；5. 试剂；6. 阀门；7. 排液管；8. 反应管

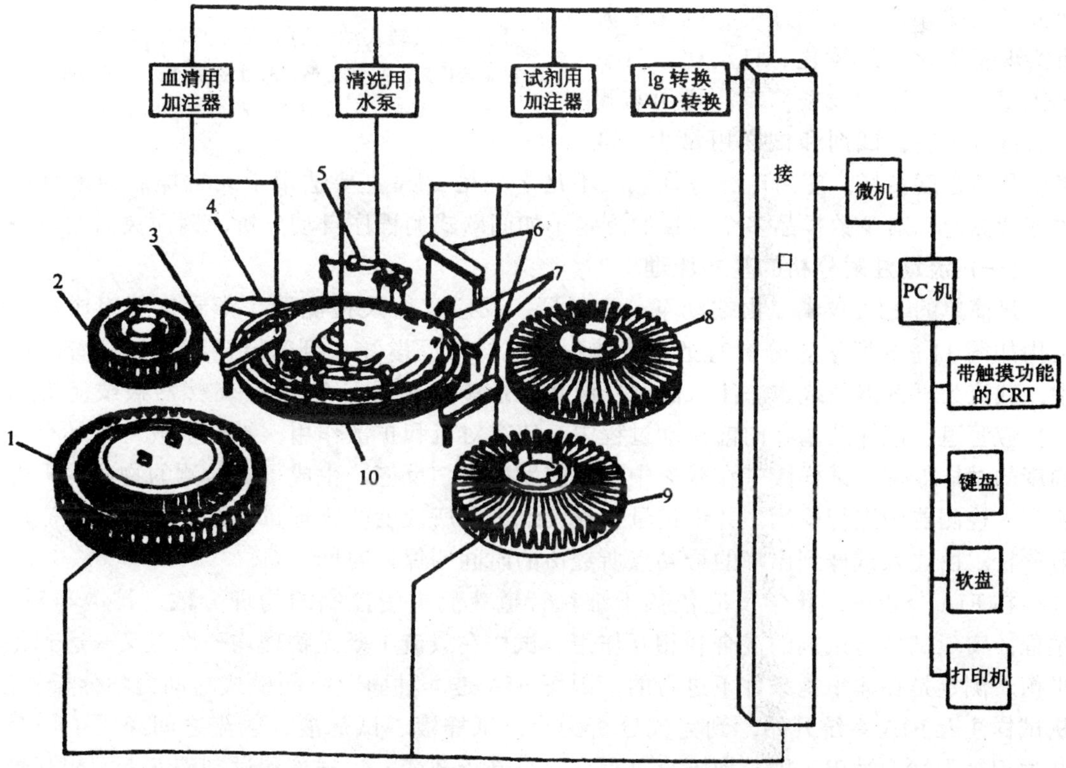


图 11－6 日立 7170 型自动生化分析仪结构示意图

1. 样品盘 1；2. 样品盘 2；3. 血清加样机构；4. 多波长光度计；

5. 清洗机构；6. 试剂加注机构；7. 搅拌器；8. 试剂盘 1；9. 试剂盘 2；10. 反应盘

分析的分析仪器，但又有别于连续流动式和分立式仪器的样品一个接一个的顺序分析。

离心式自动分析仪优点是快速，样品试剂用量少，而且是连续比色，尤其适用于酶动力学测定，其缺点是同一时间只能完成一项分析。离心式自动分析仪由加样部分和分析部分组成。较特殊的结构是圆盘转头，其由转移盘、比色槽、上下玻璃圈和上下套壳组成。圆盘的外周呈放射状排列的比色室，其上下各有石英窗，光束从上向下（或相反方向）通过比色室而达检测器。在比色室内侧有与比色室呈对应排列的试剂槽和试样槽，槽间由隆起的脊隔开。仪器的加样部分由样品盘、试剂盘、吸样臂、试剂臂及各自的探针和圆盘转头组成。而分析部分除圆盘转头外还包括容放转头的测试室（离心室）、温度控制器、供比色测定的光学系统、微机和打印机等组成。

## 四、流动注射分析

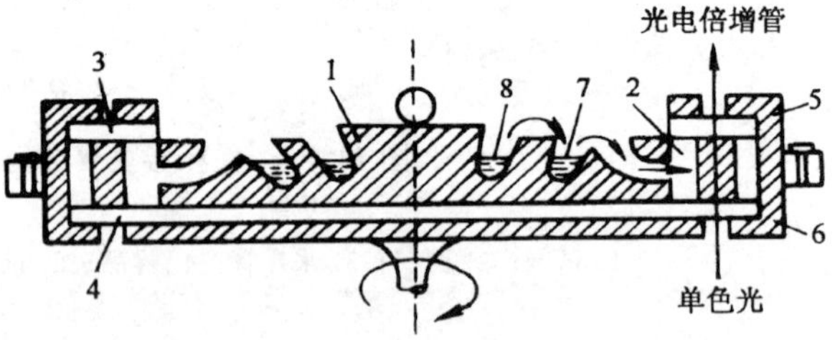


图 11－7 转头结构的剖面图及转动时的情况

1. 样品转移盘；2. 比色槽；3. 上玻璃圈；4. 下玻璃圈；5. 上套壳；6. 下套壳；7. 样品；8. 试剂

流动注射分析（flow injection analysis，FIA）是 20 世纪 70 年代初在连续流动分析的基础上发展起来的一项非平衡状态下的定量测定技术，这种技术可使分光光度分析、荧光分析、电化学分析实现管道化、连续化、自动化。具有操作简便、快速；设备简单，可用常规仪器自行组装；试剂和试样用量少，准确度和精密度良好，应用广泛等优点。不足之处是 FIA 主要适用于大批样品的重复项目的连续测定，对少数样品多个项目的测定不如间歇式的程序自动分析，因而灵活性较差。

### （一）流动注射分析的基本原理

最简单的 FIA 仪器是由蠕动泵、注射器、反应盘管及检测器、记录仪等组成，流路结构如图 11－8 所示。分析时把一定体积的试样液间歇注入到管道内连续流动着的载流中，载流为试剂溶液或水。注入的试样液在管道中初始是一个“塞”，然后被载流推动进入反应管道。试样液塞在向前流动过程中，依靠对流和扩散作用，被分散成一个具有浓度梯度的试样液带。试样液带在载流中与试剂发生化学反应，生成可被检测的物质，再由载流带入检测器中进行检测，并由记录仪连续地记录所改变的物理量，这就是典型的流动注射分析。由注入试样到出峰的最高点所经历的时间叫保留时间。

在 FIA 分析中，化学反应依赖于细狭管道液流中受控制的物理分散（扩散与对流）过程，实现试样与试剂的混合和相互作用。试样在载流中既无物理均一性，又未达到化学平衡，测定是在非平衡条件下进行的，因而 FIA 是一种固定时间模式的动力学分析方法。从试样注入 FIA 系统开始，到完成分析为止，试样液、试剂液、载流之间经历了一个复杂过程：①物理过程，即分散混合过程。它是基于载流，试样液和试剂液三者间相互扩散和对流的过程；②化学反应动力学过程，即试剂液与被测物进行化学反应的过程；③能量转换过程，即检测器将反应产物特性转换为电信号并由显示仪表显示的过程。

1. 物理混合过程

FIA 的“塞子”进样方式保持了试样区域的完整性，“试样塞”在管道中将产生分子与载流间的对流和分子扩散，总称分散。

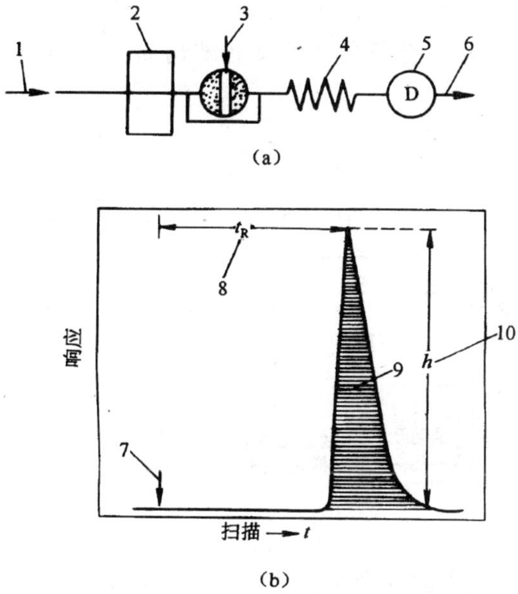


图 11－8 最简单的 FIA 系统流路结构示意图 (a) 及图谱 (b)

1. 载流；2. 蠕动泵；3. 试样；4. 反应盘管；5. 检测器；6. 废液；7. 注入试样；8. 保留时间 ($t_R$) 9. 峰面积 ($A$)；10. 峰高 ($h$)

(1) 对流 对流的产生是由于管道中心部分与靠近管壁处的液体流速的差异所致，对流使试样的前沿和后尾形成指向前进方向的抛入面，造成较长的拖尾。

(2) 扩散 扩散是由于“试样塞”与载流形成的浓度梯度而产生的分子浓差扩散，扩散使试样区域形成中心浓度高，四周浓度低的“团状”轮廓，是对对流的有效修正。

(3) 分散度 FIA 检测器所响应的峰形取决于对流和扩散的综合分散的结果，对流与扩散两种过程的作用强弱取决于载流的速度、管径、留存时间、扩散系数等。一旦确定了注入手段、管径、载流和试样特性等之后，这两种过程就主要取决于载流速度，流速快，对流大；流速慢，扩散大。

为了说明 FIA 过程中的对流与扩散的程度，提出了分散度 $D_i$ 的概念：$D_i = c_0 / c_{max}$。$D_i$ 是试样溶液原始浓度 $c_0$ 与试样分散后通过检测器所记录的最大浓度 ($c_{max}$) 之比。影响分散度的主要因素是注入的试样体积、管道长度与内径、载流速度。$D_i$ 与流速和管长成正比，与试样体积成反比。

通常根据不同分析目的和检测方法将分散度分为低、中、高三级。对于不涉及太多化学反应的电导、pH、离子选择性电极等检测常采用低分散度 ($D_i = 1 \sim 3$)；对于化学反应较快的比色和分光光度检测多采用中分散度 ($D_i = 3 \sim 10$)，以使试样在管道中有足够反应时间；对于需要与载流界面形成扩散浓度梯度变化以区别试样中多种待测组分，需高度稀释或进行滴定分析，则要求选用高分散度 ($D_i > 10$)。

2. 化学反应过程

由于 FIA 无需混合分散和化学反应完全，因而很少研究化学反应本身而注重化学反应与检测响应的关系。在 FIA 中，物理混合和化学反应的动力学过程是同时发生的，为了既能达到较少分散度，提高进样效率，又有足够的留存时间，使反应能进行到一定的程度，通常可改变管长，调节流速甚至采用停留技术。目前趋向使用低流速和短管长，因为增长管长使分散度增大，而降低流速，可使分散度减少。

3. 能量转换过程

能量转换过程是通过检测器来完成的。检测器能将试样和试剂反应产物的特性或试样本身的特性转换成电信号。在 FIA 的能量转换过程中，最常用的是比色分析和离子选择性电极法。

**(二) 流动注射分析仪**

FIA 分析仪一般由流体驱动单元（推进系统）、进样阀（注射系统）、反应管路（管道系统)、反应器（反应系统)、检测器和记录仪（检测记录系统）组成、例如国产 FIA - T1 - 721 型流动注射分光光度分析仪，此仪器为多功能普及型，仪器结构简单，操作方便，通用性好，其方框图如图 11 - 9 所示。

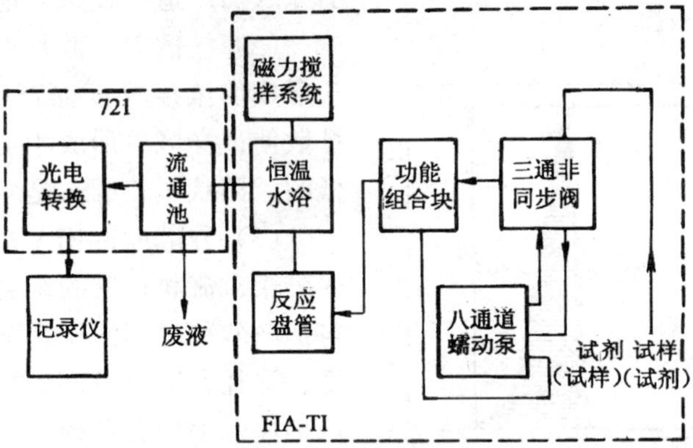


图 11 - 9 FIA - T1 - 721 型原理方框图

（1）蠕动泵 蠕动泵用于载流、试样和试剂的输送，是 FIA 的心脏部件。该仪器的蠕动泵是一个十滚柱八通道层状压片小型蠕动泵。为了防止化学试剂对泵头腐蚀，泵头和滚柱均用不锈钢制作，八层压片用聚四氟乙烯制成。

（2）进样阀 试样注入是 FIA 的重要操作，它应满足以下要求：①注入的试样应当“嵌入”载流，形成完整的试样带；②注入试样量重现性好；③注入装置的死体积小；④注入试样时，应对载流的流动状态没有太大扰动。现多数采用旋转阀进样。它具有结构简单、操作方便、重现性好等优点。该仪器使用的是三通道非同步旋转注入阀。它是一种手动旋转多功能阀。“采样”和“注入”交替反复进行，阀的转子用聚四氟乙烯制成。

（3）反应管路 试样带的分散和化学反应都是在反应管路中进行的。反应管路一般采用塑料管，也可用硅橡胶管或聚四氟乙烯管。为了方便地组成 FIA 流程，该仪器装有功能组合块。它是一种流路分支集合装置，用有机玻璃或聚四氟乙烯制成。仪器还装有恒温水浴，以控制反应温度。水温可在 10～100℃ 范围内选择。

（4）检测器 FIA 最常用的检测器是光度计。该仪器用 721 分光光度计检测，并为它专门设计了一个检测室。进行 FIA 分析时，把原来的比色皿架取下，换上该检测室和特制的盖。检测室内装有光学玻璃流通池，它具有死体积小，易于清洗的优点。

（5）记录仪 检测信号一般用记录仪记录。该仪器为 721 分光光度计专门设计了信号输出板，可以连接记录仪。

## 第三节 应　　用

自动分析仪是以机械化和仪器装置代替繁重的手工操作。由于它具有快速、灵敏、准确、简便、经济等优点，所以在各个领域得到了迅速推广应用。在医学检验中，自动分析不仅能测定常规生化项目，还能测定激素、药物浓度、微量元素等，也能用于某些酶免疫技术和固相酶技术。由于它能在较短时间完成多项目的大批量测定，所以很适于临床检验的常规分析，加之分析所需时间很短，也很适于急诊检验。我国在自动分析研究方面起步较晚，但由于它的实用性强，各城市的大医院大都早已开始使用自动分析仪进行临床检验。预计自动分析技术在医院中将进一步得到推广。

FIA是自动分析技术的近代发展。从近些年在不同领域发表的FIA论文数量来看，临床医学的论文仅次于环境领域而居于第二位，药物领域则居第四位，由此不难看出自动分析技术在医、药检验方面的重要作用。

例1：血清中磷酸根的测定

基于血清中磷酸根能发生钼蓝反应，用FIA分光光光度法测定血清中磷酸根。分析速度130个/h，采用双管路汇流系统，反应盘管长为70cm和80cm，内径1mm。进样200$\mu$l，钼酸盐载流，流速16.8ml/min。检测波长710nm。

例2：血清糖的测定

基于葡萄糖脱氢酶试剂FIA分光光度法测定脱蛋白的血清中的葡萄糖。反应盘管长130cm，内径0.5mm，流速2ml/min。分析速度60个/h。

## 思 考 与 练 习

1. 自动分析仪的基本结构一般由哪几个主要部分组成?
2. 什么是程序分析仪？它主要有哪几种类型？其特点如何?
3. 连续流动法为何又叫稳定区分析？试画出稳定区示意图并解释之。
4. 流动注射分析的整个分析过程中经历了哪三个基本过程?

（龚道元 邱细敏）

# 实　　验

## 实验一　分光光度计的性能检定

### 一、实验目的

1. 了解721型分光光度计、722型光栅分光光度计、751G型紫外可见分光光度计和7530型紫外可见分光光度计的性能。

2. 熟悉仪器的技术指标及一般检定方法。

3. 掌握721型分光光度计、722型光栅分光光度计的正确使用方法。

### 二、实验原理

**（一）分光光度计的光学性能**

分光光度计型号很多，改进也快，近年来很多仪器装配了计算机等装置，使仪器的质量、功能和自动化程度都得到了很大提高。不论那种型号分光光度计，都有自己的光学性能规格。

分光光度计的光学性能主要包括：

（1）波长范围　指仪器能测量波长范围。

（2）波长准确度　仪器显示的波长数值与单色光的实际波长值之间的误差，即波长精度。

（3）波长重现性　指重复使用同一波长，单色光实际波长的变动值。

（4）透光度测量范围　仪器能测量透光率范围。

（5）吸光度测量范围　仪器能测量吸光度范围。

（6）狭缝或光谱带宽　狭缝宽度或光谱带宽度。

（7）分辨率　是说明单色器分辨两条靠近的谱线的能力。

（8）杂散光　通常以测光讯号较弱的波长处所含杂散光的强度百分比为指标。

（9）光度精度　以透光率或吸光度测量值的误差表示。

（10）光度重视性　指同样条件下重复测量透光率的变动性。

表1列出了721型分光光度计、722型光栅分光光度计、751G型紫外可见分光光度计和7530型紫外可见分光光度计的主要性能指标。其他指标可参见相关的仪器说明书。

**（二）分光光度计的性能检定**

分光光度计的性能检定包括波长校正、杂散光检定、分辨率检定、比色杯（吸收池）的质量检定，稳定性、光度重现性和灵敏度检定等。

**表 1　四种分光光度计的主要性能指标**

| 技术指标 | 721 型 | 722 型 | 751G 型 | 7530 型 |
|---|---|---|---|---|
| 波长范围 | 360～800nm | 330～800nm | 200～1000nm | 195～820nm |
| 波长精度 | (360～600nm) ±3nm<br>(600～700nm) ±5nm<br>(700～800nm) ±8nm | ±2nm | (200～400nm) ±0.5nm<br>(400～600nm) ±1.5nm<br>(600～800nm) ±2.5nm<br>(800～1000nm) ±5nm | ≤0.5nm |
| 杂散光 | | 1% (*T*)<br>(360nm) | ≤1% (*T*)<br>(200nm, KCl) | ≤0.5% (*T*)<br>(260nm, NaBr) |
| 分辨率 | | | 0.4nm | 0.3nm (260nm 处) |
| 稳定性 | | | 0% ±0.3% *T*<br>100% ±0.5% *T*<br>(均在 3min 内) | ≤0.5% *T*<br>(在 10min 内) |

1. 波长校正及波长精度检验

波长校正是指使仪器的指示波长和射入样品比色杯的辐射波长相一致。波长精度是指仪器的指示波长与单色光的实际波长值之间的误差。

波长校正可选用如下方法：

(1) 在可见光区用肉眼观察　波长置于 580nm 处，在比色杯前插入一条白纸，纸上应为纯黄色光斑。波长置 590nm 和 600nm 时应分别呈现橙色和桔红色光斑。如色泽符合要求，波长就不会偏差太大，否则调节波长校正螺杆使色泽符合要求。

(2) 干涉滤光片校正法　干涉滤光片是一种窄带高透过率的滤光片，利用它的透过光波长作基准来校正波长和检验波长精度。

一般选用波长分别为 400、500、600nm 左右的干涉滤光片，先分别在精度较高的分光光度计上标定它们的中心透过波长值。再选其中一片置于比色杯位置上，使滤光片平面垂直于光轴，将仪器波长置于滤光片中心透过波长值的前 20～30nm 处。开启仪器，按常规操作调节透光度为 0% 及 100%，然后将其调节在 70%～80% *T* 处，缓缓将仪器波长向长波长方向调节。此时 *T* 的读数应逐渐增大，直到调到某一点时 *T* 的读数不再增加反而减小，则刚开始减小前的波长即为干涉滤光片的中心透过波长值。检验仪器波长指示值是否与所用干涉滤光光片的中心透过波长值相同。如果相同或两者之差小于或等于仪器规定范围，则波长精度合格。例如波长为 500nm 干涉滤光片，经检验 721 型波长指示值在 500±3nm 之内，751G 型波长指示值在 500±1.5nm 之内，则两者均符合波长精度指标。再用其他两块滤光片同样进行检验。

当仪器波长指示值与所用干涉滤光片中心透过波长值超过仪器规定范围时，需要进行调整。此时可调节波长调节装置使波长指示值与干涉滤光片中心透过波长相同，反复多次调试，直到满意为止。如果三点波长与相应的滤光片波长均有较大误差，则需兼顾三点，使其处于仪器波长精度允许的范围内。

(3) 镨钕滤光片校正法　镨钕滤光片是含有稀有金属镨和钕的玻璃制品，在波长 300

～900nm 范围内有特异的吸收峰，利用其吸收峰波长作为基准来校正和检验波长精度。镨钕滤光片有四个吸收峰可作为基准波长，即 529nm、586nm、741nm 和 808nm。

校验方法与干涉滤光片相似。但这里是利用镨钕滤光片的吸收峰波长，因此在调试时，先要将仪器调至 100％ $T$，当向长波方向移动时随着吸收光的增加，$T$ 将逐渐减小。当继续向长波方向移动时，$T$ 不再减小反而增加，则刚开始增加前的波长即与基准波长相同。其他同干涉滤光片的调试方法。

（4）谱线校正法　用特殊的光源灯进行波长校正即为谱线校正法。常用氢灯、氘灯或低压汞灯作为光源，它们可发射出一系列波长为定值的射线，其范围包括可见光区和紫外光区。汞灯可发射不连续光谱如 297、302、313、360 和 578nm 等的光波，用以校正波长。氘灯可发射 486nm 射线，也可用以校正波长。有的仪器自动进行波长校正，如岛津 UV－260 型仪器，仪器上装有氢灯，可用其已知谱线自动进行波长校正。校正时只须输入波长校正程序即开始自动校正。

（5）有色溶液校正法　用一些颜色变化明显，光谱吸收峰较尖锐且稳定的化学试剂或染料，配制成一定浓度的溶液来校正波长，这种方法称有色溶液校正法。它虽不如镨钕滤光片校正法、干涉滤光片校正法、谱线校正法精确，但在无条件使用上述方法校正时，可采用此法，效果尚满意。例如，溴甲酚绿溶液的最大吸收峰为 616～617nm，重铬酸钾溶液在 257nm 及 350nm 处有两个吸收峰，可以其吸收峰波长作为基准波长进行校正。如有误差，依法调整。

（6）几种校正方法的选用　方法（1）简单可行，可作为优先选用方法，但比较粗糙。在紫外可见分光光度计上大多装有氢灯或氘灯，用它来校正简单方便，而且它们的特征谱线非常稳定，具有良好的重现性。因此使用氢灯或氘灯的检验结果是很可靠的。干涉滤光片或镨钕滤光片很适用于一般可见光光度计，如 721 型。在无条件使用（2）、（3）、（4）种方法校止时，可采用有色溶液校正法。

使用分光光度计，在更换光源灯、重新安装、搬运或检修后，以及仪器工作不正常时，都要进行波长校正。就是正常工作的仪器，每隔一个月也要检查一次波长，必要时进行校正。高档分光光度计的光学系统密封在一个单元组件内，很少发生故障，在使用过程中应定期进行波长检查，若发生了故障，波长不准，常需请制造商派专人修理。

2. 杂散光检定

在吸光度测定中，凡检测器感受到的不需要的辐射都称为杂散光。杂散光对吸光度测定的准确度有严重影响，是一项不可忽视的重要指标。杂散光的来源有：①室内光线过强而漏入仪器，仪器暗室盖不严；②仪器本身的原因，如单色器的设计、光源的光谱分布、光学元件的老化程度、波带宽度，以及仪器内部的反射及散射等；③样品本身的原因，如样品有无荧光、样品的散射能力强弱等。

杂散光检测方法有：

（1）紫外光区的杂散光监测可用 10±0.1g/L 的碘化钠溶液，在 240nm 处测定吸光度应大于 2.00。此外，也可用 12g/L 的氯化钾溶液，在 220nm 处测其透光度，即为杂散光量，一般应小于 1％ $T$。以上测定均用石英杯，以蒸馏水校零。

（2）在可见光区可使用镨钕滤光片或硫酸镍法检查。用镨钕滤光片检查杂散光水平时，先用镨钕滤光片校正波长，然后用黑纸片挡住比色杯光路（进口仪器带有比色杯样黑色杯柱）之后调0% $T$，再用空气做空白调100% $T$。插入镨钕滤光片，在586nm处测定，其测定值为杂散光水平。

杂散光造成的误差有重现性，为系统误差。完全消除杂散光可能有困难，但监测杂散光水平并控制在一定允许范围内是可行的。各仪器允许的杂散光水平不尽相同，一般应根据出厂仪器说明书的指标进行检查。

3. 分辨率检定

分辨率是单色器的分光能力和检测器灵敏度的综合性指标。用仪器能分辨出最接近的两谱线波长之差（$\Delta\lambda$）来表示。$\Delta\lambda$ 越小分辨率越高。

分辨率的检测可利用低压汞灯的三条发射谱线（365.02、365.48和366.28nm）。用干涉滤光片检验波长的方法寻找这三条谱线，如能分辨出这三条谱线，则认为其分辨率 $\Delta\lambda$ 为0.4nm。751G型即以此为指标。

4. 比色杯的质量检定

比色杯的质量除其原料外，杯壁的厚度须均匀，上下一致，各杯彼此相配。厂家多以四个一套配套供应，且杯口上部外面标有箭头，箭头对光源侧使用。尽管如此，在使用前还是应作质量检查。

（1）伊文氏蓝法：将一定量的0.2mg/dl的伊文氏蓝溶液注入全部比色杯中，若比色杯液面高低相差显著，应剔除。

用一个比色杯作标准，波长为600～610nm，用水校零后将此杯的读数准确调至50% $T$，接着读取其余杯的透光度。透光度相差在±0.5% $T$ 范围内者为合格。将合格的比色杯以四个配套，杯口上部外面标以箭头，使用时，箭头对准光源测。

（2）简单法：用蒸馏水测，方法同上。选用波长为420～440nm。

（3）选择一定波长进行透光度检查。透光度相互差值不大于0.5%，可配套使用此组比色杯。

5. 稳定性检定

在0% $T$ 和100% $T$ 处分别检验仪器的稳定性。开机后调节读数为0% $T$，予热15min后精确调节到0% $T$。在仪器规定时间内观察其变化量是否符合要求。例751G型在3min内0%±0.3% $T$ 为合格。7530型在10min内≤0.5% $T$ 等。

在0% $T$ 稳定性合格后再检验100% $T$ 稳定性。方法与0% $T$ 稳定性检验法相同。

紫外可见分光光度计应在紫外区和可见光区各测定一次。紫外区可在200～220nm处选一波长，可见光区可选用625nm。

6. 光度重现性检定

仪器在相同工作条件下，用同一种溶液重复测定，其透光度的最大读数与最小读数之差小于1% $T$ 为合格。

7. 灵敏度检查

仪器的灵敏度是吸光度变化值与相应溶液浓度变化值的比值。不同仪器灵敏度不同，应符合各仪器标准所规定的灵敏度指标。

## 三、实验仪器与试剂

721 型分光光度计；722 型光栅分光光度计；1cm 玻璃比色杯。

$K_2Cr_2O_7$（基准试剂）；$CoCl_2 \cdot 6H_2O$（分析纯）；$CuSO_4 \cdot 5H_2O$（基准试剂）。

## 四、实验步骤

### （一）721 型分光光度计的使用方法

1. 打开仪器电源开关，打开比色皿暗箱盖，选择需用的单色波长，选择适宜的灵敏度档。

2. 放大器灵敏度有五档，是逐步增加的。“1”最低，其选择原则是保证能使空白档良好调到“100”的情况下，应尽可能采用较低档灵敏度。这样仪器将有更高的稳定性。使用时一般置“1”，灵敏度不够时再逐档升高。改变灵敏度后须重新校正仪器的“0”和“100％”。

3. 预热 20min 后，将参比溶液和被测溶液置于比色皿架上，然后将比色皿架放入比色皿暗箱内。

4. 打开比色皿暗箱盖，调节“0”电位器使电表指“0”；然后将比色皿暗箱盖合上，比色皿架处于参比溶液校正位置，使光电管受光，调节“100％”电位器使电表指针指“100％”。连续几次调整“0”和“100％”，仪器即可进行测定工作。

5. 在比色皿暗箱盖合上情况下，推拉比色皿架拉杆，使被测溶液入光路，从电表上读取吸光度、记录。

6. 比色完毕后，关上电源开关，取出比色杯，合上比色皿暗箱盖，用乙醇多次淋洗比色杯，小心凉干并保存。仪器底部的干燥剂筒内硅胶应保持蓝色干燥。

### （二）722 型光栅分光光度计的使用方法

1. 将灵敏度旋钮调置“1”档（放大倍率最小）。

2. 开启电源，指示灯亮，选择开关置于“$T$”，波长调置测试用波长。仪器预热 20min。

3. 将参比溶液和被测溶液置于比色皿架上。

4. 打开试样室盖（光门自动关闭），调节“0”旋钮，使数字显示为“00.0”，盖上试样室盖，将比色皿架处于参比溶液校正位置，使光电管受光，调节透光度“100％”旋钮，使数字显示为“100.0”。

5. 如果显示不到“100.0”，则可适当增加微电流放大器的倍率档数，但尽可能倍率置低档使用，这样仪器将有更高的稳定性。但改变倍率后必须按（4）重新校正“0”和“100％”。

6. 预热后，按（4）连续几次调整“0”和“100％”，仪器即可进行测定工作。

7. 吸光度 $A$ 的测量：按（4）调整仪器的“00.0”和“100％”，将选择开关置于“$A$”，调节吸光度调零旋钮，使得数字显示为“.000”，然后将被测溶液移入光路，显示值即为被测溶液的吸光度值。

8. 浓度 $c$ 的测量：选择开关由“$A$”旋置“$c$”，将已标定浓度的样品放入光路，调节浓度旋钮，使得数字显示为标定值，将被测溶液放入光路，即可读出被测溶液的浓度值。

9. 比色完毕后，并上电源开关，取出比色杯，盖上试样室盖，清洗比色杯并空干。仪器左侧下角有一干燥剂筒，应保持其干燥性。

**(三) 721 型分光光度计性能检定**

1. 波长精度

721 型分光光度计的波长精度应符合：(360～600nm) ±3nm；(600～700nm) ±5nm；(700～800nm) ±8nm。

检定方法：以镨钕滤光片的 529nm 吸收峰校对仪器波长准确性。

2. 比色杯的质量检定

(1) 透光面玻璃应无色透明，透光度不低于 84%；在 360～800nm 范围内透光度的差值不大于 5%。以空气为 100% 透光，在 360～800nm 内选择 3～5 个代表性波长，测定比色杯的透光度，应符合规定。

(2) 成套比色杯，同内径者透光度相互差值不大于 0.5%。

(3) 比色杯应该经受 6mol/LHC1、6mo1/L$NH_4OH$、98% 乙醇、四氯化碳及苯五种介质浸泡 24h 后，无脱胶渗漏现象。

3. 灵敏度

721 型分光光度计的灵敏度指标为：

重铬酸钾≥0.012/3 (μgCr/ml)　　(440nm)

氯化亚钴≥0.014/200 (μgCo/ml)　　(510nm)

硫酸铜　≥0.014/200 (μgCu/ml)　　(690nm)

检查方法：重铬酸钾和硫酸铜各以 0.05mol/L 硫酸溶解，氯化亚钴以 0.1mol/L 盐酸溶解。按下法各配制两种浓度溶液，在上述所指各波长下用仪器分别测量吸光度。

重铬酸钾　30μgCr/ml 与 33μgCr/ml；

氯化亚钴　2000μgCo/ml 与 2200μgCo/ml；

硫酸铜　　2000μgCu/ml 与 2200μgCu/ml。

设每种溶液的两个浓度间的变化值为 $\Delta c$，测得相应吸光度的变化值为 $\Delta A$，则灵敏度为 $\Delta A/\Delta c$。

4. 光度重现性

仪器在相同条件下，用同一种溶液连续重复测定 7 次，其透光率的最大读数与最小读数之差不应大于 0.5%。

检查方法：用稳压电源，在 690nm 波长处，连续 7 次测定含铜量为 2000μg/ml 的硫酸铜标准溶液，其最大读数与最小读数差值不超过规定值。

5. 稳定性

当电源电压不变时，10min 内仪器读数指针位移不应超过透光度上限的 ±1.5%。

检查方法：用稳压电源，仪器经 20min 预热后，在 580nm 处，读数指针调到 90% 透光度，经 10min 后，观察并记录读数指针的位移值。

## 五、注意事项

1. 要爱护仪器，防震、防潮、防腐蚀。

2. 要保持比色杯的清洁干净，保护光学面的透明度，不能手持光学面，也不能用粗糙的物体接触光学面；比色杯中的液体应适量，不应过满；比色杯外壁的液体应用擦镜纸擦干，以防腐蚀仪器和影响读数；如比色液为强酸强碱，应尽快比色，以缩短时间，以防破坏比色杯。

3. 比色时间应尽量缩短，以防光电系统疲劳。

## 六、思考题

1. 同一套比色杯透光性的差异对分析有何影响？

2. 检查分光光度计的波长精度、稳定性、灵敏度和重现性有何实际意义？

# 实验二　分光光度法测定微量铁

## 一、实验目的

通过实验掌握分光光度法测定铁的一些基本实验条件的选择，学习吸收曲线和标准曲线的制作方法，掌握 721 型分光光度计的使用。

## 二、实验原理

本实验是用邻二氮菲作为显色剂，以分光光度法测定溶液中的微量铁。在一定条件下，邻二氮菲与 $Fe^{2+}$ 反应，生成稳定的橙红色配合物。该反应具有较高的灵敏度和良好的选择性，配合物的摩尔吸光系数 $\varepsilon = 1.1 \times 10^4$，溶液中共存的其他金属离子对该反应的干扰很小。在有还原剂存在和一定的酸度条件下，溶液的颜色比较稳定。

## 三、实验仪器与试剂

721 型分光光度计；50ml 容量瓶；吸量管。

10％盐酸羟胺溶液；0.15％邻二氮菲溶液；0.2mg/ml 铁标准溶液（用硫酸亚铁铵配制）；1mol/LNaAc 溶液。

## 四、实验步骤

### 1. 绘制吸收曲线，选择测量波长

取两个 50ml 容量瓶，其中一个加入 0.2mg/ml 铁标准溶液 0.5ml，10％盐酸羟胺溶液 1.0ml，摇匀后加入 0.15％邻二氮菲溶液 2ml 及 1mol/LNaAc 溶液 5ml，用水稀释至刻度。用另一个容量瓶按上面的操作配制试剂参比溶液。在 721 型分光光度计上，选用 1cm 吸收池，在 450～540nm 之间，每隔 5nm 测一次吸光度。以波长为横坐标，吸光度为纵坐标，绘制吸收曲线。选择吸收曲线的峰值波长为下面各步骤的测量波长。

2. 显色剂用量的确定

取8个50ml容量瓶，每个瓶中都加入0.50ml 0.2mg/ml铁标准溶液和1.00ml 10%盐酸羟胺溶液，然后，在8个容量瓶中分别加入0、0.20、0.50、1.00、1.50、2.00、2.50、3.50ml 0.15%邻二氮菲溶液，再分别加入5.00ml 1mol/LNaAc溶液，用水稀释至刻度。以不含显色剂的溶液作为参比溶液，在选定波长下进行测量。以显色剂浓度为横坐标，吸光度为纵坐标绘图，确定显色剂用量。

3. 绘制标准曲线

取6个50ml容量瓶，分别加入0.10、0.20、0.30、0.40、0.50、0.60ml 0.2mg/ml铁标准溶液，每个容量瓶加入1.00ml 10%盐酸羟胺溶液，2.00ml 0.15%邻二氮菲溶液和5.00ml 1mol/LNaAc溶液，用水稀释至刻度。在选定波长下，以试剂溶液为参比，测量各个溶液的吸光度，绘制吸光度－浓度曲线。

4. 未知试样溶液的测定

取3个50ml容量瓶，分别移取2.00ml未知试样溶液，按前述方法配制溶液，测量吸光度。从标准曲线上求得未知试样溶液的原始浓度的平均值，并求出相对平均偏差。

## 五、思考题

1. 本实验中，盐酸羟胺和醋酸钠的作用是什么?
2. 以本实验为例，说明溶液颜色与吸收曲线的峰值波长间的关系。

# 实验三 紫外分光光度法测定苯甲酸

## 一、实验目的

学会使用紫外分光光度计，掌握标准对比法。

## 二、实验原理

在碱性条件下，苯甲酸形成苯甲酸盐，对紫外光有选择性吸收，其吸收光谱的最大吸收波长在225nm。可采用紫外分光光度计测定物质在紫外光区的吸收光谱并进行定量分析。

## 三、实验仪器与试剂

751型或752型紫外可见分光光度计；50ml容量瓶；刻度吸管。

0.1mol/LNaOH；0.01mol/LNaOH；苯甲酸（分析纯）。

## 四、实验步骤

1. 苯甲酸标准贮备液的制备

精确称取苯甲酸100mg（预先经105℃烘干），用0.1mol/LNaOH溶液100ml溶解后，再用蒸馏水稀释1000ml。此溶液1ml含0.1mg苯甲酸。

2. 苯甲酸吸收曲线的测量

吸取苯甲酸贮备液 4.00ml，放入 50ml 容量瓶中，用 0.01mol/LNaOH 溶液定容，摇匀。此溶液 1ml 含 8μg 苯甲酸。

测量条件　光源：氢灯；参比液：0.01mol/LNaOH；测量波长：210、215、218、220、222、224、225、226、228、230、235、240nm。

以波长为横坐标，吸光度为纵坐标，绘制苯甲酸的紫外吸收曲线。

3. 标准对比法测定样品液苯甲酸的含量

取 10.00ml 样品液，放入 50ml 容量瓶中，用 0.01mol/LNaOH 定容，摇匀。

在上述曲线中找出最大吸收波长，以此作定量分析的入射光。以 0.01mol/LNaOH 溶液为参比。在完全相同的条件下测出标准苯甲酸溶液（1ml 含 8μg 苯甲酸）和稀释好的样品液的吸光度值。

4. 按下式计算样品液中苯甲酸的浓度：

$$\frac{c_{样}}{c_{标}}=\frac{A_{样}}{A_{标}}$$

## 五、注意事项

1. 使用氢灯时不要忘记开放大器稳压电源开关。
2. 当外界电压波动较大时要用电子交流稳压器。
3. 仪器使用前要检查光源灯选择手柄是否在所需位置。
4. 随时观察并校正暗电流（对 751 型分光光度计而言）。
5. 石英比色杯价格昂贵，操作时不要离开桌面，谨防打碎。

## 六、思考题

1. 请比较，751 型或 752 型分光光度计与 721 型分光光度计在结构和测量方法上有何异同点？

2. 苯甲酸除了用紫外分光光度法测定外，在你学过的化学分析方法中还可用其他什么方法来测定？

# 实验四　紫外分光光度法测定三氯苯酚共存时苯酚的含量

## 一、实验目的

掌握等吸收双波长法消除干扰的测量原理，学会使用紫外可见分光光度计。

## 二、实验原理

苯酚和 2，4，6－三氯苯酚的吸收曲线有部分重叠（如图 1），所以在分光光度法测定苯酚含量时，三氯苯酚会产生干扰。利用等吸收双波长法，适当选取参比波长，可以消除三氯苯酚的干扰。

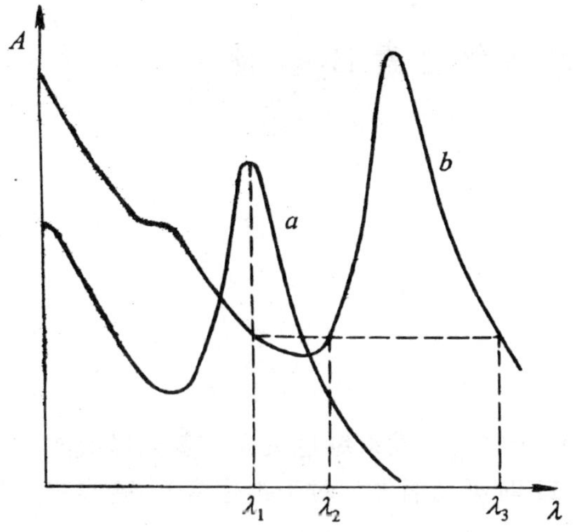


图 1　苯酚 - 三氯苯酚的紫外吸收光谱
a. 苯酚的紫外吸收光谱；
b. 2，4，6 - 三氯苯酚的紫外吸收光谱

如图所示在苯酚的最大吸收波长 $\lambda_1$ 处作垂线，与三氯苯酚的吸收曲线交于一点，过此点作平行线，与三氯苯酚的吸收曲线交于 $\lambda_2$ 和 $\lambda_3$ 两点，这几个交点处的吸光度相等，为三氯苯酚的等吸收点。如果在测定中选取 $\lambda_1$ 为苯酚的测定波长，$\lambda_2$ 或 $\lambda_3$ 为参比波长，就可以消除三氯苯酚对苯酚测定的干扰。例如，在以 $\lambda_2$ 作为参比波长时，两个波长的吸光度差值与苯酚的浓度 $c$ 成正比：

$$\Delta A = A_1 - A_2 = (\varepsilon_1 - \varepsilon_2)\ lc$$

式中，$\varepsilon_1$、$\varepsilon_2$ 是苯酚在 $\lambda_1$ 和 $\lambda_2$ 处的摩尔吸光系数。显然，选择的 $\lambda_1$ 和 $\lambda_2$ 的摩尔吸光系数差值越大，测定的灵敏度就越高。

## 三、实验仪器与试剂

751 型或 752 型分光光度计；石英吸收池；25ml 容量瓶；吸量管；烧杯。

0.250g/L 苯酚水溶液；0.10g/L 2，4，6 - 三氯苯酚水溶液；去离子水。

## 四、实验步骤

1. 吸收光谱的绘制

取 2 个 25ml 容量瓶，配制 30.0mg/L 苯酚水溶液和 20.0mg/L 2，4，6 - 三氯苯酚水溶液，以去离子水为参比溶液，用 751 型分光光度计分别测绘两种物质在 220～350nm 范围的吸收光谱。将两条吸收曲线绘于同一坐标上，选取适当的波长 $\lambda_1$ 和 $\lambda_2$，再在 $\lambda_1$、$\lambda_2$ 处复测三氯苯酚溶液的吸光度是否相等。

2. 配制苯酚的系列标准溶液

取 5 个 25ml 容量瓶，分别加入 1.00、2.00、3.00、4.00、5.00ml 0.250g/L 苯酚水溶液，用去离子水稀释至刻度。

3. 绘制标准曲线，测定试样中苯酚含量

在所选择的测定波长和参比波长下，用去离子水作参比溶液，分别测量苯酚系列标准溶液和含有三氯苯酚的未知试样溶液的吸光度，然后求出两波长处的吸光度差值 $\Delta A$。以 $\Delta A$ 为纵坐标，苯酚浓度 $c$ 为横坐标，绘制标准曲线。由未知试样的 $\Delta A$ 值，在标准曲线上求得试样中苯酚的浓度。

## 五、思考题

如需同时测定未知溶液中苯酚及 2，4，6 - 三氯苯酚的含量，应如何设计实验？如何选取测定波长？

# 实验五　荧光光度法测定维生素 $B_2$ 含量

## 一、实验目的

1. 学习荧光分析法的基本原理。

2. 了解荧光光度计的结构及使用方法。

## 二、实验原理

维生素 $B_2$（即核黄素）在 430～440nm 蓝色光照射下发射绿色荧光，荧光峰值波长为 535nm。在 pH 6～7 的溶液中荧光最强，在 pH11 时荧光消失。对于维生素 $B_2$ 稀溶液，荧光强度 $I_f$ 与其浓度有以下关系：

$$I_f = 2.303\varphi_f I_0 \varepsilon l c$$

当实验条件一定时

$$I_f = Kc$$

利用标准曲线法即可测定维生素 $B_2$ 的含量。

## 三、实验仪器与试剂

930 型荧光光度计（附比色皿一对、滤光片一盒）；50ml 容量瓶；吸量管。

10.0μg/ml 维生素 $B_2$ 标准溶液：称取 10.0mg 维生素 $B_2$，先溶于少量 1%醋酸中，然后在 1L 容量瓶中，用 1%醋酸稀释至刻度，摇匀。溶液应保存于棕色瓶中，置于阴凉处或冰箱内。

## 四、实验步骤

1. 配置系列标准溶液

取 5 个 50ml 容量瓶，分别加入 1.00、2.00、3.00、4.00 及 5.00 ml 维生素 $B_2$ 标准溶液，用水稀释至刻度，摇匀。

2. 标准曲线的绘制

采用 430～440 nm 激发滤光片和 535 nm 荧光滤光片，用蒸馏水作空白，调读数至零。用系列标准溶液中浓度最大的溶液，调节其荧光读数为 100，以此作为荧光强度的基准。然后测量系列标准溶液中其他溶液的荧光强度。

3. 未知试样的测定

将未知试样置于 50 ml 容量瓶中，用水稀释至刻度，摇匀。在与测定标准曲线相同的条件下，测量其荧光强度。

4. 记录不同浓度时的荧光强度，并绘制标准曲线。

5. 记录未知试样的荧光强度，并从标准曲线上求得未知溶液的浓度。

## 五、思考题

1. 在荧光计中，激发光的入射方向与荧光的检测不在一直线上，而呈一定角度（一般为 90°），这是为什么?

2. 为什么要使用两块滤光片，其选择的根据是什么?

# 实验六　原子吸收分光光度法测定尿锌

## 一、实验目的

1. 熟悉原子吸收分光光度计的结构及使用方法。
2. 掌握标准加入法测定尿锌。

## 二、实验原理

原子吸收分光光度法是基于锐线光源辐射的待测元素的特征谱线，通过试样蒸气时被蒸气中待测元素的基态原子所吸收。在一定条件下，吸光度与浓度成正比，即 $A = Kc$。根据这一吸收公式进行定量分析。

## 三、实验仪器与试剂

原子吸收分光光度计；空气压缩泵；乙炔钢瓶；10ml、100ml 容量瓶；吸量管。

锌标准贮备液：精确称取高纯金属锌 100.0mg 溶解于 1∶1HCl 中，用去离子水稀释到 100ml，摇匀。此液 1ml 相当于 1mg 锌。

## 四、实验步骤

锌标准工作液：准确吸取锌标准贮备液 1.00ml 于 100ml 容量瓶中，用去离子水稀释至刻度，摇匀。此液 1ml 相当于 10μg 锌。

1. 工作液的配制

用 5ml 吸量管在 5 只 10ml 容量瓶中各加入尿样 5.00ml，然后再分别加入 10μg/L 的锌标准工作液 0.00、0.10、0.20、0.40、0.60ml，用去离子水稀释至刻度，摇匀。

2. 实验条件

波长 213.8nm　　灯电流 6mA　　狭缝 0.1mm　　高压 600V

空气 400L/h　　乙炔 75L/h　　燃烧器高度 5mm

3. 数据记录

| 容量瓶编号 | 0 | 1 | 2 | 3 | 4 |
|---|---|---|---|---|---|
| 标准锌浓度，μg/ml | | | | | |
| 吸光度 | | | | | |

4．以吸光度对锌的标准加入量作图

5．计算

将上述标准曲线外推至与浓度轴相交，交点至坐标原点的距离即是稀释后尿锌的含量 $c_x$。

$$尿锌\ (\mu g/ml) = c_x \times 10 \times 1/5$$

$c_x$——试样中稀释后锌的含量，μg/ml。

## 五、注意事项

溶液的 pH 对锌的吸收有影响，在 pH 为 2～5 时锌的吸收为一定值。在 pH 为 5～10 时锌的吸收随 pH 增高而降低。这是由于 pH 为 5 ～10 时，$Zn(OH)_2$逐步沉淀，所以，要保持 pH 为 2～5。

## 六、思考题

1．在使用原子吸收分光光度计时，应从哪些方面考虑建立最佳实验条件？

2．测定尿锌用标准加入法有何优点？

# 实验七　pH 计性能的检定

## 一、实验目的

1．掌握 pH 计性能的检定方法。

2．通过实验，加深对 pH 计原理的理解。

## 二、实验原理

按中华人民共和国标准计量局 1973 年颁印的"酸度计检定规程 JJG119－73"规定，pH 计按其最小分度值可分为 0.02 级、0.05 级和 0.1 级，pH 计的检定项目和要求如表 2 所示。

**表 2　检定项目和要求**

| (一)<br>仪器级别 | (二)<br>最小 pH 分度值 | (三)<br>仪器示值准确性（基本误差）<br>pH<3 | <br><br>3<pH<10 | <br><br>pH>10 | (四)<br>仪器示值重现性（重复性误差） | (五)<br>指示器刻度正确性<br>$\Delta pH_L/3pH$ | (六)<br>温度补偿器正确性<br>$\Delta pH_T/3pH$ | (七)<br>仪器输入阻抗误差<br>$\Delta pH_R/3pH$ |
|---|---|---|---|---|---|---|---|---|
| 0.02 | 0.02 | ±0.03 | ±0.02 | ±0.06 | ±0.01* | ±0.01 | ±0.01 | 0.01 |
| 0.05 | 0.05 | ±0.05 | ±0.05 | ±0.08 | 0.03 | ±0.03 | ±0.03 | 0.02 |
| 0.1 | 0.1 | ±0.1 | ±0.1 | ±0.1 | 0.05 | ±0.05 | ±0.05 | 0.03 |

注：* 用 25℃ 饱和氢氧化钙溶液检定为 0.02pH。

表中（三）、（四）两项是在仪器正常工作条件下和电极使用范围内，用标准缓冲液检定，结果不应超出表中规定。仪器示值准确性以基本误差表示，它是指仪器用标准缓冲液校准后，测定与校准溶液的 pH 相差约 3pH 的另一标准缓冲液，所得示值与同一温度下的标准值之差。（五）、（六）、（七）项是在仪器正常工作条件下用电位差计检定，结果不得超过表中规定值。

## 三、实验仪器

25 型 pH 计或其他型号的 pH 计；直流电位差计。

## 四、实验步骤

1. *外观检查*

（1）仪器各调节器应能正常调节，各紧固件应无松动。

（2）玻璃电极应无裂纹，内参比电极应浸入溶液内。

（3）甘汞电极内，溶液应充满容积的 2/3 以上，并有少许氯化钾晶体，氯化钾溶液应能缓慢渗出。

2. *仪器示值准确性的检定*　在仪器正常工作条件下，根据电极运用的测量范围和温度范围选用 3～5 种标准缓冲液检定仪器，以一种标准溶液校准仪器后，测定与标准溶液的 pH 相差约 3pH 单位的另一种标准溶液，重复测定 3 次，以其均值与标准值之差作为基本误差。

3. *仪器示值重现性的检定*　仪器用标准缓冲液校准后，测量另一种标准缓冲液。如此重复测量 5 次，5 次测量值间的最大差值为重复性误差。

4. *指示器刻度正确性检定*　按图 2 接好线路，调节电位差计为零，将 pH 计温度补偿器放在 25℃ 的位置，调节 pH 计的“零点”钮与“定位”钮，使指示器示值指在仪器的“零位”上（25 型酸度计的“零”位值为 pH7）。然后由电位差计输入 1 × 59.16、2 × 59.16、3 × 59.16、4 × 59.16、5 × 59.16、6 × 59.16、7 × 59.16mV 的电位差（间隔为 1pH，检定 0.1 级酸度计时如此；若检定 0.05 和 0.02 级酸度计，应每间隔 0.5pH 和 0.2pH 检定一点）。仪器示值与整刻度间之差值为 $\Delta pH_L$，每相邻 3pH 的 $\Delta pH_L$ 的最大差值应不大于表中（五）项规定值。

图 2

5. *温度补偿器刻度正确性的检定*　按图 2 接好线路，调整 pH 计使指示器示值指在仪器的“零位”上（例如 25 型为 pH7 上）。将温度补偿器分别放在刻度 5℃、10℃、15℃、…… $t$℃ 的位置上（根据需要每隔 5℃ 和 10℃ 检定一点），然后用电位差计输入 3×55.19、3×56.18、3×57.17mV……的电位差，指示器应偏离 3pH 单位，实际偏离与整 3pH 偏离刻线间的差值即 $\Delta pH_T/3pH$。每个温度检定点重复检定 3 次取平均值。

6. *仪器输入阻抗误差的检定*　按图 3 接好线路，电阻 $R$ 的阻值应与仪器配套的玻璃电极在运用温度下限时的内阻相当（通常为 100～200MΩ），它必须很好地屏蔽起来，并用屏蔽线与仪器的玻璃电极插孔连接。将温度补偿器放在 25℃ 位置，接通开关 $K$，调节

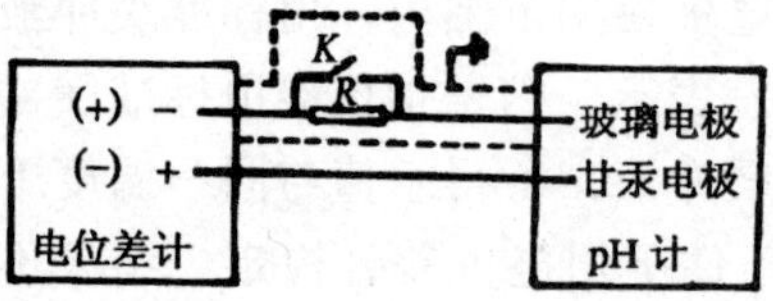


图 3

电位差计读数为零，调节 pH 计使指示器指“零位”，从电位差计输入电位差，使指示器偏离 + 3pH 单位，记下电位差计读数 $A$（mV），断开开关 $K$，即串联电阻 $R$，重新调整仪器到“零位”，再输入电势差，使仪器偏离 + 3pH 单位，记下电位差计读数 $B$（mV），重复检定 3 次，取平均值，按下式计算输入阻抗时示值引起的误差。

$$\Delta pH_R = |A - B|/59.16$$

用同样方法检定输入 − 3pH 单位电势时，输入阻抗对示值引起的误差。

## 五、思考题

以上各项检测指标，在实际测量中将对分析结果产生什么影响？

# 实验八　直接电位法测定溶液的 pH

## 一、实验目的

1. 通过实验，加深对直接电位法测定溶液 pH 原理的认识。
2. 掌握用 pH 计测定溶液 pH 的方法。

## 二、实验原理

玻璃电极和饱和甘汞电极插入待测溶液中，即组成原电池：

Ag, AgCl | HCl(0.1mol/L) | 玻璃膜 | $H^+$ ($X$mol/L) || KCl(饱和) | $Hg_2Cl_2$, Hg

|←———玻璃电极———→|←——试液——→|←——甘汞电极——→|

在一定条件下，测得电池电动势 $E$ 是 pH 的线性函数：

25℃时　　　　$E = K' + 0.05916pH$

由于 $K'$ 中包括难于计算的不对称电位和液接电位，实际工作中采用仪器直读法（定位法），即首先用已知 pH 的缓冲液校准酸度计（定位），然后直接测量待测溶液的 pH。

## 三、实验仪器与试剂

国产酸度计 pHS − 25 型或其他型号；231 型或 221 型玻璃电极，232 型或 222 型甘汞电极。50ml 小烧杯；标准 pH 缓冲液。

pH4.00 标准缓冲液（25℃）：称取在 115 ± 5℃ 干燥 2 ～ 3h 的邻苯二甲酸氢钾（$KHC_8H_4O_4$）10.12g，溶于不含 $CO_2$ 的去离子水中，稀释至 1000ml，贮存于塑料瓶中或硬质玻璃瓶中。

pH6.86 标准缓冲液（25℃）：分别称取在 115 ± 5℃ 干燥 2 ～ 3h 的无水磷酸氢二钠（$Na_2HPO_4$）3.533g 和磷酸二氢钾（$KH_2PO_4$）3.387g，溶于不含 $CO_2$ 的去离子水中，并

稀释至1000ml，贮存于塑料瓶中或硬质玻璃瓶中，密封保存。

pH9.18标准缓冲液（25℃）：称取一级纯硼砂（$Na_2B_4O_7 \cdot 10H_2O$）3.80g，溶于不含$CO_2$的去离子水中，并稀释至1000ml，贮存于塑料瓶中，密封保存。

以上标准缓冲液通常能稳定两个月，其pH随温度不同而稍有差异。变化情况见表5－1。标准缓冲液也可以直接用市售袋装标准缓冲液试剂，按其要求配制。

## 四、实验步骤

1. 安装电极

先把电极夹子夹在电极杆上。夹上甘汞电极，把引线叉连接在电极接线柱上。再将玻璃电极夹在夹子上，使玻璃球泡略高于甘汞电极，把电极插头插入电极孔内，旋紧螺丝。

2. 连接电源

检查电源电压与仪器电压相符合后，将pH－mV开关置“0”，接通电源。对pHS－25型酸度计，若用交流电源，接通电源后指示灯亮，若用直流电源，指示灯不亮。

3. 校正

（1）短时间测量预热10min，若长时间测量应预热1h以上。

（2）测量缓冲液温度，调节温度补偿器，使指向该温度值。

（3）置pH－mV开关于“0”，调节零点调节器使仪表指针指在pH7，以pH7为零点。

4. 定位

（1）将标准缓冲液倾入测试杯中，浸入电极，将pH－mV开关旋至与缓冲液相应量程范围。

（2）查表5－1，调节定位调节器，使指针指向本缓冲液该温度下的pH。并摇动测试杯，使指针稳定为止，重复调节定位调节器，定位后，定位调节器不可再旋动。

（3）量程开关回零。

5. 测量

（1）移开缓冲液测试杯。用纯水淋洗电极，并用滤纸轻轻吸干。

（2）将被测溶液倾入测试杯中（温度应和缓冲液一样，否则应按其温度重性调节温度补偿器）浸入电极对。

（3）调节pH－mV开关测量范围（0～7或7～14），使读出数值。若溶液的pH和标准缓冲液的pH相差较大时，应调换相近似的缓冲液重新定位。

（4）测量完毕，量程选择开关回零，关闭各开关，淋洗电极。若短期内仍行测量则将玻璃电极浸于蒸馏水内即可。

## 五、注意事项

1. 玻璃电极在使用前应放在蒸馏水中或0.1mol/L盐酸中浸泡24h以上才能使用，不用时，最好也浸泡在蒸馏水中。

2. 由于玻璃电极膜脆弱，极易碰坏，使用玻璃电极时，应特别小心。安装电极时，玻璃电极应稍高于甘汞电极，以保护玻璃电极。如果玻璃电极沾有油污，可先浸入乙醇，然后再浸入乙醚或四氯化碳，最后再浸入乙醇中，用蒸馏水冲洗洁净。

3. 甘汞电极使用前，应把电极的上下橡皮套拔去，以使毛细管保持足够的液位压差，从而有少量氯化钾溶液从下端毛细管中流出，否则测试液进入毛细管中，将使测定结果不准确。

4. 饱和甘汞电极内部氯化钾溶液应饱和，并留有少量 KCl 晶体。在电极弯管内部不应有气泡存在，否则将使溶液隔断。

5. 定位用的缓冲液 pH 与待测溶液 pH 相差不应超过 3 个 pH 单位。

6. 若使用 221 型玻璃电极和 222 型甘汞电极，由于碱差和酸差，故测试 pH 范围以 1～9 为宜。若使用由特殊玻璃制成的 231 型玻璃电极和 232 型甘汞电极，可以测试 pH 范围为 0～14。但由于电极本身内阻较大，因此，在测试强碱溶液时，应将溶液温度控制在 15℃以上，迅速测定后将电极立即冲洗干净。

## 六、思考题

1. 在酸度计上，“定位”钮为什么要和标准缓冲液配合使用？它的作用是什么？
2. “温度补偿器”钮的作用是什么？

# 实验九　氟离子选择性电极测定水中微量氟

## 一、实验目的

1. 掌握用氟离子选择性电极测定氟离子浓度的原理和方法。
2. 了解氟离子选择性电极的结构、性能和使用条件。

## 二、实验原理

氟离子选择性电极插入溶液时，其敏感膜对 $F^-$ 离子产生响应，膜电位为

$$\varphi = K - \frac{2.303RT}{F}\lg a_{F^-}$$

由上式可见，如果能测出 φ，即可求出溶液中 $F^-$ 离子的活度，但是单个电极电位无法求得，在实验中是将离子选择性电极、饱和甘汞电极与待测试液组成原电池：

Hg，$Hg_2Cl_2$|KCl（饱和）‖待测试液|$LaF_3$（单晶）|NaF－NaCl|AgCl，Ag

|←—— 饱和甘汞电极 ——→|←—试液—→|←———— 氟离子选择性电极 ————→|

控制一定条件，使液体接界电位稳定为一定值，则电池电动势为

$$E = K - \frac{2.303RT}{F}\lg a_{F^-}$$

因 a＝$fc$，当溶液的总离子强度不变时，离子活度系数为一定值，所以

$$E = K' - \frac{2.303RT}{F}\lg c_{F^-}$$

$$= K' + \frac{2.303RT}{F}\mathrm{pF}$$

$F^-$ 离子浓度在 $10^{-1}$～$10^{-6}$mol/L 时，电池电动势与 pF 呈直线关系，可用标准曲线法

或标准加入法进行测定。测定时控制溶液的 pH5～6。

凡能与 $F^-$ 离子生成稳定配合物或难溶沉淀的元素，如 Al、Fe、Zn、Th、Ca、Mg 及稀有元素等干扰测定。通常用柠檬酸、DCTA、EDTA、磺基水杨酸、磷酸盐等掩蔽剂掩蔽。

## 三、实验仪器和试剂

离子计或酸度计；氟离子选择性电极；饱和甘汞电极；电磁搅拌器；容量瓶；移液管。

氟标准贮备液（100μg/ml）：准确称取 120℃ 干燥 2h 并冷却的分析纯 NaF 0.221g，溶于蒸馏水中，移入 1000ml 容量瓶中，稀释到刻度，贮于聚乙烯瓶中。

氟标准溶液（10μg/ml）：将上述氟标准贮备液用去离子水准确稀释 10 倍，即得 10μg/ml 的氟标准溶液。

总离子强度调节剂缓冲剂：于 1000ml 烧杯中加入 500ml 蒸馏水、57ml 的冰醋酸、58gNaCl、12g 柠檬酸钠（$Na_3C_6H_5O_7 \cdot 2H_2O$）。搅拌至溶解，将烧杯放入冷水浴中，缓缓加入 6mol/L NaOH 溶液，直至 pH 在 5.0～5.5 之间（约加 125mlNaOH 溶液），冷至室温，移入 1000ml 容量瓶中，用蒸馏水稀释到刻度。

## 四、实验步骤

1. 氟电极使用前应在纯水中浸泡数小时，或在 $10^{-3}$mol/L NaF 溶液中浸泡 1～2h，然后用去离子水洗到空白电位值为 −270mV 左右。

2. 吸取氟标准溶液 0.00、0.25、0.50、0.75、1.00、2.00、3.00、4.00ml，分别放入 50ml 容量瓶中，各加入总离子强度调节缓冲剂 10.0ml，用去离子水稀释到刻度，摇匀即得 $F^-$ 离子浓度分别为 0.00、0.05、0.10、0.15、0.20、0.40、0.60、0.8mg/L 的标准系列溶液。

3. 将标准系列溶液由低浓度到高浓度逐个转入塑料小烧杯中，插入氟电极和参比电极，用电磁搅拌器搅拌 4min，停止搅拌半分钟，读取平衡电位。

4. 在普通坐标纸上以 pF 为横坐标，以电动势 $E$ 为纵坐标做图，得到标准曲线，并计算出线性回归方程。

$$Y = a + bX$$

5. 取含氟量＜1.6mg/L（必要时稀释后再取）水样 25ml 于 50ml 溶量瓶中，总离子强度调节缓冲剂 10.0ml，用蒸馏水稀释到刻度，摇匀，在与标准系列相同的条件下测定电位值。并从标准曲线上查得 $pF_X$，或从回归方程中计算得 $pF_X$，求出原水样中含氟量。

## 五、注意事项

1. 电位平衡时间随 $F^-$ 离子浓度的降低而延长。在测定中，待平衡电位在 2min 内无明显变化即可读数。

2. 测定次序应按由稀到浓进行，否则会引起误差。

3. 测定时搅拌速度应保持恒定，搅拌速度不能太快，避免形成漩涡。每次测定时应先搅拌，停止搅拌待电位稳定后方可读数。

4. 每换一次溶液均应用滤纸吸干电极外表溶液。

5. 电极内装电解质溶液，为防止晶片内侧因附着气泡而使电路不通，在电极第一次使用前或测量后，可让晶片朝下，并轻击电极杆，以排除晶片上可能附着的气泡。

6. 连续使用期间的间隙，可将电极浸泡在水中，长久不用则应风干保存。

## 六、思考题

1. 总离子强度调节缓冲剂的作用是什么？

2. 氟离子选择性电极的适用 pH 范围为多少？为什么？

# 实验十　血清蛋白醋酸纤维薄膜电泳

## 一、实验目的

1. 学习蛋白质电泳的一般原理和方法。

2. 初步掌握醋酸纤维薄膜电泳分离蛋白质技术。

## 二、实验原理

血清蛋白在 pH8.6 缓冲液中都带负电荷，且各种蛋白等电点不同、分子量大小和形状不同，因而在电场中泳动速度不同。本实验用醋酸纤维薄膜作为支持物，将血清蛋白进行电泳分离，从正极到负极依次为白蛋白、$\alpha_1$、$\alpha_2$、β及γ球蛋白等五个区带，再经染色，浸洗，辨认图谱中各蛋白区带。

## 三、实验仪器与试剂

电泳仪；普通电泳槽；醋酸纤维薄膜；滤纸；小镊子；血清加样器。

巴比妥盐缓冲液：（pH8.6，离子强度 $I=0.06$）称取巴比妥钠 12.76g，巴比妥 1.66g、加蒸馏水约 500ml 加热溶解，待冷至室温，用蒸馏水加到 1000ml，用时用蒸馏水稀释一倍。

氨基黑 10B 染色液　称取氨基黑 10B 0.5g，加冰醋酸 10ml，甲醇 50ml，加蒸馏水至 100ml。

漂洗液：甲醇（乙醇）45ml，加冰醋酸 5ml，加蒸馏水至 100ml。

## 四、实验步骤

（1）薄膜准备　取 2cm×8cm 的醋酸纤维薄膜，在距膜的无光泽面一端 1.5cm 处用铅笔轻轻划一条点样线，并在另一端用铅笔编号；将膜浸入 pH8.6 的巴比妥缓冲液中，浸透（膜上无白色斑痕）为止。取出后用滤纸吸去多余缓冲液。

（2）点样　用点样器（可用 x 光软片或盖玻片）沾取血清少许，垂直印在醋纤膜点样线上，让血清吸入膜内。立即将膜置于电泳槽支架上，点样面朝下，点样端置于负板端，用滤纸作桥与缓冲液相通。

(3) 平衡　盖上电泳槽盖，使醋纤膜通过滤纸桥吸足缓冲液约 5min。

(4) 电泳　电压 10～15V/cm 膜长，电流 0.4～0.6mA/cm 宽，电泳约 40～60min (白蛋白移动约 2～3cm 即可)，关闭电源。

(5) 染色　用镊子将电泳后薄膜取出，浸入染色液中、染 3～5min 后取出。

(6) 漂洗　将漂洗液盛装于 3 个玻璃皿中，将薄膜依次浸入第一、第二、第三平皿中，每皿约 10min，直到背景无色、区带清晰为止。最后在清水中浸洗 1 次，取出凉干，辨认图谱，说出各蛋白区带 (参见图 7－1)。

## 五、注意事项

(1) 样品一定要点在无光泽面 (粗面)，否则很难吸下，电泳时最好将点有样品的一面朝下，以防止水分蒸发干燥而影响电泳。

(2) 点样时标本要适中 (3～5μl)，点样要均匀。

(3) 电泳时电泳槽要密闭，以保持湿度，否则薄膜水分蒸发干燥，使电流下降，分离不佳。

## 六、思考题

为什么将点有血清样品端的醋纤膜接负极？

# 实验十一　纸色谱法分离氨基酸

## 一、实验目的

1. 熟悉纸色谱法的基本操作。
2. 掌握纸色谱法分离原理。

## 二、实验原理

纸色谱法以纸纤维为载体，以吸附在纤维上的水为固定相，以有机溶剂为流动相 (展开剂)，在展开时将具有不同分配系数的组分分离。

由于各种氨基酸在结构上存在着差异，因此在水中和有机溶剂中均具有不同的溶解度。极性大的易溶于水，具有较大的分配系数；极性小的则相反，具有较小的分配系数。蛋氨酸[$CH_3SCH_2CH_2CH(NH_2)COOH$]和甘氨酸($NH_2CH_2COOH$)结构相似，但碳链长短不同，因而极性也不同。甘氨酸极性大于蛋氨酸，在色谱纸上移行速度较慢，因而其 *Rf* 小于蛋氨酸的 *Rf* 值。展开后，用茚三酮显色，在 60℃ 下烘烤约 5min，应出现紫色斑点。将混合溶液中组分的 *Rf* 值与对照品的 *Rf* 值进行比较，便可定性。

## 三、实验仪器和试剂

色谱缸 (或标本缸)；中速色谱纸；毛细管 (或平口微量注射器)；显色喷雾器；电吹

风；烘箱（或电炉）。

展开剂：正丁醇、冰醋酸、水（4:1:1）；显色剂：茚三酮（0.15g 茚三酮 + 30ml 冰醋酸 + 50ml 丙酮溶液）；蛋氨酸标准溶液（0.5mg/ml）；甘氨酸标准溶液（0.5mg/ml）；蛋氨酸、甘氨酸混合样品溶液。

## 四、实验步骤

1. *点样*　取长 20cm、宽 6cm 的中速色谱纸一张，在距底边 2cm 处用铅笔轻划起始线，在起始线上记 3 个“×”号，间距为 1.5cm，用毛细管（或微量注射器）分别点加上述标准品及混合样品溶液。

2. *展开*　在干燥的色谱缸中加入 35ml 展开剂，把点样后的滤纸垂直悬挂于色谱缸内，盖上缸盖，饱和 10min。然后使纸底边浸入展开剂内约 0.3～0.5cm，进行展开。

3. *显色*　待溶剂前沿展开至合适的部位（约 15cm），取出色谱纸，立即用铅笔划下溶剂前沿的位置。晾干后，喷茚三酮显色剂，再置色谱纸于 60℃ 烘箱内烘烤 5min，或在电炉上方小心加热，即可看出红紫色斑点。计算各斑点 $Rf$ 值，依据对照品的 $Rf$ 值，对混合样品溶液中的组分进行定性鉴别。

## 五、注意事项

1. 点样时每点 1 次，一定要吹干后，再点第 2 次。
2. 展开剂必须预先配制且充分振摇。
3. 茚三酮显色剂应临用前配制，或置冰箱中冷藏备用。
4. 氨基酸的显色剂茚三酮对体液（如汗液等）均能显色，在拿取滤纸时，应注意拿滤纸的顶端和边缘，以保证色谱纸上无杂斑（如手纹印等）。
5. 点样后的滤纸置于色谱缸中，先不应接触展开剂，应饱和后方可小心浸入展开剂中，注意勿使溶剂浸过起始线。

## 六、思考题

1. 在色谱实验中为何常采用标准品对照？
2. 为什么分配色谱所选用的展开剂多数含有水或预先要用水饱和。
3. 影响 $Rf$ 值的因素有哪些？
4. 下列三种酸在正丁醇:甲酸:水（10:4:1）的溶剂系统中展开，试判断三种酸 $Rf$ 值从小到大的顺序。

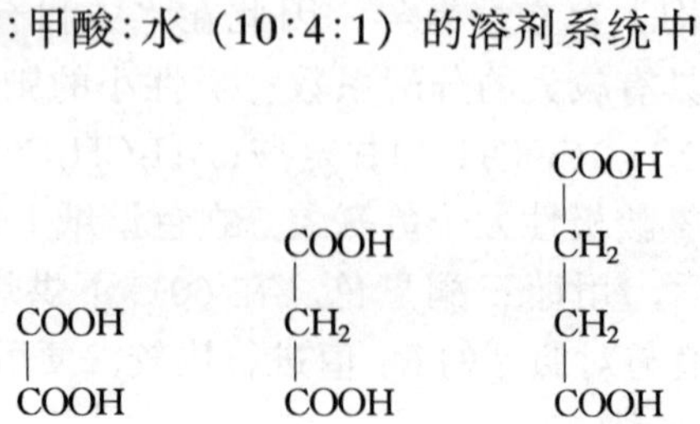

乙二酸　丙二酸　丁二酸

# 实验十二　薄层色谱法分离染料混合物

## 一、实验目的

1. 学习薄层硬板的制备方法。
2. 熟悉薄层色谱法的一般操作步骤。
3. 掌握 $Rf$ 的计算方法。

## 二、实验原理

薄层色谱法的分离属于吸附色谱。各组分在薄层板上的位置常用 $Rf$ 值来表示，$Rf$ 值的数学定义为：

$$Rf=\frac{\text{原点至斑点中心的距离}}{\text{原点至溶剂前沿的距离}}$$

$Rf$ 值与化合物种类、吸附剂性质、展开剂类型及其实验条件有关。

本实验将二甲黄、苏丹红、靛酚蓝混合液滴加于薄层上，用石油醚展开 10cm，应不移动。如改用苯展开则应分成 3 个斑点，展开时间为 30～40min，其 $Rf$ 的参考值为：二甲黄 0.58、黄丹红 0.19、靛酚蓝 0.08。

## 三、实验仪器和试剂

色谱缸；玻璃板（20cm×5cm）；乳钵；平口毛细管（或平头微量注射器）。硅胶 G；混合染料：称取二甲黄、苏丹红、靛酚蓝各 40mg，加纯的无水苯溶解后，于 100ml 容量瓶中稀释至刻度，摇匀即得；羧甲基纤维素纳（CMC－Na）溶液：称取羧甲基纤维素钠 0.30 克，加水 100ml，加热使溶解，放置，澄清备用。

## 四、实验步骤

1. 粘合薄层板的铺制

（1）称取 250 目以下的硅胶 G5g 于乳钵中，加羧甲基纤维素钠（CMC－Na）的上清液 12～14ml（视温度不同，加入量不同）研成糊状，将此糊状混浊溶液分别倒在两块洁净的玻璃板上，由于糊状物有一定的流动性，可晃动或转动玻璃板，使其均匀流布于整块玻璃板上，而获得均匀的糊状薄层，平放晾干。

（2）活化　于 110℃ 活化半小时至 1h，置干燥器中贮存备用。

2. 点样与展开

取羧甲基纤维素钠硅胶板一块（20cm×5cm），在距板一端 1.5cm 处，用铅笔轻轻划一直线作为起始线，在起始线上用铅笔作一标记“×”，用内径为 1mm 的平口毛细管点加混合溶液，其直径应为 2～3mm，等溶剂挥发后，将板置于盛有展开剂石油醚（沸点 60～90℃）的色谱缸中，当展开剂前沿离起始线约 10cm 处，混合物应不移动。取出硅胶板，待石油醚挥发后，再按同法以苯为展开剂，展开时间为 30～40min，取出薄层立即划出前沿线，待苯挥散后找出各斑点中心点，用尺子量出各斑点移动距离及溶剂移动距离，分别计算 $Rf$ 值，对混合染料的各组分定性鉴别。

## 五、注意事项

1. 活化后的薄层板应贮于干燥器中，以免吸收湿气而降低活性，同理，点样时间不宜过长。

2. 点样量不宜过多，否则会产生拖尾而分离不好。

3. 苯展开剂中含水会影响 $Rf$ 值，故须用干燥的苯和器皿。

4. 展开剂不要加得太多，起始线切勿浸入展开剂中。

## 六、思考题

1. 在本实验条件下，为什么靛酚蓝、苏丹红与二甲黄的 $Rf$ 值依次增大？$Rf$ 值与物质极性和溶剂极性有什么关系？

2. 薄层板为什么需要活化？活化级别与含水量有什么关系？

# 实验十三　气相色谱法测定苯

## 一、实验目的

1. 了解气相色谱仪的结构和使用。

2. 掌握柱效、分离度的测定以及气相色谱法的定性定量方法。

## 二、实验原理

气相色谱法中，被分离组分由载气带入色谱柱，在气液两相间进行反复多次分配，由各组分分配系数不同，最后彼此分离。色谱柱的柱效以理论塔板数 $n$ 表示，柱总分离效能指标以分离度 $R$ 表示，由下列公式可求得

$$n = 5.54 \times \left(\frac{t_R}{W_{1/2}}\right)^2$$

$$R = \frac{2 \times (t_{R_2} - t_{R_1})}{W_1 + W_2}$$

根据色谱峰的保留时间 $t_R$ 可以定性，色谱峰的峰面积 $A$ 或峰高 $h$ 可进行定量分析。本实验以甲苯作内标物，采用已知浓度对照法定量测定苯的含量。计算公式如下：

$$\frac{(c_{苯})_{样}}{(c_{苯})_{标}} = \frac{(A_{苯}/A_{甲苯})_{样}}{(A_{苯}/A_{甲苯})_{标}}$$

## 三、实验仪器与试剂

1102 型气相色谱仪（或其他型号气相色谱仪）；微量注射器；具塞试管；吸量管。

苯（分析纯）；甲苯（分析纯）；二硫化碳（分析纯）；含苯的试样（溶于 $CS_2$）。

## 四、实验步骤

1. 实验条件

色谱柱：2m 螺旋不锈钢柱；固定液：5% 聚乙二醇 6000；载体：6021 红色载体；检测器：火焰离子化检测器；温度：柱温 60℃；检测器 120℃；汽化室 175℃；流量：$N_2$：$25ml \cdot min^{-1}$；$H_2$：$25 \sim 50ml \cdot min^{-1}$；空气：$300 \sim 500ml \cdot min^{-1}$。

2. 溶液配制

(1) 苯标准溶液：精密吸取 114μl 苯（相对密度 0.879），以 $CS_2$ 稀释至 100ml。

(2) 甲苯的 0.1% $CS_2$ 溶液。

(3) 加入内标的标准溶液：精密吸取溶液（1）2.00ml，与溶液（2）2.00ml 混匀。

(4) 加入内标的试样溶液：精密吸取苯的试样溶液 2.00ml，与溶液（2）2.00ml 混匀。

3. 测定

分别将溶液（1）（2）（3）（4）进样 0.5μl，测得色谱图（1）（2）（3）（4）。

4. 数据处理

(1) 根据色谱图（1）（2），确定色谱图（3）（4）中苯和甲苯的位置

(2) 测量苯和甲苯的 $t_R$、$W$ 和 $W_{1/2}$。计算苯和甲苯的理论塔板数 $n$ 和分离度 $R$。

(3) 测量苯和甲苯的峰面积（或峰高），计算苯的浓度。

## 五、思考题

1. 本实验采用何法进行定性的？还可以用哪些方法来定性？
2. 为什么进样时要做到三快（快速插入、快速进样、快速拔出）？
3. 从计算的苯和甲苯的理论塔板数可得出怎样的结论？

# 实验十四　气相色谱法测定醇系物

## 一、实验目的

1. 了解气相色谱仪的结构和使用。
2. 掌握醇系物的分析和归一化法计算各组分的含量。

## 二、实验原理

醇系物是指甲醇、乙醇、正丙醇和正丁醇等，其中常含有水分。用 GDX－103 作固定相，热导池检测器，在适当条件下，可使各组分完全分离。所得的水分、甲醇、乙醇及正丙醇的色谱峰都是狭窄的，而正丁醇的色谱峰则稍宽。此种峰的宽窄相差较大，对小峰半峰宽的测量易引入较大误差。此类分析可采用峰高乘保留时间的归一化法计算醇系物中各组分的含量。

用热导池检测器，以氢气作载气。因氢气热导值高，灵敏度高，进样量少。而氮作载气，其热导值较小，灵敏度较低，必须增大进样量，因而分析周期也增长。本实验选用氢气作载气。

## 三、实验仪器与试剂

1102型气相色谱仪（或其他型号气相色谱仪）；微量注射器。甲醇（保证试剂）；乙醇（保证试剂）；正丙醇（保证试剂）；正丁醇（保证试剂）；试样（按甲醇:乙醇:正丙醇:正丁醇＝1:2:2:3的体积比混合而成）。

## 四、实验步骤

### 1. 实验条件

色谱柱：长2m、内径为4mm的不锈钢柱；固定相：GDX－103；检测器：热导池检测器；桥电流：200mA（$H_2$），或130mA（$N_2$）；温度：柱温125℃；检测器135℃；汽化室120℃；载气流量：50～100ml·min$^{-1}$。

### 2. 测定

开动仪器，待基线走直后迅速进样。进样量：0.5μl（$H_2$作载气），2～3μl（$N_2$作载气）。

### 3. 数据处理

（1）根据标准谱图和试样谱图确定各组分的位置。

（2）测量各组分的 $t_R$、$h$。利用归一化法计算各组分的含量。

$$x_i\% = \frac{h_i t_{R_i} f_i}{\sum h_i t_{R_i} f_i} \times 100\%$$

（3）热导池检测器，氢气作载气，各组分的质量校正因子值如下表

| 组　分 | 水 | 甲醇 | 乙醇 | 正丙醇 | 正丁醇 |
|---|---|---|---|---|---|
| $f_i$ | 0.55 | 0.58 | 0.64 | 0.72 | 0.78 |

## 五、思考题

1. 为什么用氢气作载气比用氮气作载气时灵敏度高？
2. 为什么本实验用峰高乘保留时间的定量方法？要具备什么条件才能应用这种方法？

# 实验十五　高效液相色谱柱效能的测定

## 一、实验目的

（1）学习高效液相色谱柱效能的测定方法。

（2）了解高效液相色谱仪基本结构和工作原理以及初步掌握其操作技能。

## 二、实验原理

气相色谱中评价色谱柱柱效的方法及计算理论塔板数的公式，同样适用于高效液相色谱：

$$n = 5.54\left(\frac{t_R}{W_{1/2}}\right)^2 = 16\left(\frac{t_R}{W}\right)^2$$

速率理论及范弟姆特方程式对于研究影响高效液相色谱柱效的各种因素，同样具有指导意义：

$$H = A + B/u + Cu$$

然而由于组分在液体中的扩散系数很小，纵向扩散项（$B/u$）对色谱峰扩展的影响实际上可以忽略，而传质阻力项（$Cu$）则成为影响柱效的主要因素，可见要提高液相色谱的柱效能，提高柱内填料装填的均匀性和减小粒度，以加快传质速率是非常重要的。目前所实用的固定相，通常为5～10μm的微粒，而装填技术的优劣亦将直接影响色谱柱的分离效能。

除上述影响柱效的一些因素外，对于液相色谱还应考虑到一些柱外展宽的因素，其中包括进样器的死体积和进样技术等所导致的柱前展宽，以及由柱后联接管、检测器流通池体积所导致的柱后展宽。

## 三、实验仪器与试剂

恒流泵或恒压泵（任一型号）；紫外光度检测器（任一型号）；高压六通进样阀；记录仪；微量进样器（25μl）；超声波发生器；苯、萘、联苯、甲醇、正己烷等（均为分析纯）；纯水、去离子水，再经一次蒸馏；

标准贮备液　配制含苯、萘、联苯各1000μg/ml的正己烷溶液，混匀备用。

标准使用液　用上述贮备液配制含苯、萘、联苯各10μg/ml的正己烷溶液，混匀备用。

## 四、实验条件

1. 色谱柱　长150mm，内径3mm，装填C－18烷基键合相，颗粒度10μm的固定相。

2. 流动相　甲醇:水（83:17），流量0.5ml/min和1ml/min。

3. 紫外光度检测器　测试波长254nm，灵敏度0.08。

4. 记录仪　量程5mV，走纸速度480mm/h。

5. 进样量3μl。

## 五、实验步骤

1. 将配制好的流动相于超声波发生器上，脱气15min。

2. 根据实验条件（流动相流量取0.5ml/min），将仪器按照仪器的操作步骤调节至进样状态，待仪器液路和电路系统达到平衡，记录仪基线平直时，即可进样。

3. 吸取 3μl 标准使用液进样记录色谱图，重复进样 2 次。

4. 把流动相流量改为 1ml/min，稳定后，吸取 3μl 标准使用液进样，记录色谱图，并重复进样 2 次。

## 六、数据及处理

<table>
<tr><th rowspan="2">组分</th><th rowspan="2">次数</th><th colspan="2">$t_R$，mm</th><th colspan="2">$W_{1/2}$，mm</th><th colspan="2">$n$</th></tr>
<tr><th>0.5 ml/min</th><th>1 ml/min</th><th>0.5 ml/min</th><th>1 ml/min</th><th>0.5 ml/min</th><th>1 ml/min</th></tr>
<tr><td rowspan="4">苯</td><td>1</td><td></td><td></td><td></td><td></td><td rowspan="4"></td><td rowspan="4"></td></tr>
<tr><td>2</td><td></td><td></td><td></td><td></td></tr>
<tr><td>3</td><td></td><td></td><td></td><td></td></tr>
<tr><td>平均</td><td></td><td></td><td></td><td></td></tr>
<tr><td rowspan="4">萘</td><td>1</td><td></td><td></td><td></td><td></td><td rowspan="4"></td><td rowspan="4"></td></tr>
<tr><td>2</td><td></td><td></td><td></td><td></td></tr>
<tr><td>3</td><td></td><td></td><td></td><td></td></tr>
<tr><td>平均</td><td></td><td></td><td></td><td></td></tr>
<tr><td rowspan="4">联苯</td><td>1</td><td></td><td></td><td></td><td></td><td rowspan="4"></td><td rowspan="4"></td></tr>
<tr><td>2</td><td></td><td></td><td></td><td></td></tr>
<tr><td>3</td><td></td><td></td><td></td><td></td></tr>
<tr><td>平均</td><td></td><td></td><td></td><td></td></tr>
</table>

1. 记录实验条件

(1) 色谱柱与固定相

(2) 流动相及其流量

(3) 检测器及其灵敏度

(4) 记录仪量程与纸速

(5) 进样量

2. 测量各色谱图中苯、萘、联苯等的保留时间 $t_R$ 及相应色谱峰的半峰宽 $W_{1/2}$，计算各对应理论塔板数 $n$，并将数据列入上页表中。已知组分的出峰顺序为苯、萘、联苯。

## 七、思考题

1. 由本实验计算所得的各组分理论塔板数说明什么？

2. 高效液相色谱采用 5～10μm 粒度的固定相有何优点；同时它又给实验带来什么问题，如何克服？

3. 紫外光度检测器是否适用于检测所有的有机化合物，为什么？

4. 若实验获得的色谱峰太小，你应如何改善实验条件？

# 附　　录

## 一、一些化合物的相对分子质量

| 分　子　式 | 相对分子质量 | 分　子　式 | 相对分子质量 |
|---|---|---|---|
| AgBr | 187.77 | $KMnO_4$ | 158.03 |
| AgCl | 143.32 | $KNO_2$ | 85.10 |
| AgI | 234.77 | KOH | 56.11 |
| $AgNO_3$ | 169.87 | $K_2PtCl_6$ | 486.00 |
| $Al_2O_3$ | 101.96 | $MgCO_3$ | 84.31 |
| $As_2O_3$ | 197.84 | $MgCl_2$ | 95.21 |
| $BaCl_2 \cdot 2H_2O$ | 244.27 | $MgSO_4 \cdot 7H_2O$ | 246.47 |
| BaO | 153.33 | $MgNH_4PO_4 \cdot 6H_2O$ | 245.41 |
| Ba $(OH)_2 \cdot 8H_2O$ | 315.47 | MgO | 40.30 |
| $BaSO_4$ | 233.39 | Mg $(OH)_2$ | 58.32 |
| $CaCO_3$ | 100.09 | $Na_2P_2O_7$ | 222.55 |
| CaO | 56.08 | $Na_2B_4O_7 \cdot 10H_2O$ | 381.37 |
| Ca $(OH)_2$ | 74.09 | NaBr | 102.89 |
| $CO_2$ | 44.01 | NaCl | 58.44 |
| CuO | 79.55 | $Na_2CO_3$ | 105.99 |
| $Cu_2O$ | 143.09 | $NaHCO_3$ | 84.01 |
| $CuSO_4 \cdot 5H_2O$ | 249.68 | $Na_2HPO_4 \cdot 12H_2O$ | 358.14 |
| FeO | 71.85 | $NaNO_2$ | 69.00 |
| $Fe_2O_3$ | 159.69 | $Na_2O$ | 61.98 |
| $FeSO_4 \cdot 7H_2O$ | 278.01 | NaOH | 40.00 |
| $FeSO_4 \cdot (NH_4)_2SO_4 \cdot 6H_2O$ | 392.13 | $H_2SO_4$ | 98.07 |
| $H_3BO_3$ | 61.83 | $I_2$ | 253.81 |
| HCl | 36.46 | KAl $(SO_4)_2 \cdot 12H_2O$ | 474.38 |
| $HClO_4$ | 100.47 | KBr | 119.00 |
| $HNO_3$ | 63.02 | $KBrO_3$ | 167.00 |
| $H_2O$ | 18.02 | KCl | 74.55 |
| $H_2O_2$ | 34.01 | $KClO_4$ | 138.55 |
| $H_3PO_4$ | 98.00 | KSCN | 97.18 |
| $K_2CO_3$ | 138.21 | $PbO_2$ | 239.20 |
| $K_2CrO_4$ | 194.19 | $PbSO_4$ | 303.26 |
| $K_2Cr_2O_7$ | 294.18 | $P_2O_5$ | 141.94 |
| $KH_2PO_4$ | 136.09 | $SiO_2$ | 60.08 |
| $KHSO_4$ | 136.16 | $SO_2$ | 64.06 |
| KI | 166.00 | $SO_3$ | 80.06 |
| $KIO_3$ | 214.00 | ZnO | 81.38 |
| $KIO_3 \cdot HIO_3$ | 389.91 | $CH_3COOH$ | 60.05 |
| $Na_2S_2O_3$ | 158.10 | $H_2C_2O_4 \cdot 2H_2O$ (草酸) | 126.07 |
| $Na_2S_2O_3 \cdot 5H_2O$ | 248.17 | $KHC_4H_4O_6$ (酒石酸氢钾) | 188.18 |
| $NH_3$ | 17.03 | $KHC_8H_4O_4$ (邻苯二甲酸氢钾) | 204.44 |
| $NH_4Cl$ | 53.49 | K (SbO) $C_4H_4O_6 \cdot 1/2H_2O$ (酒石酸锑钾) | 333.94 |
| $NH_4OH$ | 35.05 | | |
| $(NH_4)_3PO_4 \cdot 12MoO_3$ | 1876.35 | $Na_2C_2O_4$ (草酸钠) | 134.00 |
| $(NH_4)_2SO_4$ | 132.13 | $NaC_7H_5O_2$ (苯甲酸钠) | 144.41 |
| $PbCrO_4$ | 323.19 | $Na_3C_6H_5O_7 \cdot 2H_2O$ (枸橼酸钠) | 294.12 |

## 二、相对原子质量表（1981 年）

| 元素 | | | 原子序 | 相对原子质量 | 元素 | | | 原子序 | 相对原子质量 |
|---|---|---|---|---|---|---|---|---|---|
| 符号 | 名称 | 英 文 名 | | | 符号 | 名称 | 英 文 名 | | |
| H | 氢 | Hydrogen | 1 | 1.00794±7 | Sr | 锶 | Strontium | 38 | 87.62 |
| He | 氦 | Helium | 2 | 4.00260 | Y | 钇 | Yttrium | 39 | 88.9059 |
| Li | 锂 | Lithium | 3 | 6.9411±3 | Zr | 锆 | Zirconium | 40 | 91.22 |
| Be | 铍 | Beryllium | 4 | 9.01218 | Nb | 铌 | Niobium | 41 | 92.9064 |
| B | 硼 | Boron | 5 | 10.81 | Mo | 钼 | Molybdenum | 42 | 95.94 |
| C | 碳 | Carbon | 6 | 12.011 | Tc | 锝 | Technetium | 43 | (98) |
| N | 氮 | Nitrogen | 7 | 14.0067 | Ru | 钌 | Ruthenium | 44 | 101.07±3 |
| O | 氧 | Oxygen | 8 | 15.9994±3 | Rh | 铑 | Rhodium | 45 | 102.9055 |
| F | 氟 | Fluorine | 9 | 18.998403 | Pd | 钯 | Palladium | 46 | 106.42 |
| Ne | 氖 | Neon | 10 | 20.179 | Ag | 银 | Silver | 47 | 107.8682±3 |
| Na | 钠 | Sodium | 11 | 22.98977 | Cd | 镉 | Cadmium | 48 | 112.41 |
| Mg | 镁 | Magnesium | 12 | 24.305 | In | 铟 | Indium | 49 | 114.82 |
| Al | 铝 | Aluminum | 13 | 26.98154 | Sn | 锡 | Tin | 50 | 118.69±3 |
| Si | 硅 | Silicon | 14 | 28.0855±3 | Sb | 锑 | Antimony | 51 | 121.75±3 |
| P | 磷 | Phosphorus | 15 | 30.97376 | Te | 碲 | Tellurium | 52 | 127.60±3 |
| S | 硫 | Sulphur | 16 | 32.06 | I | 碘 | Iodine | 53 | 126.9045 |
| Cl | 氯 | Chlorine | 17 | 35.453 | Xe | 氙 | Xenon | 54 | 131.29±3 |
| Ar | 氩 | Argon | 18 | 39.948 | Cs | 铯 | Cesium | 55 | 132.9054 |
| K | 钾 | Potassium | 19 | 39.0983 | Ba | 钡 | Barium | 56 | 137.33 |
| Ca | 钙 | Calcium | 20 | 40.08 | La | 镧 | Lanthanum | 57 | 138.9055±3 |
| Sc | 钪 | Scandium | 21 | 44.9559 | Ce | 铈 | Cerium | 58 | 140.12 |
| Ti | 钛 | Titanium | 22 | 47.88±3 | Pr | 镨 | Praseodymium | 59 | 140.9077 |
| V | 钒 | Vanadium | 23 | 50.9415 | Nd | 钕 | Neodymium | 60 | 144.24±3 |
| Cr | 铬 | Chromium | 24 | 51.996 | Pm | 钷 | Promethium | 61 | (145) |
| Mn | 锰 | Manganese | 25 | 54.9380 | Sm | 钐 | Samarium | 62 | 150.36±3 |
| Fe | 铁 | Iron | 26 | 55.847±3 | Eu | 铕 | Europium | 63 | 151.96 |
| Co | 钴 | Cobalt | 27 | 58.9332 | Gd | 钆 | Gadolinium | 64 | 157.25±3 |
| Ni | 镍 | Nickel | 28 | 58.69 | Tb | 铽 | Terbium | 65 | 158.9254 |
| Cu | 铜 | Copper | 29 | 63.546±3 | Dy | 镝 | Dysprosium | 66 | 162.50±3 |
| Zn | 锌 | Zinc | 30 | 65.38 | Ho | 钬 | Holmium | 67 | 164.9304 |
| Ga | 镓 | Gallium | 31 | 69.72 | Er | 铒 | Erbium | 68 | 167.26±3 |
| Ge | 锗 | Germanium | 32 | 72.59±3 | Tm | 铥 | Thulium | 69 | 168.9342 |
| As | 砷 | Arsenic | 33 | 74.9216 | Yb | 镱 | Ytterbium | 70 | 173.04±3 |
| Se | 硒 | Selenium | 34 | 78.96±3 | Lu | 镥 | Lutetium | 71 | 174.967 |
| Br | 溴 | Bromine | 35 | 79.904 | Hf | 铪 | Hafnium | 72 | 178.49±3 |
| Kr | 氪 | Krypton | 36 | 83.80 | Ta | 钽 | Tantalum | 73 | 180.9479 |
| Rb | 铷 | Rubidium | 37 | 85.4678±3 | W | 钨 | Tungsten | 74 | 183.85±3 |

续表

| 元素 | | | 原子序 | 相对原子质量 | 元素 | | | 原子序 | 相对原子质量 |
|---|---|---|---|---|---|---|---|---|---|
| 符号 | 名称 | 英文名 | | | 符号 | 名称 | 英文名 | | |
| Re | 铼 | Rhenium | 75 | 186.207 | U | 铀 | Uranium | 92 | 238.029 |
| Os | 锇 | Osmium | 76 | 190.2 | Np | 镎 | Neptunium | 93 | 237.0482 |
| Ir | 铱 | Iridium | 77 | 192.22±3 | Pu | 钚 | Plutonium | 94 | (244) |
| Pt | 铂 | Platinum | 78 | 195.08±3 | Am | 镅 | Americium | 95 | (243) |
| Au | 金 | Gold | 79 | 196.9665 | Cm | 锔 | Curium | 96 | (247) |
| Hg | 汞 | Mercury | 80 | 200.59±3 | Bk | 锫 | Berkelium | 97 | (247) |
| Tl | 铊 | Thallium | 81 | 204.383 | Cf | 锎 | Californium | 98 | (251) |
| Pb | 铅 | Lead | 82 | 207.2 | Es | 锿 | Einsteinium | 99 | (252) |
| Bi | 铋 | Bismuth | 83 | 208.9804 | Fm | 镄 | Fermium | 100 | (257) |
| Po | 钋 | Polonium | 84 | (209) | Md | 钔 | Mendelevium | 101 | (258) |
| At | 砹 | Astatine | 85 | (210) | No | 锘 | Nobelium | 102 | (259) |
| Rn | 氡 | Radon | 86 | (222) | Lr | 铹 | Lawrencium | 103 | (260) |
| Fr | 钫 | Francium | 87 | (223) | Rf | | Rutherfordium | 104 | (261) |
| Ra | 镭 | Radium | 88 | 226.0254 | Ha | | Hahnium | 105 | (262) |
| Ac | 锕 | Actinium | 89 | 227.078 | Unh | | (Unnilhexium) | 106 | (263) |
| Th | 钍 | Thorium | 90 | 232.0381 | Uns | | | 107 | (262) |
| Pa | 镤 | Protactinium | 91 | 231.0359 | | | | | |

# 主要参考书目


1. 赵藻藩等．仪器分析．北京：高等教育出版社，1990
2. 朱世盛　主编．仪器分析．上海：复旦大学出版社，1983
3. 高鸿等．仪器分析．南京：江苏科学技术出版社，1986
4. 杨概等．实用仪器分析．北京：北京大学出版社，1997
5. 余忠谊等．分析化学．武汉：湖北科学技术出版社，1995
6. 朱明华　主编．仪器分析．北京：高等教育出版社，1990
7. 方惠群等．电化学分析．北京：原子能出版社，1984
8. 陈国珍等．紫外－可见分光光度法．北京：原子能出版社，1983
9. 清华大学分析教研室编．现代仪器分析（上、下册）．北京：清华大学出版社，1983
10. 徐佩佩．仪器分析．北京：海洋出版社，1991
11. 刘世海　主编．卫生理化检验技术．南京：江苏科学技术出版社，1994
12. 孙毓庆　主编．分析化学．下册．第3版．北京：人民卫生出版社，1992
13. 张其河　主编．分析化学．北京：中国医药科技出版社，1998
14. 朱彭龄等　主编．现代液相色谱．兰州：兰州大学出版社，1989
15. 张济新等．仪器分析实验．北京：高等教育出版社，1998